Einführung in die
Viskosimetrie
und Rheometrie

Unter Mitwirkung von

Dipl.-Ing. R. Schwaben

herausgegeben von

Dr.-Ing. Hans Umstätter

ehem. Chemisch-Technische Reichsanstalt vereinigt mit dem
Materialprüfungsamt, Berlin-Dahlem

Mit 106 Abbildungen

Springer-Verlag Berlin Heidelberg GmbH

1952

ISBN 978-3-662-23804-2 ISBN 978-3-662-25907-8 (eBook)
DOI 10.1007/978-3-662-25907-8

Ursprünglich erschienen bei Springer-Verlag OHG., Berlin/Göttingen/Heidelberg 1952

Vorwort.

Physiker und Chemiker, Theoretiker und Praktiker sind in hohem Maße an der Viskosimetrie interessiert. Die Fachsprache der daran Beteiligten ist aber so verschieden, daß eine Verständigung mehr als sonst erschwert wird.

Solche Probleme werden immer dann vordringlich, wenn der zu behandelnde Gegenstand so komplex ist, daß die Praxis nicht auf ihre wissenschaftliche Klärung warten kann und dann einem Konventionalismus Raum gibt, der in der Folge den Weg für eine erfolgreiche Lösung der Probleme verbaut.

Erschwerend kommt hinzu, daß manche der in Frage stehenden Messungen „unreproduzierbar" sind, so daß zeitweise ernste Zweifel über ihren Wert auftauchten. Schwierigkeiten der Verständigung zeigen sich daher besonders in den Fachausschüssen der Normung, in denen bindende Entschlüsse gefaßt werden müssen, die dann als Richtlinien für die praktische Durchführung dieser Art der Materialprüfung gelten sollen.

Man hat daher wiederholt staatlichen Stellen nahegelegt, auf diesem Gebiete ordnend zu wirken. Leider lassen sich aber derart komplexe Fragen nicht durch behördliche Maßnahmen allein lösen, sondern verlangen auch von den Rat-Suchenden viel Fleiß und Beharrlichkeit, sich mit dem Gegenstand vertraut zu machen. In diesem Sinne aufklärend zu wirken, schien uns eine dankbare Aufgabe, als sich im Jahre 1946 einige Fachleute bereit fanden, in einem besonderen Ausschuß hierfür die nötigen Vorarbeiten zu leisten.

Jahrelange Erfahrungen haben gezeigt, daß auf diesem Wege bestenfalls Kompromisse zu erreichen sind, die weder den derzeitigen Stand unseres Wissens widerspiegeln noch allen Interessen auf die Dauer Rechnung tragen können.

Darum hat man zur Behandlung dieser Fragen im Auslande, insbesondere im angelsächsischen Sprachgebiet, sogenannte rheologische Gesellschaften gegründet, die eigene Zeitschriften führen, alljährlich Kongresse abhalten und die private Initiative zur Lösung der dringlichen Probleme mobilisieren. Hierbei ist erstaunlich viel neues Material zutage gefördert worden. Diese Arbeiten haben auch bereits ein hohes mathematisches

Niveau erreicht, so daß die Fließkunde oder Rheologie nicht mehr als eine rein deskriptive Wissenschaft angesprochen werden kann. Wie die zahlreichen Kontroversen zeigen, ist man hierbei aber noch zu keinem allgemein befriedigenden Ergebnis gelangt.

Die Verfasser dieses Buches sind sich dessen bewußt, daß es sich hier nur um ihre private Meinung handelt. Sie waren jedoch bemüht, nach bestem Wissen und Gewissen aus der Fülle des vorliegenden Stoffes eine Auswahl zu treffen, die einige Aussicht auf Beständigkeit hat. Inzwischen ist auf Anregung von Herrn Prof. UBBELOHDE anläßlich einer vom Herausgeber im Materialprüfungsamt Berlin-Dahlem veranstalteten Rheologentagung am 5. Oktober 1951 die Deutsche Rheologische Gesellschaft gegründet worden.

Es ist zu erwarten, daß künftig auch in Deutschland sich das Interesse für die Fließkunde regen wird.

Berlin-Dahlem, Dezember 1951.

Hans Umstätter.

Berichtigung.

Seite 29, Zeile 14 von oben: Statt Stok **lies** Stokes.

Seite 128, Zeile 11 von oben: Statt cm sec^{-1} **lies** cm sec^{-2}.

Inhaltsverzeichnis.

Dritter Teil.

Die absoluten Viskosimeter.

Anhang.

Bezeichnungen und Einheiten.

Die Zusammenstellung der verwendeten Bezeichnungen erhebt keinerlei Anspruch auf Vollständigkeit. Sie bezieht sich nur auf die wichtigsten Zeichen im ersten und zweiten Teil der Monographie. Im dritten Teil sind fast ausnahmslos die Originalzeichen der zitierten Autoren beibehalten und im Text erläutert.

A	Arbeitsgröße	g cm^2 sec^{-2}
$C_0 = 1{,}78107\ldots$	MASCHERONIsche Konstante	
a	Halbachse, Radius	cm
b	Halbachse	cm
c	Fortpflanzungsgeschwindigkeiten (Phase)	cm sec^{-1}
c_l, c_t,	Fortpflanzungsgeschwindigkeiten longitudinale, transversale	cm sec^{-1}
$\tilde{c}$	frequenzabhängige Fortpflanzungsgeschwindigkeit	cm sec^{-1}
c'	Gruppengeschwindigkeit	cm sec^{-1}
c_w	Widerstandsbeiwert	
D, d	Durchmesser	cm
$\mathfrak{D}$	Operation $\left(\frac{\partial^2}{\partial y^2} - \frac{1}{y}\frac{\partial}{\partial y} + \frac{\partial^2}{\partial x^2}\right)$	
$\mathfrak{D}$	Dämpfungsfaktor	g cm^2 sec^{-1}
F, f	endliche geschlossene Elementarfläche, Flächeninhalt	cm^2
$\mathfrak{Fr}$	FROUDEsche Zahl	
$G = \frac{dv}{dy} = \frac{d\mathfrak{S}}{dt}$	Geschwindigkeitsgefälle (Gradient)	sec^{-1}
$\mathfrak{G} = \frac{d\mathfrak{S}}{d\mathfrak{t}}$	dimensionsloser Geschwindigkeitsgradient	
g_0	Fallbeschleunigung	cm sec^{-2}
H	Steighöhe, Spiegelhöhe	cm
h	Höhenunterschied, Tauchtiefe	cm
Δh	hydrostatische Niveaudifferenz	cm
J	Massenträgheitsmoment	g cm^2
$J_0(x)$	BESSEL-Funktion nullter Ordnung	
K	Kompressibilität	g^{-1} cm sec^2
$\frac{1}{K}$	Volumelastizität	g cm^{-1} sec^{-2}
$\mathcal{K}$	beliebige Kraft (auch Schwerkraft)	g cm sec^{-2}
k	Korrektionsfaktoren	

L	LAMÉscher Elastizitätsmodul	g $\mathrm{cm}^{-1}\,\mathrm{sec}^{-2}$
l	Abstand, Rohrlänge	cm
$M = \mathcal{M} \cdot s$	widerstehendes Drehmoment	g $\mathrm{cm}^{2}\,\mathrm{sec}^{-2}$
m	POISSONsche Querkontraktionszahl	
m	Masse	g
$P = \frac{\mathcal{P}}{f}$	Tangentialdruck (Schubspannung)	g $\mathrm{cm}^{-1}\,\mathrm{sec}^{-2}$
$\mathcal{P}$	Kraft	g cm sec^{-2}
$\mathfrak{P} = \frac{P}{\varepsilon}$	dimensionsloser Spannungsparameter	
p	Druck, Transpirationsdruck	g $\mathrm{cm}^{-1}\,\mathrm{sec}^{-2}$
Q	Durchflußmenge	cm^{3}
R, r	Radien	cm
$\mathfrak{Re}$	REYNOLDSsche Kennzahl	
S	Scherweg	cm
$\mathfrak{S} = \frac{S}{y}$	dimensionslose Scherverformung (Verzerrungsparameter)	
s	Linienelement, Weg	cm
T	absolute Temperatur	°Kelvin
$\mathfrak{T}$	Schwingdauer, Umlaufzeit	sec
t	Zeitkoordinate (Ausflußzeit, Fallzeit, Steigzeit, Scherdauer, Verweilzeit)	sec
$\mathfrak{t} = \frac{t}{\tau}$	dimensionsloser Zeitparameter	
U	Umfangsgeschwindigkeit	cm sec^{-1}
u, u_0	Schnelle, Translationsgeschwindigkeit	cm sec^{-1}
V	Flüssigkeitsvolumen	cm^{3}
v	Relativgeschwindigkeit, Gleitgeschwindigkeit $\left(= \frac{dS}{dt}\right)$, Zirkulargeschwindigkeit $(= r\omega)$	cm sec^{-1}
v_x, v_y, v_z	Geschwindigkeitskomponenten nach den Achsenrichtungen x, y, z	cm sec^{-1}
$W_e = 4{,}186 \cdot 10^{7}$	mechanisches Wärmeäquivalent	Erg/cal
W	Widerstand der Translationsbewegung	g sec^{-2}
w	Wirbelstärke, Rotation	sec^{-1}
x	Zeitexponent	
Y	YOUNGscher Dehnungsmodul	g $\mathrm{cm}^{-1}\,\mathrm{sec}^{-2}$
y	Abstand, Schichtdicke	cm
α	Neigungswinkel	Grad, Radiant
α, β	Beizahlen	
Γ	Symbol der Gammafunktion	
γ	Gleitzahl	g $\mathrm{cm}^{-1}\,\mathrm{sec}^{-1}$

Δ	LAPLACEscher Operator $\left(\frac{\partial^2}{\partial x^2} + \frac{\partial^2}{\partial y^2} + \frac{\partial^2}{\partial z^2}\right)$	
δ	log. Dämpfungsdekrement	
δ_*	räumliche Dämpfung	cm^{-1}
ε	Scherelastizität (sog. Gleitmodul)	$g\ cm^{-1}\ sec^{-2}$
$\eta = \frac{P}{G}$	totale (dynamische) Viskosität	$g\ cm^{-1}\ sec^{-1}$
η_0, η_∞	Viskosität der Ruhe, der Bewegung	$g\ cm^{-1}\ sec^{-1}$
$\eta' = \frac{dP}{dG}$	differentielle Viskosität	$g\ cm^{-1}\ sec^{-1}$
Θ	absolute Temperatur	°Kelvin
ϑ	sphärische Koordinate	Grad, Radiant
$\varkappa = \frac{\eta}{\gamma}$	Verhältniszahl	
$\varkappa_1, \varkappa_2$	Ähnlichkeitskennziffern	
Λ	Wärmeleitfähigkeit	cal/grad und sec
λ	Wellenlänge	cm
$\mu = \frac{\eta}{\varrho}$	kinematische Viskosität	$cm^2\ sec^{-1}$
ϱ	Massendichte	$g\ cm^{-3}$
$\sigma = \frac{d \ln G}{d \ln P} = \frac{\eta}{\eta'}$	Schlüpfrigkeit	
$\sigma_x, \sigma_y, \sigma_z$	Normalspannungen	$g\ cm^{-1}\ sec^{-2}$
τ	Relaxationsdauer (Zeitkonstante)	sec
$\tau_{xy}, \tau_{yz}, \tau_{zx}$	Schubspannungen	$g\ cm^{-1}\ sec^{-2}$
Φ	Potentialfunktion	$cm^2\ sec^{-1}$
φ	Zylinderkoordinate, Ausschlag, Amplitude der Drehung	Grad, Radiant
Ψ	Stromfunktion	$cm^2\ sec^{-1}$
Ω	Kapillaritätskonstante (Grenzflächenspannung)	$g\ sec^{-2}$
ω	Kreisfrequenz, Winkelgeschwindigkeit	sec^{-1}
∇	symbolischer Vektor der räumlichen Differentiation $\left(\frac{\partial}{\partial x}, \frac{\partial}{\partial y}, \frac{\partial}{\partial z}\right)$ (Nablaoperator)	

Fremdwörterverzeichnis.

(In der vorliegenden Monographie verwendete Begriffe)

Ångström (Å)	$= 10^{-8}$ cm
Anomalie	= Gesetzwidrigkeit
BINGHAMscher Körper	= Flüssigkeit mit Fließfestigkeit (z. B. Zahnpasta)
Diffusion	= Verteilung von Material (durch kinetische Wärmebewegungen)
Dilatanz	= Nach O. REYNOLDS die Verfestigung (z. B. nassen Sandes) durch Belastung
Dispersion	= Zerstreuung (von geordneter Schwingungsenergie)
Dissipation	= Ausbreitung (z. B. von Impulsen)
Duktilität	= Streckbarkeit (speziell bei Asphaltbitumen, Fadenziehvermögen)
Fließelastizität	= Schwellenwert des Geschwindigkeitsgefälles bei der Schubspannung = 0
Fließfestigkeit	= Schwellenwert der Schubspannung beim Geschwindigkeitsgefälle = 0
NEWTONsche Flüssigkeit	= Flüssigkeit, bei der das Geschwindigkeitsgefälle proportional der Schubspannung ist
nicht-NEWTONsche Flüssigkeit	= Flüssigkeit, bei der das Geschwindigkeitsgefälle *nicht* proportional der Schubspannung ist
rein viskose Flüssigkeit	= Flüssigkeit, die keine Fließfestigkeit und keine Fließelastizität zeigt
MAXWELLsche Flüssigkeit	= Flüssigkeit, in der die Schubspannung mit der Zeit nach einer Exponentialfunktion relaxiert
Fluidität	= Kehrwert der Viskosität (Einheit: Rhe $= g^{-1}$ cm sec
Gel	= Gallerte = form-elastische kolloidale Lösung
Gradient	= Gefälle (Geschwindigkeits-, Druck-, Temperatur- usw.)
Hysteresis (zähelastische)	= Nachhinken (z. B. der Spannung hinter der Verformung) (bei Wechselbeanspruchung)
Kapillare	= haarfeine Röhre
kapillaraktiv	= grenzflächenwirksam
Kolloid	= Teilchen zwischen 10—1000 Ångström, von κόλλα = Leim nach GRAHAM
Kompressibilität	= Zusammendrückbarkeit

Kontinuum	= das stetig zusammenhängende (beliebig fein unterteilbare) System
laminar	= schlicht (schichtenweise ohne Querbewegung)
Lubrizität	= Schlüpfrigkeit (Steilheit der Fließkurve)
Mobilität	= reziproke differentielle Viskosität (Einheit: Rhe)
OSTWALDscher Körper	= Flüssigkeit mit Fließelastizität (z. B. Schleim)
„rate" (englisch)	= Änderung eines Zustandes (Geschwindigkeit, Druck, Temperatur) nach der Zeit
Relaxation	= Entspannung (auch bei dielektrischer Verschiebung)
Rheologie	= Fließkunde, Lehre von der Verformung und dem Fließen der Materie (unterscheide Elastizitäts- und Strömungslehre)
rheonom	= fließgesetzlich (z. B. flüssig)
Rheopexie	= Fließverfestigung (durch Fließen beschleunigte Versteifung)
skleronom	= starrgesetzlich (z. B. erstarrt)
Sol	= Auflösung (meist kolloidale), als Stoff, nicht als Vorgang
Struktur	= Aufbau (Ordnungszustand) (unterscheide: Textur = Gefüge)
Strukturmechanik	= Lehre von der Beziehung zwischen der übermolekularen Struktur der Materie und ihrem mechanischen Verhalten
Strukturviskosität	= mit dem Geschwindigkeitsgefälle abnehmende Viskosität (historisch nach Wo. OSTWALD)
Tangentialdruck	= Schubspannung
Thixotropie	= reversible und isotherme Sol—Gel—Sol-Umwandlung nach FREUNDLICH und PÉTERFFY (heute quantitativ eine Viskositätszeitfunktion)
Thixotrometer	= Viskositätszeit-Meßgerät
Transpirationsdruck	= manometrisch meßbarer Druckunterschied an den Kapillar-Enden
Turbulenz	= Wirbelhaftigkeit (einer Strömung mit Querbewegungen)
Viskosität	= Zähflüssigkeit (bei Festkörpern Zähigkeit, bei Gasen innere Reibung; geschwindigkeitsabhängiger Formänderungswiderstand)
dynamische Viskosität	= Verhältnis von Schubspannung zum Geschwindigkeitsgefälle (Einheit: Poise)
kinematische Viskosität	= Verhältnis von dynamischer Viskosität zur Dichte (nach MAXWELL) (Einheit: Stokes)
totale dynamische Viskosität	= Verhältnis aus totaler Schubspannung nach totalem Geschwindigkeitsgefälle
differentielle Viskosität	= Verhältnis von beliebig kleiner Schubspannungsänderung zu einer beliebig kleinen Geschwindigkeitsgefälle-Änderung.

Einleitung.

Unter Rheometrie versteht man die Lehre von den Messungen an fließgesetzlichen (rheonomen) Systemen. Die Bezeichnung ist wohl von W. SCHEELE in den letzten Jahren in größerem Umfange gebraucht worden und hat sich rasch eingebürgert. Die Bezeichnung Rheologie stammt von E. C. BINGHAM (1931) und wurde von S. ERK (1936) in Fließkunde verdeutscht. Den Anlaß zu dieser Entwicklung gaben gewisse Abweichungen von der NEWTONschen Definitionsgleichung der Viskosität.

Die Grundlage jeder Meßtechnik ist die Reproduzierbarkeit der Messungen. Die Wahl eines geeigneten Maßstabes ist dann meist eine Frage der Zweckmäßigkeit und mehr oder weniger willkürlich.

Die Dimension der gemessenen physikalischen Größe setzt die Kenntnis der Definitionsgleichung voraus, die den zu messenden Vorgang beschreibt.

Ist ein Phänomen aber nicht wiederholbar, d. h., tritt unter anscheinend völlig gleichen Bedingungen stets ein anderes Verhalten in Erscheinung, dann ist das beobachtete Verhalten zeitabhängig. Man muß daher auch das genaue Datum der Beobachtung registrieren, wenn die Erscheinung eindeutig beschrieben werden soll.

Diese Art der Behandlung chemisch-physikalischer Probleme entspringt lediglich der Vorsicht, Hypothesen über eine mögliche Ursache so lange nicht auszusprechen, bis hinreichende Gründe vorliegen, um eine lückenlose Aufklärung der Erscheinung zu ermöglichen.

Das Ergebnis einer Messung kann selbst zu gleichem Datum unter gleichen physikalischen Bedingungen verschieden ausfallen, wodurch der Eindruck entsteht, als hätten die beiden Systeme eine verschiedene „Vorgeschichte".

Diese Rücksichtnahme auf Zustandsänderungen, die außerhalb der normalen Beobachtungsdauer liegen, ist typisch für alle Werkstoffprüfungen und beruht im wesentlichen darauf, daß die Zeitkonstanten der inneren Veränderungen sich um viele Zehnerpotenzen voneinander unterscheiden können.

Es hat also jeder Stoff gewissermaßen seine eigene Zeitrechnung, nach der sich innere strukturelle Veränderungen vollziehen, so daß man den Einfluß der Zeit nicht nach Maßstäben unserer bürgerlichen Zeitrechnung messen kann. Diese Zeitrechnung ist aber von entscheidendem Einfluß für die Festsetzung der Anfangsbedingungen, unter denen sich der Ablauf der Ereignisse vollzieht. Insbesondere hängen davon die Schwellenwerte der inneren Spannungen eines Systems ab, das irgendwann während seiner Entstehungsgeschichte einmal eine Verformung erlitten hat.

Die Rheologie verzichtet also zunächst auf hypothetische Erklärungen über eine mögliche Konfiguration von Strukturelementen, die diese Zeitkonstanten der inneren strukturellen Veränderungen verursachen könnten. Sie beschränkt sich auf eine zweckmäßige Begriffsbildung an Hand von Definitionsgleichungen, die dem beobachteten Verhalten der fließfähigen Systeme entsprechen.

Sie ist demnach bestrebt, einen Formalismus zu schaffen, mit dem man das jetzt bekannte und möglicherweise auch künftig noch zu erforschende mechanische Verhalten der Materie ohne Rücksicht auf seine inneren Ursachen zu beschreiben vermag.

Wie ein Zusammenhang ohne Hypothesen ad hoc zwischen den mechanischen Eigenschaften der Materie und ihrer übermolekularen Struktur hergeleitet werden kann, ist Aufgabe der Strukturmechanik und soll hier nicht erörtert werden. Für die Meßtechnik ist lediglich die Feststellung von Interesse, inwiefern die gemessenen Größen stoffspezifische Zustandsvariable, also „Stoffkonstanten" im üblichen Sinne sind.

Die HOOKEsche Definitionsgleichung

$$P = \varepsilon\, \mathfrak{S}$$

P = Tangentialdruck, auch Schubspannung genannt,
ε = Scherelastizität oder Gleitmodul,
$\mathfrak{S}$ = dimensionslose Schubverformung

gilt nur unter der Voraussetzung, daß die Schubspannung beständig ist.

Das NEWTONsche Definitionsgesetz

$$P = \eta \frac{d\mathfrak{S}}{dt}$$

η = Viskosität, t = Zeit

hingegen hat nur Gültigkeit unter der Annahme, daß die Spannungen in beliebig kurzer Zeit zusammenbrechen, d. h. also nur durch eine stetige Verformung eine konstante Schubspannung aufrechterhalten werden kann.

Nur in diesen Fällen ergeben sich für die Scherelastizität und die Viskosität „Stoffkonstanten". Die wirklichen Spannungen können jedoch weder unendlich lange bestehen, noch in beliebig kurzer Zeit zusammenbrechen. Weil aber gerade der Zusammenbruch in einer endlichen Zeit, der sog. „Relaxationsdauer", erfolgt, liegt das wirkliche Verhalten der Materie zwischen den beiden Grenzgesetzen von HOOKE und NEWTON.

Da jedoch in diesem Buche nur viskosimetrische Fragen behandelt werden sollen, fußt der zweite Teil (Kontinuumsmechanik) auf der Gültigkeit der NEWTONschen Gleichung.

Die Besprechung der verschiedenen Problemstellungen innerhalb dieses Abschnittes selbst stützt sich teilweise auf die vorzüglichen Darstellungen von W. MÜLLER, wobei die Anlage des Buches durch die mehr meßtechnisch wichtigen Einzelfragen bestimmt wird.

Nur in wenigen Fällen dürften wohl die Praktiker über ausreichende Hilfsmittel verfügen oder aber zeitlich in der Lage sein, sich die Formeln, die sie nun einmal als mathematisch-naturwissenschaftliches Werkzeug benötigen, aus den Grundlagen selbst zu erarbeiten.

Gegenüber der inhaltlich vielgestaltigen Behandlung eines so eng begrenzten Stoffes wird dagegen der bloße Hinweis auf einzelne Fragen oder die reine Aufzählung von Tatsachen vollkommen zurücktreten müssen. Die Notwendigkeit hierzu ergibt sich einerseits daraus, daß bei der mathematischen und physikalischen Schwierigkeit in der Bearbeitung dieses Forschungsgebietes weit mehr Versuchsmaterial und Ansätze vorliegen, als völlig gesicherte Resultate. Andererseits erscheint aber dieser Verzicht dem Umfang des Leitfadens angemessen, da auf diese Weise der größtmögliche Raum für den praktischen Teil des dargebotenen Stoffes gewonnen werden soll.

Fehlende oder nur angedeutete Fragenkomplexe können ja jeweils bei Bedarf durch andere, spezieller orientierte Darstellungen ergänzt werden. Die Literaturangaben können sich bei der Fülle ausgezeichneter in- und ausländischer Arbeiten natürlich nur auf einige mehr oder weniger zusammenfassende Abhandlungen beziehen, deren Fragestellung mit der unsrigen besonders nahe verwandt ist und so diese in gewissem Sinne zu ergänzen vermögen.

Den Abschluß der Monographie bildet eine Beschreibung der absoluten Viskosimeter. Hierbei sind unter dem Begriff der absoluten Viskosimeter nicht nur die sog. Fundamentalviskosimeter zusammengefaßt, bei denen die Abmessungen der Geräte hinreichend genau meßbar sind, sondern auch *die* Geräte, deren Dimensionen sich in dem Eichwert erfassen lassen, so daß quantitativ übersehen werden kann, bis zu welchen Bereichen eine Eichung in absoluten Einheiten durch Eichflüssigkeit möglich ist.

Nicht aufgenommen wurden solche Geräte, bei denen eine Theorie des Instrumentes noch nicht entwickelt wurde und der Gültigkeitsbereich einer Eichung ebensowenig vorausgesagt werden kann wie bei den sog. konventionellen Viskosimetern, wo dieser empirisch ermittelt werden muß.

Hinsichtlich der bisher im Schrifttum eingebürgerten Bezeichnungen ging das Bestreben dahin, diese nach Möglichkeit beizubehalten, um dem Leser den Anschluß an einschlägige Originalarbeiten zu erleichtern und damit seine Interessen durch tieferes Eindringen in die Materie zu fördern. Doch war eine einheitliche Nomenklatur bzw. die Angleichung an neue internationale Nomenklaturen aus erklärlichen Gründen nicht immer durchführbar.

Das Schrifttumsverzeichnis wurde, abweichend von der bisherigen Gepflogenheit, als alphabetisches Namensregister angeordnet. Dies hat den Vorteil der schnelleren Auffindbarkeit einer Quellenangabe und erleichtert die Berücksichtigung der Literatur bis zum unmittelbaren Erscheinungstermin, indem keine Umnumerierung durch später eingefügte Literaturstellen nötig wird. Die Titel der Arbeiten wurden immer nur dann gegeben, wenn von einem Autor mehrere Arbeiten zitiert wurden.

Erster Teil.

Die Viskosität als Materialkonstante.

Als Materialkonstante bezeichnet man physikalisch meßbare Kennwerte einer Substanz, die nur noch von deren chemischer Struktur abhängig sind. Im allgemeinen werden Materialkonstanten ihrem Zahlenwert nach von den physikalischen Zustandsbedingungen (Druck, Temperatur, Geschwindigkeit usw.) abhängig sein. Ihre physikalische Dimension dagegen soll nur noch von der Natur der definierten Konstanten abhängen. Hierbei wird vorausgesetzt, daß die zur Messung benötigte Energie hinreichend klein ist, so daß die Struktur der Substanz durch den Eingriff bei der Messung nicht geändert wird. Diese Forderung wird um so leichter zu erfüllen sein, je zahlreicher die Strukturelemente (Elektronen, Atome, Moleküle, Mizelle usw.) in der zu prüfenden Menge Substanz sind. Je größer die Strukturelemente sind, um so größer ist auch die zur Messung angewandte Energie, die auf ein Strukturelement entfällt. Je größer diese Energie ist, um so leichter wird die Struktur der Substanz verändert, um so mehr als große Strukturelemente auch noch empfindlicher sind als kleine. Bei strukturellen Veränderungen können neue Funktionalitäten in die Messungen eingehen, die sich in veränderten Dimensionsexponenten bemerkbar machen.

In diesem Falle wird der Begriff „Materialkonstante“ problematisch, und diese Problematik soll Gegenstand der folgenden Kapitel sein.

1. Die NEWTONsche Flüssigkeit.

Wir beginnen mit der NEWTONschen Definition der Viskosität.

Man denke sich eine beliebig ausgedehnte Flüssigkeit zwischen zwei parallele Wände vom Inhalt f gebracht, die gegeneinander die Relativgeschwindigkeit v haben; ihre Entfernung voneinander sei y. Bei diesem Gleitvorgang wird dann eine Kraft übertragen, deren Größe $\mathfrak{P}$ sei; sie ist proportional dem Koeffizienten der inneren Reibung oder der Viskosität, also

$$\mathfrak{P} = \eta \, (dv/dy) \, f. \tag{1}$$

Den Differentialquotienten dv/dy nennen wir den Geschwindigkeitsgradienten oder das Geschwindigkeitsgefälle.

Die Gleichung fordert, daß zwischen dem Tangentialdruck $\mathfrak{P}/f = P$, früher Schubspannung genannt, und dem Geschwindigkeitsgefälle Proportionalität herrsche. Danach wäre die Viskosität nichts anderes als das Verhältnis der Schubspannung zum Geschwindigkeitsgefälle $G = dv/dy$, somit

$$\eta = P/G. \tag{2}$$

Mit Rücksicht auf spätere Unterscheidungen sei schon jetzt darauf hingewiesen, daß diese Größe auch totale Viskosität genannt wird, weil es sich um den Quotienten aus der totalen Schubspannung und dem totalen Geschwindigkeitsgefälle handelt.

2. Die nicht-NEWTONschen Flüssigkeiten.

Die Gl. (1) ist indessen nur für molekulardisperse Flüssigkeiten genau erfüllt. Bei kolloiddispersen oder auch grobdispersen Systemen dagegen gibt es außer dieser einen, von NEWTON allein geforderten Strömungsform noch acht andere Strömungsformen, d. h. das Geschwindigkeitsgefälle kann mit dem Tangentialdruck steiler oder flacher als linear ansteigen, und die Flüssigkeit kann scheinbar fluider oder zäher werden. Die Abnahme der Viskosität mit dem Tangentialdruck nennt man nach Wo. OSTWALD Strukturviskosität, die Zunahme der Viskosität mit dem Tangentialdruck bezeichnet man als Rheopexie. Der ersteren Bezeichnung lag die Hypothese zugrunde, daß durch die Strömung eine strukturelle Veränderung im Innern der Flüssigkeit hervorgerufen wird.

Die zweite Bezeichnung Rheopexie soll andeuten, daß durch den Fließvorgang eine Verfestigung zustande kommt, etwa so wie bei der Streckhärtung der Metalle, die kalt verformt werden.

Es können ferner Schwellenwerte des Tangentialdruckes und auch des Geschwindigkeitsgefälles in Erscheinung treten. Ein Schwellenwert des Geschwindigkeitsgefälles würde bedeuten, daß eine Flüssigkeit fließen kann, auch ohne daß von außen her Kräfte auf sie einwirken.

Zur Zeit ist man noch geteilter Meinung, ob die drei oberen Bilder der Abb. 1 wirkliche Substanzen oder nur Zustände charakterisieren. Pflichtet man dieser Auffassung bei, dann erhebt sich die Frage, warum z. B. gerade Ammoniumoleatsole sich in diesen „Zustand des OSTWALDschen Körpers" versetzen lassen und nicht z. B. auch BINGHAMsche Körper, wie etwa die Zahnpasta oder andere plastische Massen.

Freilich ist dies nur möglich, wenn innere Spannungen noch nicht völlig ausgeglichen sind, unter deren Einfluß die Flüssigkeit (scheinbar ohne erkennbare Ursache)

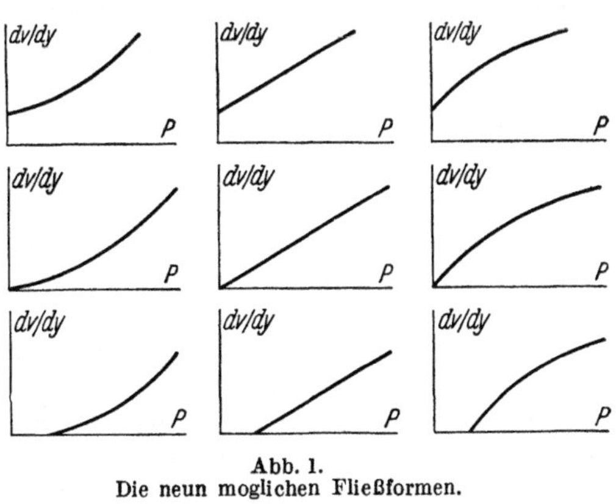

Abb. 1.
Die neun moglichen Fließformen.

fließt. Diese Nachwirkungserscheinungen gehörten bis vor kurzem zu den rätselhaftesten Phänomenen der ganzen Fließkunde. Sie haben zu der Vorstellung geführt, daß solche Flüssigkeiten ein „Erinnerungsvermögen" zeigen und ihre eigene „Vorgeschichte" haben, die zum Verständnis des Verhaltens der Flüssigkeit unerläßlich sei.

Ein Schwellenwert des Tangentialdruckes bedeutet, daß eine Flüssigkeit erst nach Überwindung eines bestimmten Anlaßwertes, der sog. Fließfestigkeit, zu fließen vermag. Sie ist also im Grunde genommen gar keine Flüssigkeit, sondern ein Festkörper, solange man nur mit kleinen Kräften verformt. Dieses Verhalten ist vergleichbar mit der Koerzitivkraft der Magnete.

Die Viskosität ist nicht mehr einfach als ein Quotient aus Schubspannung und Geschwindigkeitsgradient zu definieren, denn dieser Quotient ist inkonstant und kann sogar beim Vorhandensein von Schwellenwerten des Tangentialdruckes unendlich werden.

Man müßte schon die Kurve punktweise auf ihre Steigung untersuchen, was darauf hinausläuft, daß man die sog. differentielle Viskosität

$$\eta' = d\,P/dG \tag{3}$$

definiert; diese ist also das Verhältnis einer beliebig geringen Schubspannungsänderung nach einer beliebig kleinen Geschwindigkeitsgefälleänderung.

3. Das Maxwellsche Relaxationstheorem.

Diese Theorie wurde von J. Cl. Maxwell schon 1868 aufgestellt und ist bis vor 20 Jahren in Vergessenheit geblieben. Sie scheint berufen zu sein, unser Wissen über die strukturellen Veränderungen bei mechanischen Verformungsvorgängen in gleicher Weise zu vertiefen, wie seine Anschauungen auf dem Gebiete der Wärmelehre und der Elektrodynamik.

Nach Maxwell ist die innere Reibung nichts anderes als eine elastische Spannungsrelaxation.

Wird in einem System, welches die Elastizität ε besitzt, eine Verformung $\mathfrak{S}$ hervorgerufen, dann entsteht in diesem die Spannung P.

$$d\,P = \varepsilon \cdot d\mathfrak{S}. \tag{4}$$

Ändert sich die Verformung $\mathfrak{S}$ zeitlich, dann ändert sich auch die Spannung P zeitlich.

$$d\,P/d\,t = \varepsilon \cdot d\mathfrak{S}/d\,t. \tag{5}$$

Der Differentialquotient hat die Bedeutung eines Geschwindigkeitsgefälles, wenn man der Größe P die Dimension eines Tangentialdruckes zuordnet. Sie hätte die Dimension einer Geschwindigkeit, wenn man P als Scherspannung, etwa von der gleichen Dimension wie die Oberflächenspannung, interpretierte.

Diese Beziehung gilt jedoch nur für rein elastische Systeme, bei denen sich die Spannung sofort bei der Verformung einstellt. Diese idealen Fälle gibt es aber nicht; in allen realen Systemen hinkt die Spannung der Verformung nach, um einen Betrag, der um so größer, je größer die Spannung im Augenblicke der Verformung ist. Sie hängt außerdem von einer Zeitkonstanten τ ab, die MAXWELL Relaxationsdauer nannte. Es gilt also für reale Systeme

$$d\,P/d\,t = \varepsilon \cdot d\mathfrak{S}/d\,t - P/\tau\,. \tag{6}$$

Für konstante Verformung, also $d\,\mathfrak{S}/dt = 0$, würde die Integration zu dem Ergebnis

$$\ln P/P_0 = -\,t/\tau \tag{7}$$

führen. Die Spannung müßte also nach unendlich langer Zeit vom Ursprungswert P_0 auf den Wert $P = 0$ absinken. Die Erfahrung lehrt jedoch, daß bei stetiger Verformung (im einfachsten Falle für $d\,\mathfrak{S}/dt$ = konstant) die Spannung keineswegs auf null absinkt, sondern auf einen stationären Endwert, der gegeben ist durch das Produkt aus Viskosität und Geschwindigkeitsgefälle, wie es die NEWTONsche Definitionsgleichung fordert. Dieser Wert ist $\eta\, d\,\mathfrak{S}/dt$ oder $\varepsilon \cdot \tau \cdot d\mathfrak{S}/dt$, wobei MAXWELL das Produkt aus der Scherelastizität ε und der Relaxationsdauer τ mit der Viskosität identifiziert. So liefert die Integration der Gl. (6) für $d\,\mathfrak{S}/dt$ = konstant folgendes Ergebnis:

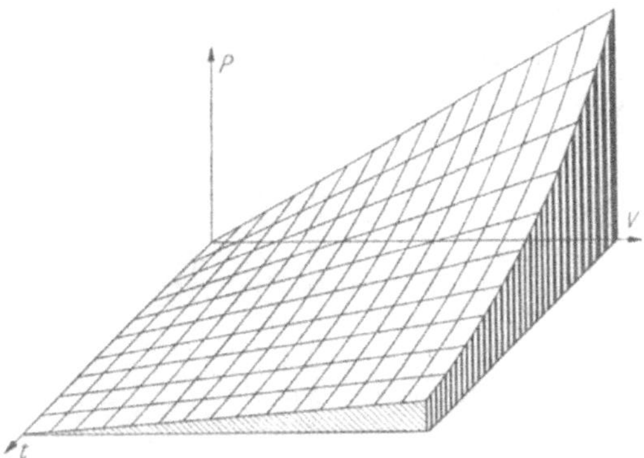

Abb. 2.
Raumdiagramm der MAXWELL-Gleichung.

$$P_t = \varepsilon \cdot \tau \cdot d\,\mathfrak{S}/d\,t + C \cdot e^{-t/\tau}. \tag{8}$$

Den Wert der Integrationskonstanten erhält man leicht, indem man $t = 0$ und $t = \infty$ setzt. Es wird dann einmal

$$P_0 = \varepsilon \cdot \tau \cdot d\mathfrak{S}/dt + C\,, \tag{9}$$

zum anderen

$$P_\infty = \varepsilon \cdot \tau \cdot d\mathfrak{S}/d\,t \tag{10}$$

und durch Subtraktion beider Ausdrücke

$$P_0 - P_\infty = C\,. \tag{11}$$

Hieraus folgt

$$\ln \frac{P_t - P_\infty}{P_0 - P_\infty} = -\,t/\tau\,. \tag{12}$$

Auch hier sind es Erfahrungsmomente, die in die Rechnung hineingetragen wurden. Das kommt noch deutlicher zum Ausdruck, wenn man die Gl. (12) näher diskutiert. Der Verlauf dieser Funktion hängt von dem Wert der Größe P_0 ab. Ist $P_0 > P_\infty$, dann fällt die zeitlich veränderliche Spannung P_t von einem höheren Ursprungswert P_0 auf den stationären Endwert P_∞ ab, wie Abb. 3 zeigt. Ist aber $P_0 < P_\infty$, dann wächst die Spannung P_t auf einen stationären Endwert an, wie Abb. 4 veranschaulicht.

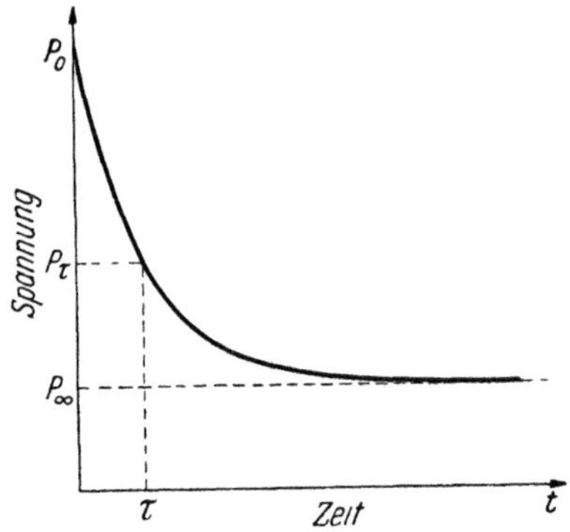

Abb. 3.
Zeitlicher Spannungsabfall.

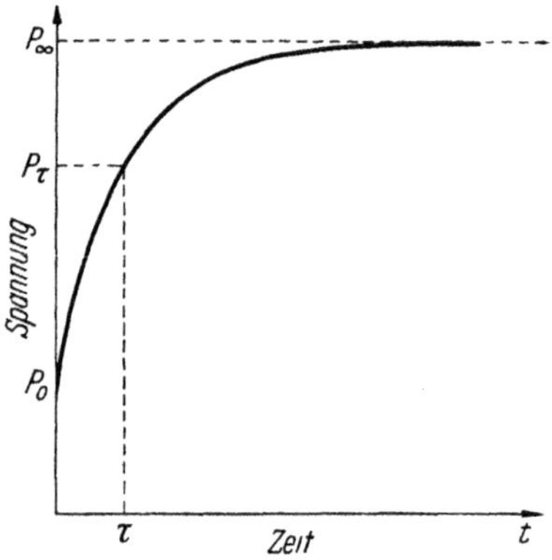

Abb. 4.
Zeitlicher Spannungsanstieg.

Die Hydrodynamiker gehen von der Auffassung aus, daß man einem System zur Zeit $t = 0$ unmöglich einen anderen Spannungszustand zuordnen könne als $P_0 = 0$. Das heißt, es wird ein jungfräuliches System angenommen. Solche Systeme gibt es weder theoretisch noch praktisch. Ein System, dessen Spannung erst nach unendlich langer Zeit abklingt, wird nie völlig spannungsfrei sein.

Inwieweit P_0 annähernd gleich 0 gesetzt werden kann, ist nur durch die Erfahrung zu entscheiden. Aus diesem Grunde müssen die Spannungsgrößen so lange in den Rechnungen mitgeführt werden, bis der Versuch darüber Aufklärung gibt, ob sie vernachlässigt werden dürfen oder nicht. Der Wert P_0 in Gl. (12) hängt also von dem Zeitpunkt ab, an dem wir mit dem Versuch beginnen. Gerade darum spielt die Vergangenheit eine so große Rolle.

Man erkennt, daß die MAXWELLsche Spannungsgleichung in einem zweidimensionalen Koordinatensystem nur unvollständig dargestellt werden kann. Auch diese Gleichung fordert zunächst strenge Proportionalität zwischen der Spannung P_t von Beginn der Verformung ($t = 0$) an gerechnet. Mit fortschreitender Scherdauer t verändert sich auch bei gleichbleibender Geschwindigkeit $d\mathfrak{S}/dt$ dauernd die Spannung P_t, und zwar kann diese sowohl zu- als auch abnehmen, je nachdem ob der Wert P_0 größer oder kleiner ist als der stationäre Endwert P_∞. Es ist also praktisch so, daß man die Zeit nicht konstant halten kann und darum auch theoretisch keinen konstanten Spannungswert bei gleichbleibender Geschwindigkeit zu erwarten hat. Nur dann, wenn man mehrere Proben der gleichen Substanz zu gleicher Zeit in völlig gleiche, direkt anzeigende Viskosimeter einfüllen würde und diese alle im gleichen Augenblick mit verschiedener Geschwindigkeit $d\mathfrak{S}/dt$ startet, könnte man Spannungswerte P erwarten, die der Geschwindigkeit zum gleichen Zeitpunkt proportional sind. Das ist nur durch mehrere Momentaufnahmen einer Serie von Viskosimetern praktisch durchzuführen. Solche Versuche sind unseres Wissens nicht ausgeführt worden, und darum kann man auch nicht behaupten, daß die MAXWELLsche Gleichung den experimentellen Befund nicht wiedergäbe.

Man kann aber die während der Geschwindigkeitsänderung verstrichene Zeit in Rechnung setzen, indem man die Gleichung in einem dreidimensionalen Koordinatsystem darstellt.

Man erhält dann die in dem Diagramm 2 gezeigte, windschief gewölbte Fläche. In einer solchen Fläche haben unendlich viele Kurven Platz, d. h. die Spannung ist erst eindeutig festgelegt, wenn neben der Geschwindigkeit auch die Zeit angegeben ist, zu der gemessen wurde.

Man kann die MAXWELLsche Gleichung aber auch für konstante Spannung P, also für

$$\frac{dP}{dt} = 0$$

integrieren; dann gilt

$$\varepsilon \frac{d\mathfrak{S}}{dt} = P/\tau$$

und

$$\varepsilon \int d\mathfrak{S} = \frac{P}{\tau} \int dt \tag{13}$$

oder

$$P = C_1 + \varepsilon\,\tau \cdot \frac{\mathfrak{S}}{t}. \tag{14}$$

Dies ist das NEWTONsche Postulat der Proportionalität zwischen der Spannung und dem Geschwindigkeitsgefälle. Es müßte daher jede mit konstanter Geschwindigkeit fließende Flüssigkeit eine sog. BINGHAMsche Flüssigkeit sein. Weil dies erfahrungsgemäß nicht der Fall ist, kann die Voraussetzung $dP/dt = 0$ nicht zutreffen, obwohl mit konstanter Kraft verformt wird.

Um dies zu verstehen, erscheint es zweckmäßig, die ursprüngliche NEWTONsche Formulierung (2) mit der oben ausgesprochenen Beziehung zu vergleichen, also

$$\varepsilon\,\tau \frac{d\mathfrak{S}}{dt} = \eta \frac{dv}{dy}. \tag{15}$$

Nach unserer ursprünglichen Voraussetzung $\mathfrak{S} = dS/dy$ und der Definition $v = dS/dt$ folgt unmittelbar aus

$$\varepsilon\,\tau \frac{\partial^2 S}{\partial y\,\partial t} = \eta \frac{\partial^2 S}{\partial y\,\partial t} \tag{16}$$

als allgemeines MAXWELLsches Stoffgesetz

$$\eta = \varepsilon \tau , \tag{17}$$

das eine von allen besonderen Versuchsbedingungen unabhängige Definition der Viskosität ergibt. Da diese rein formal richtig ist, wird

$$\frac{dv}{dy} \neq \frac{d\mathfrak{S}}{dt}, \tag{18}$$

weil das NEWTONsche Postulat (2) durch die Erfahrung nicht bestätigt wird. Zum näheren Verständnis soll die Ungleichung (18) noch weiter analysiert werden. Links steht ein Differentialquotient nach einer Raumrichtung, also ein Gefälle, rechts jedoch ein Differentialquotient nach der Zeit, für den es im englischen Sprachgebrauch die Bezeichnung „rate" gibt. Um diesen Gradienten in eine „rate" überzuführen, genügt es, eine Ausbreitungsgeschwindigkeit zu definieren. Wir setzen demnach

$$c = dy/dt \tag{19}$$

und erhalten dann

$$\frac{dv}{dt} \neq c \frac{d\mathfrak{S}}{dt}. \tag{20}$$

Der Differentialquotient nach der Zeit auf der linken Seite ist eine Beschleunigung; es ist also gar nicht möglich, die Spannung P bei variablem c konstant zu halten, auch wenn mit konstanter Kraft verformt wird. Da aber eine veränderliche Ausbreitungsgeschwindigkeit auf Dispersion deutet, kann gefolgert werden, daß das nicht-NEWTONsche Verhalten auf Dispersion beruht. Diese ist aber immer nur in einem System mit Struktur möglich, es kann also dy nicht beliebig klein sein, sondern muß mindestens die Dimension der skleronomen Strukturelemente aufweisen.

4. Die unvollständige Relaxation.

Um diese Erscheinung quantitativ zu untersuchen, wollen wir die MAXWELLsche Gleichung (6) unter ganz allgemeiner Bedingung integrieren. Dies gelingt durch Einführung dimensionsloser Zeit- und Spannungsparameter. Setzt man nämlich für $P/\varepsilon = \mathfrak{P}$, $t/\tau = \mathfrak{t}$ und $(d\mathfrak{S}/dt)\,\tau = \mathfrak{G}$, so erhält man

$$d\mathfrak{P}/d\mathfrak{t} = \mathfrak{G} - \mathfrak{P}. \tag{21}$$

Erweitert man diese Differentialgleichung mit $e^{\mathfrak{t}} d\mathfrak{t}$ und integriert, so findet man

$$\mathfrak{P} = e^{-\mathfrak{t}} \int e^{\mathfrak{t}}\, \mathfrak{G}(\mathfrak{t})\, d\mathfrak{t}. \tag{22}$$

Diese Gleichung ist nur lösbar, wenn man die Funktion des Geschwindigkeitsgefälles $\mathfrak{G}$ von der Zeit $\mathfrak{t}$ kennt. Unter der Voraussetzung, daß sich das Geschwindigkeitsgefälle nicht linear, sondern zeitlich nach irgendeiner Potenz ändert, wobei der Exponent x noch von Versuch zu Versuch verschieden sein kann, folgt dann, wenn

$$\mathfrak{G} = \mathfrak{G}_0\, \mathfrak{t}^x \tag{23}$$

in Gl. (22) eingesetzt wird, die allgemeine Bedingung

$$\mathfrak{P} = e^{-t} \int_0^\infty \mathfrak{G}_0 \, e^t \, t^x \, dt \,. \tag{24}$$

Die Integration führt mit $e^{-t} \cdot e^t = 1$ auf die transzendente Funktion

$$\frac{\mathfrak{P}}{\mathfrak{G}_0} = t^x [1 - x t^{-1} + x(x-1) t^{-2} - x(x-1)(x-2) t^{-3} + \cdots] + (-1)^x x! \tag{25}$$

Wie sich zeigt, bricht die Reihe nur für positive x-Werte bei einer endlichen Zahl von Gliedern ab. Für negative x ergeben sich auch bei gebrochenen Zahlen reelle Werte. Die Reihe besitzt dann nur noch Summanden mit positiven Vorzeichen.

Gl. (25) gilt zunächst ganz allgemein. Für einen speziellen Integrationsweg, nämlich den von WEIERSTRASS (ausgehend von $-\infty$ unter der negativen Achse sich hinziehend, den Ursprung rechtsläufig umgehend und oberhalb der Achse der negativen Zahlen zurückkehrend bis $-\infty$, ohne sich selbst zu schneiden), wird das bestimmte Integral

$$\frac{\mathfrak{P}}{\mathfrak{G}_0} = e^{-t} \int_W e^t \, t^{-x} \, dt = e^{-t} \cdot 2 \pi i \frac{1}{\Gamma(x)} \,. \tag{26}$$

Das besagt, daß die Spannung demnach einer reziproken Gammafunktion proportional sein müßte.

Es ist hierbei zu berücksichtigen, daß man keinen Relaxationsversuch wirklich zu Ende führen, also bis ins Unendliche ausdehnen kann; auch geht keiner Verformung eine unendliche Ruheperiode voraus, wie dies das WEIERSTRASSsche Integral fordert. Insbesondere in *Kapillaren* kann man nur mit einer begrenzten Verweilzeit der Flüssigkeit in der Scherzone und einer endlichen Vorgeschichte rechnen. Dies führt zu den sog. unvollständigen Gammafunktionen, so daß die Fließvorgänge nur durch eine Gleichung von der Form

$$\mathfrak{P} = A + B/\Gamma(x, y) \tag{27}$$

wiedergegeben werden können, worin mit

$$(x, y)! = \int_0^y e^{-t} \, t^x \, dt \tag{28}$$

das unvollständige Integral mit begrenzter Scherdauer bezeichnet wird.

Wie das Raumdiagramm zeigt, ergibt dies tatsächlich reziproke Gammafunktionen, bei denen die ersten Teile der Skala stärker gedrängt erscheinen als bei höheren Werten von x.

Die unvollständigen Gammafunktionen lassen sich nach folgender Reihe

$$(x, y)! =$$
$$= y^x [y/(x+1)\, 0! - y^2/(x+2)\, 1! + y^3/(x+3)\, 2! - y^4/(x+4)\, 3! + - \cdots] \tag{29}$$

berechnen.

Dabei ist die Rekursion

$$\Gamma(x, y) = (x - 1, y)!$$

oder

$$\Gamma(1 + x, y) = (x, y)!$$

zu berücksichtigen.

Wie aus dem Raumdiagramm ersichtlich, kann selbst bei konstanter Relaxationsdauer ein Stoff sich sowohl plastisch als auch elastisch verhalten.

Diese allgemeine Form der MAXWELL-Gleichung läßt erkennen, daß für $y = t/\tau \equiv \mathfrak{t} < 1$ die Kurven als Funktion von x ansteigen; ist also

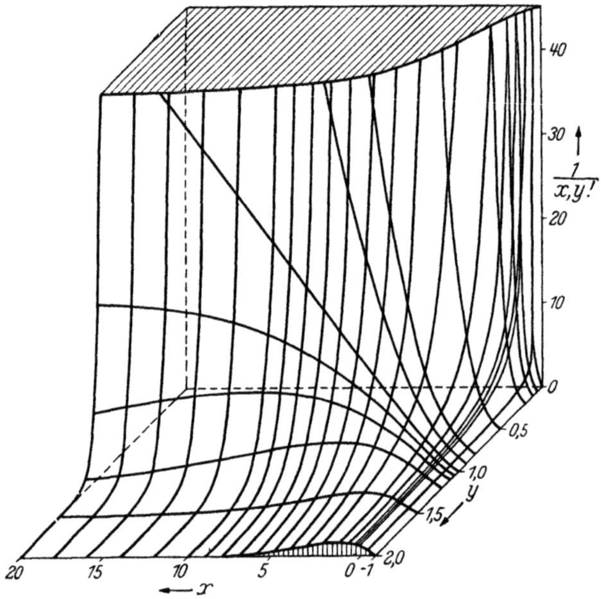

Abb. 5.
Raumdiagramm der reziproken unvollständigen Gammafunktion (Ordinate).
x Exponent des dimensionslosen Zeitparameters.
y dimensionsloser Zeitparameter (Verformungsdauer, Fließdauer).

die Relaxationsdauer τ groß im Verhältnis zur Verformungsdauer t, dann steigen die Spannungen mit wachsendem Exponenten x des Zeitparameters $\mathfrak{t}$ an. Da das überproportionale Ansteigen der Spannungen Rheopexie (Wirkhärtung) bedeutet, folgt, daß Rheopexie bei Kurzzeitverformung zu erwarten ist, wobei die Bezeichnung ,,kurz'' immer relativ zur Relaxationsdauer zu verstehen ist.

Ist dagegen $y = t/\tau > 1$, dann steigt die Spannung unterproportional an und durchläuft ein Maximum oder einen Wendepunkt mit zunehmendem Exponenten x des Zeitparameters $\mathfrak{t}$. Da das unterproportionale Ansteigen der Spannung Strukturviskosität (Wirkerweichung) bedeutet, folgt, daß Strukturviskosität bei Langzeitverformung zu erwarten ist, wobei auch hier ,,lang'' relativ zur Relaxationsdauer zu verstehen ist. Da dieses Raumdiagramm für eine bestimmte Relaxationsdauer gilt, ist es denkbar, daß ein und derselbe Stoff bei einer Kurzzeitverformung sich hochelastisch wie Kautschuk verhält, während er bei einer Langzeitverformung sich als plastisch wie Glaserkitt erweist. Ein solcher Stoff ist in Form eines Silikons der Dow Corning Corp., Midland, Michigan, wirklich gefunden worden und wird unter der Bezeichnung Bouncing Putty (hüpfender Kitt) in den Handel gebracht. Er

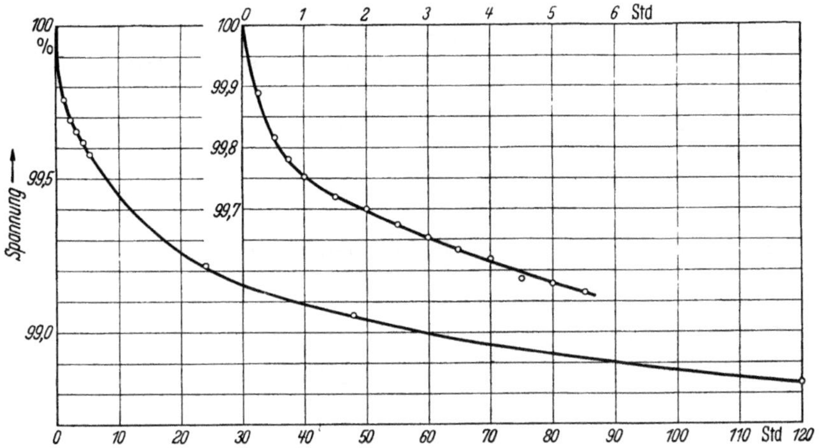

Abb. 6.
Relaxationskurve von Stahldraht.

läßt sich kneten und zu langen Strängen ausziehen, wenn man ihm Zeit läßt zu relaxieren; daraus geformte Kugeln springen, zu Boden geworfen, bis zur Decke.

Betrachtet man schließlich die Relaxation bei konstantem Zeitexponenten x, dann sieht man, daß die Gammafunktion niemals völlig auf 0 abklingen kann, es sei denn für den speziellen Fall $x = \infty$. Die Relaxation bleibt aber im allgemeinen unvollständig, auch nach unendlich langer Zeit t, wie aus Abb. 6 ersichtlich.

5. Das FOURIERsche Fortpflanzungstheorem.

Da nach MAXWELL die innere Reibung einer Flüssigkeit nichts anderes ist als die Relaxation der elastischen Spannungen, folgt, daß die innere Reibung ohne Elastizität nicht möglich ist. Es müssen also auch in Flüssigkeiten durch innere Reibung bedingte transversale Schwingungen möglich sein, die sich mit endlicher Geschwindigkeit ausbreiten. Um dies zu untersuchen, folgen wir zunächst der Darstellung von W. MÜLLER und gehen aus von den allgemeinen Bewegungsgleichungen, unter Beschränkung auf die kleinen Flüssigkeitsgeschwindigkeiten und Vernachlässigung der quadratischen Glieder. Wenn ferner die Geschwindigkeiten u außer von der Zeit t nur noch von der Ausbreitungsrichtung y abhängig sind, so wird

$$\varrho \frac{\partial u}{\partial t} - \eta \frac{\partial^2 u}{\partial y^2} = - \frac{\partial P}{\partial x}. \tag{30}$$

Für $\frac{\partial P}{\partial x} = 0$ ist

$$\varrho \frac{\partial u}{\partial t} = \eta \frac{\partial^2 u}{\partial y^2}, \tag{31}$$

und damit eine besondere Art von Wellen möglich.

Beschränken wir die weiteren Betrachtungen auf periodische Vorgänge, so gilt

$$u = e^{i \omega t} \varphi(y) \tag{32}$$

und daraus

$$\frac{d^2 \varphi}{d y^2} - \frac{\varrho \omega i}{\eta} \varphi(y) = 0. \tag{33}$$

Machen wir zwecks Integration die Voraussetzung

$$\varphi(y) = e^{\xi y}, \tag{34}$$

wo ξ eine geeignet zu bestimmende Konstante ist, so ergibt sich

$$\xi = \pm \sqrt{\frac{\varrho \omega i}{\eta}}. \tag{35}$$

Aus allgemein-mathematischen Überlegungen folgt jedoch

$$i = e^{i \frac{\pi}{2}} \quad \text{oder} \quad \sqrt{i} = e^{i \frac{\pi}{4}} = \sqrt{\frac{1}{2}}(1 + i) \tag{36}$$

und damit

$$\xi = \pm \sqrt{\frac{\omega}{2 \mu}}(1 + i), \tag{37}$$

wenn man statt der dynamischen Zähigkeit die mit der Dichte ϱ multiplizierte kinematische Zähigkeit μ setzt.

Man erhält nun

$$u = e^{i \omega t} \cdot e^{\pm \sqrt{\frac{\omega}{2 \mu}}(1 + i) y}. \tag{38}$$

Unter Einführung zweier willkürlicher Konstanten für die Geschwindigkeit folgt

$$u = A e^{i\left(\omega t - \sqrt{\frac{\omega}{2\mu}} y\right)} \cdot e^{-\sqrt{\frac{\omega}{2\mu}} \cdot y} + B e^{i\left(\omega t + \sqrt{\frac{\omega}{2\mu}} \cdot y\right)} \cdot e^{\sqrt{\frac{\omega}{2\mu}} \cdot y} \tag{39}$$

und unter Beschränkung auf den reellen Teil

$$u = A e^{-y \sqrt{\frac{\omega}{2\mu}}} \cos\left(\omega t - y \sqrt{\frac{\omega}{2\mu}}\right) + B e^{y \sqrt{\frac{\omega}{2\mu}}} \cos\left(\omega t + y \sqrt{\frac{\omega}{2\mu}}\right). \tag{40}$$

Dieser Ausdruck beschreibt einen Schwingungsvorgang, bei dem sich die Wellen in der Ausbreitungsrichtung y mit veränderlicher Amplitude fortpflanzen. Die Richtung der Schnelle u steht senkrecht zur Ausbreitungsrichtung, so daß es sich um Transversalwellen handelt. Ist das Medium umgrenzt, wie in allen Fällen der praktischen Viskosimetrie, dann muß $B=0$ werden, weil u nicht im Unendlichen über alle Maßen anwachsen kann. Dann vereinfacht sich die Gleichung auf

$$u = A\, e^{-y\sqrt{\frac{\omega}{2\mu}}} \cos\left(\omega t - y\sqrt{\frac{\omega}{2\mu}}\right). \tag{41}$$

Daraus ist unmittelbar zu ersehen, daß die Phasengeschwindigkeit den Wert hat

$$c = \sqrt{2\omega\mu}; \tag{42}$$

die räumliche Dämpfung ist

$$\delta_* = \sqrt{\frac{\omega}{2\mu}} \tag{43}$$

und die Wellenlänge

$$\lambda = 2\pi\sqrt{\frac{2\mu}{\omega}}. \tag{44}$$

Die Fortpflanzungsgeschwindigkeit ist daher von der Wellenlänge abhängig, und zwar nimmt sie gemäß

$$c = \frac{4\pi\mu}{\lambda} \tag{45}$$

mit zunehmender Wellenlänge ab. Die Dämpfung dagegen steigt mit der Frequenz.

Die Reichweite dieser Wellen ist daher in ganz eigenartiger Weise begrenzt, indem mit steigender Frequenz zwar die Ausbreitungsgeschwindigkeit wächst, aber die Abklingstrecke sich verkürzt. Wenn wir daher einen polychromatischen Schwingungsvorgang betrachten, so haben wir es mit einer Superposition von mehreren Wellen zu tun, die sich wie folgt darstellen läßt:

$$u = \sum_\nu A_\nu\, e^{-y\sqrt{\frac{\omega_\nu}{2\mu}}} \cos\left(\omega_\nu t - y\sqrt{\frac{\omega_\nu}{2\mu}}\right). \tag{46}$$

Es wird also die Schnelle u sich dauernd ändern und nach Ablauf einer gewissen Zeit nur noch die am schwächsten gedämpfte Welle mit der größten Wellenlänge übrigbleiben. Wir haben es hier also mit einem besonderen Fall von Dispersion zu tun. Wenden wir darauf die RAYLEIGHsche Dispersionsgleichung an, so folgt

$$c' = c - \lambda\frac{dc}{d\lambda}; \tag{47}$$

nach Substitution für die Wellenlänge und Differentiation von (45)

$$\frac{dc}{d\lambda} = -\frac{4\pi\mu}{\lambda^2} \quad \text{wird} \quad c' = 2c, \tag{48}$$

d. h. die Gruppengeschwindigkeit c' ist gleich der doppelten Phasengeschwindigkeit c. Das Energiezentrum der Wellenbewegung oder die Wellengruppe eilt daher der Phase voraus. Berücksichtigt man, daß die

Ausbreitungsgeschwindigkeit der elastischen Transversalwellen außerdem auch nach der Gleichung von NEWTON $c = \sqrt{\frac{\varepsilon}{\varrho}}$ sein soll, dann folgt wegen $\eta = \varepsilon\,\tau$ und $\eta/\varrho = \mu$

$$1/\tau = 2\,\omega\,. \tag{49}$$

Die Relaxationsdauer ist also gemäß $1/\tau = 4\,\pi/\mathfrak{T}$ um eine Größenordnung kleiner als die Schwingungsdauer, was gleichbedeutend ist damit, daß die Schwingungen aperiodisch gedämpft sind. Dies geht unmittelbar auch aus der räumlichen Dämpfung hervor, die um den Faktor $2\,\pi$ von der Wellenlänge verschieden ist. Berücksichtigt man ferner, daß bei der Dämpfung bereits Energie abgegeben wird und das Energiezentrum mit doppelter Phasengeschwindigkeit fortschreitet, so ist dieser Faktor $4\,\pi$ und damit auch auf diesem Wege gezeigt, daß die Schwingungen schon in einer Viertelperiode relaxieren. Es ist also anzunehmen, daß die Relaxation schon bei der Erreichung der Maximalamplitude vollzogen ist.

Es handelt sich also hier um reine Platzwechselvorgänge, bei denen durch eine Verschiebung um die Maximalamplitude bereits eine neue Gleichgewichtslage erreicht wird.

6. Die periodische Verformung.

W. PHILIPOFF sowie E. MADELUNG und S. FLÜGGE haben gezeigt, daß man die MAXWELLsche Gleichung auch unter der Bedingung einer periodischen Verformung integrieren kann, wenn man den denkbar einfachsten Fall einer harmonischen Schwingung voraussetzt. Da komplizierte Schwingungen durch FOURIER-Analyse stets in eine hinreichende Anzahl von harmonischen Schwingungen aufgelöst werden können, ist prinzipiell auch die mathematische Behandlung komplizierterer Fälle, also beispielsweise eines ganzen Spektrums von Schwingungen, möglich. Eine andere Frage ist es natürlich, ob diese Behandlung dann noch einfach genug ist, um praktische Bedeutung zu gewinnen. Es kann also die zeitliche Abhängigkeit der Spannung

$$P = P_0\,e^{i\,\omega\,t}$$

(für $i = \sqrt{-1}$) sein. Setzt man diesen Ausdruck in die MAXWELLsche Gl. (5) ein, so erhält man

$$2\,\dot{\mathfrak{S}} = P_0\,e^{i\,\omega\,t}\left[\frac{1}{\varepsilon\,\tau} + \frac{i\,\omega}{\varepsilon}\right]. \tag{50}$$

Hierbei hat der Klammerausdruck den Sinn und die Bedeutung eines reziproken mechanischen „Scheinwiderstandes" $\mathfrak{Z}_m$

$$\mathfrak{Z}_m = \frac{1}{\frac{1}{\varepsilon\,\tau} + \frac{i\,\omega}{\varepsilon}} = \frac{\varepsilon\,\tau}{1 + \omega^2\,\tau^2} - \frac{\varepsilon\,\omega^2\,\tau^2}{i\,\omega\,(1 + \omega^2\,\tau^2)}\,. \tag{51}$$

Die reelle Komponente $\frac{\varepsilon\,\tau}{1 + \omega^2\,\tau^2} = \tilde{\eta}$ entspricht einer Scheinviskosität;

sie soll nur zum Ausdruck bringen, daß dieser Wert frequenzabhängig ist, etwa so, wie die Strukturviskosität vom Geschwindigkeitsgefälle abhängt. Der imaginäre Teil des Verformungswiderstandes entspricht einer frequenzabhängigen Scheinelastizität

$$\tilde{\varepsilon} = \frac{\omega^2 \tau^2}{1 + \omega^2 \tau^2} \varepsilon_\infty . \tag{52}$$

Wie aus diesen Beziehungen hervorgeht, kommt es auf das Verhältnis von Schwingungsdauer $\mathfrak{T}$, ($\omega = 2\pi/\mathfrak{T}$) und Relaxationsdauer τ an. Für

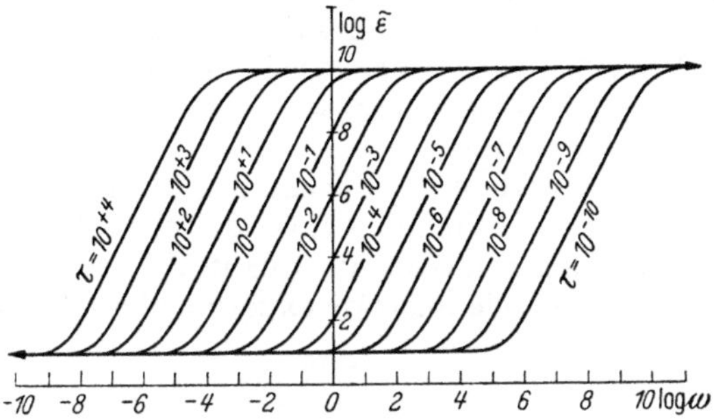

Abb. 7.
Dispersionskurven (Scheinelastizität.)

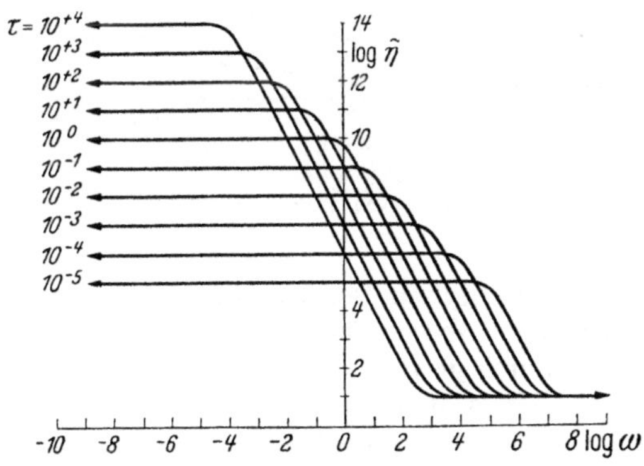

Abb. 8.
Dispersionskurven (Scheinviskosität)

extrem niedrige Frequenzen oder Relaxationsdauern müßte der Scherelastizitätsmodul ε verschwinden, während er für extrem hohe Frequenzen oder Relaxationsdauern seinen höchstmöglichen Wert ε_∞ erreicht. Er entspricht dem des Festkörpers mit unendlich langer Relaxationsdauer.

Die Scheinviskosität fällt also mit steigender Frequenz und Relaxationsdauer, während die Scheinelastizität mit wachsender Frequenz und Relaxationsdauer steigt. Stoffe mit sehr großer Relaxationsdauer bei entsprechend kleiner Elastizität müßten sich also durch hochfrequente

Schwingungen „verflüssigen" lassen. Die Erscheinung ist tatsächlich als Thixotropie bekannt.

Setzt man für ε, τ und ω plausible Werte ein, so erhält man Diagramme der in (Abb. 7 und 8) dargestellten Art. Sie haben bis auf ein additives Glied eine verblüffende Ähnlichkeit mit den wirklichen Dispersionskurven dielektrischer Wellen. Dies ist weiter nicht erstaunlich, denn sowohl die Ausrichtung im elektrischen als auch die im Strömungsfeld ist der Relaxation unterworfen. Ein wesentlicher Unterschied besteht allerdings. Die elektrischen Felder sind um Größenordnungen schwächer als die Strömungsfelder, und die Relaxation aus einem schwach orientierten Zustand, der die Struktur des Werkstoffes kaum verändert, wird verschieden sein von der Relaxation aus einem Ordnungszustand, der bereits die Struktur der Teilchen in Mitleidenschaft zieht, wodurch die Relaxationsdauer verändert werden kann.

Es kann daher der Verlauf der Scheinviskositäts- und Scheinelastizitätskurven als Funktion der Frequenz entweder nur bei extrem schwachen mechanischen Schwingungen oder nur qualitativ mit den theoretischen Kurven übereinstimmen, wie folgende experimentelle Kurven zeigen:

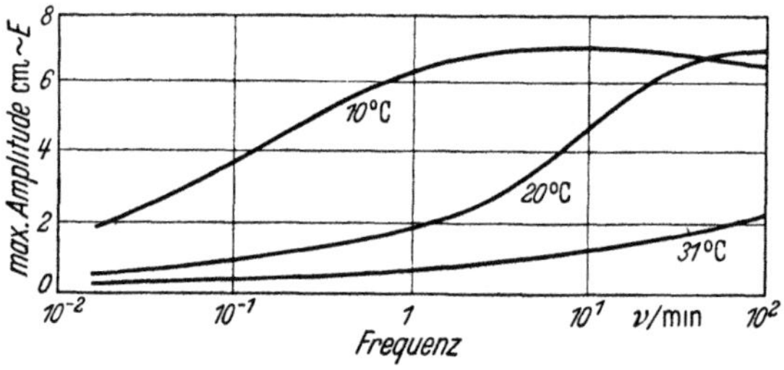

Abb. 9.
Scheinelastizitätskurven nach F. H. MULLER.

Die Analogie mit elektrischen Schwingungen ist daher nur unvollständig, weshalb vor der unbeschränkten Anwendung elektrischer Ersatzschaltbilder eindringlich gewarnt werden muß.

Durch Einführung eines sogenannten Relaxationsspektrums kann man allerdings die experimentell ermittelten Kurven so deuten, daß eine eventuelle Änderung der Relaxationsdauer mit einbegriffen wird. Das Verfahren wird dann aber ziemlich umständlich. Immerhin ist es in einfachen Fällen möglich, das Deformationsverhalten fließfähiger Systeme auf nur zwei Konstanten, nämlich ε und τ, zurückzuführen.

7. Die zähelastische Hysteresis.

Wird eine Flüssigkeit mit periodisch wechselnder Geschwindigkeit verformt, so wird die Spannung bei steigender Tendenz nicht die gleichen Werte erreichen wie die fallender Tendenz. Wir erhalten nicht Kurven, sondern Schleifen.

Selbst wenn wir vom jungfräulichen Zustand ausgehen könnten, würde nach Ablauf einer Periode die Spannung nicht völlig absinken. Die Restspannung bei der Geschwindigkeit null bezeichnen wir als Fließfestigkeit. Diese Spannungen würden erst nach unendlich langer Zeit abklingen. Will man das System aber schon schneller zur Entspannung bringen, so muß man diesem eine Verformung in entgegengesetzter Richtung aufzwingen, die so groß sein muß, daß die dadurch geweckten Spannungen die Restspannungen gerade kompensieren. Dieser Zustand kann nicht bei der Geschwindigkeit null erreicht werden, sondern wieder nur bei einem endlichen Wert des Geschwindigkeitsgefälles, aber entgegengesetzter Richtung.

Das würde heißen, daß es bei der Spannung null auch einen Schwellenwert des Geschwindigkeitsgefälles geben muß, bei dem die Flüssigkeit auch ohne gleichzeitige Einwirkung äußerer Kräfte zu fließen vermag. Sie

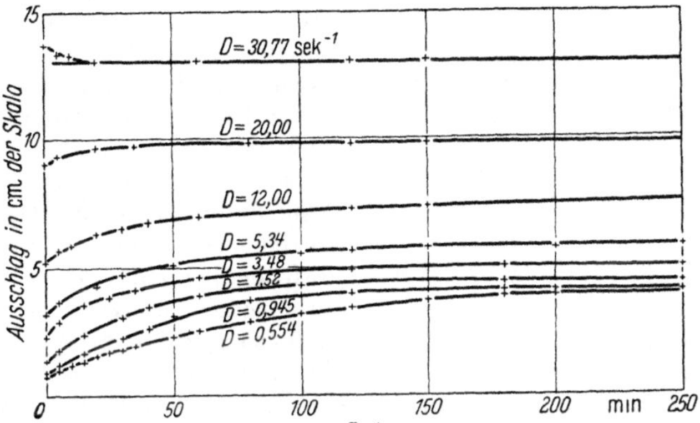

Abb. 10.
Relaxationsmessungen an Bentonitsolen nach Rossi.

tut dies zufolge innerer Spannungen, die von einem früheren Verformungsprozeß herrühren und noch nachwirken.

Man kann dies aus dem Maxwellschen Relaxationstheorem unmittelbar herleiten. Zu diesem Zweck zeichnet man sich das Raumdiagramm der Maxwell-Gleichung heraus und legt in die (v, t)-Ebene eine Spur, im einfachsten Falle eine linear mit der Zeit anwachsende Geschwindigkeit. Errichtet man von dieser Spur aus Lote bis zu den Durchstoßpunkten mit der Zustandsfläche, so erhält man die schon früher gezeichnete gekrümmte Kurve im Raume. Läßt man die Geschwindigkeit wieder abfallen, so kann man die mittlerweile verflossene Zeit nicht wieder rückgängig machen, sondern muß die Spur in der (v, t)-Ebene fortschreitend mit der Zeit wieder abnehmen lassen. Das ergibt z. B. eine dreieckförmige Spur in der (v, t)-Ebene.

Errichtet man von dieser Spur aus Lote bis zu den Durchstoßpunkten mit der Zustandsfläche, so erhält man nicht dieselben Spannungswerte wie früher, sondern im absteigenden Ast liegen die Werte tiefer als im aufsteigenden Ast. Das Verhalten ist von ROSSI mit einem Couette-Apparat an Bentonitsolen untersucht worden.

Man erkennt, daß die Hysteresisschleifen immer enger und enger werden, aber selbst nach 14 Verformungszyklen noch immer nicht völlig zu einer Kurve zusammenlaufen.

Es ist jetzt zu übersehen, daß die früher gegebenen 9 Formen des Fließens (Abb. 1) in Wirklichkeit nur Teiläste der umfassenderen Hysteresisschleifen sind.

Daraus geht hervor, daß die Schwellenwerte der Spannungen bei der Verformungsgeschwindigkeit null eigentlich Fließfestigkeiten symbolisieren und damit das Verhalten des Festkörpers beschreiben. Jede Flüssigkeit kann daher unter ganz bestimmten Bedingungen auch als Festkörper auftreten.

Das würde bedeuten, daß ein völlig jungfräuliches System unabhängig von seiner Struktur fließfähig sein kann. In der Tat gibt es Kristalle (Kupfer, Steinsalz), die aus Lösungen oder Schmelzen gewachsen und noch niemals verformt waren, sich trotz ihrer kristallinen Beschaffenheit verformen lassen, ohne daß diese zu Bruch gehen. Dagegen kann man z. B. $KClO_3$-Kristalle durch Verformung so verfestigen, daß sie bei einer Beanspruchung in entgegengesetzter Richtung geradezu explosionsartig zerspringen. Auch aus dem Raumdiagramm der reziproken Gammafunktion ließen sich in gleicher Weise Hysteresisschleifen herleiten, die nur komplizierter verliefen, wie es bei vielen Stoffen auch der Fall ist.

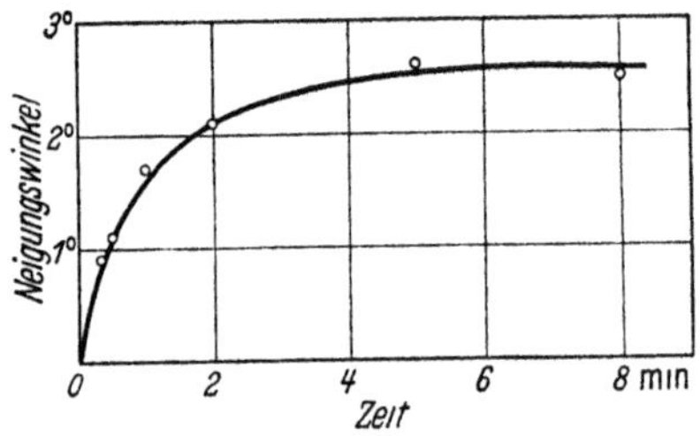

Abb. 11.
Gleitwinkel von Paraffinol als Funktion der Zeit.

Die unvollständige Relaxation ist daher die wesentliche Ursache der Hysteresis, und diese enthält als Spezialfall sowohl das Verhalten des Festkörpers als auch das Verhalten der Flüssigkeit. Berücksichtigt man, daß sich die Relaxationsdauer in den Grenzen von 10^{-11} Sekunden bis zu einigen Jahrzehnten bewegen kann, so wird einigermaßen begreiflich, wieso in manchen Fällen Schwellenwerte der Spannung in unvorstellbar kurzer Zeit abklingen und daher der Körper sich wie eine ideale Flüssigkeit verhält, während in anderen Fällen erst in extrem langen Zeiträumen eine Relaxation zu verzeichnen ist und man dann glaubt, ideale Festkörper vor sich zu haben. Andererseits gibt es Flüssigkeiten (z. B. Paraffinöle), die erst bei extrem niedrigem Geschwindigkeitsgefälle (10^{-3} sec^{-1}) Schwellenwerte des Tangentialdruckes zeigen. (Abb. 11.)

Hieraus folgt, daß auch tropfbare Flüssigkeiten endliche Werte der Fließfestigkeit aufweisen können.

8. Die elastischen Konstanten.

Das MAXWELLsche Relaxationstheorem hat ergeben, daß auch die tropfbaren Flüssigkeiten einen endlichen Wert der Scherelastizität und mithin eine gewisse Formbeständigkeit erkennen lassen. Sie müssen daher bei genauer Betrachtung auch wie Festkörper behandelt werden. Wenn es nicht gelingt, die Scherelastizität in allen Fällen nachzuweisen, so liegt dies vor allem daran, daß die Relaxationsdauer der elastischen Kräfte zu kurz ist (z. B. 10^{-11} sec).

Sicher ist aber, daß die Flüssigkeiten kompressibel sind und daher auch die Kompressibilität in Rechnung gesetzt werden muß. Es können sich daher in Flüssigkeiten sowohl longitudinale als auch transversale Wellen ausbreiten.

Ihre Fortpflanzungsgeschwindigkeiten lassen sich wie folgt berechnen:

$$c_t = \sqrt{\varepsilon/\varrho} \tag{53}$$

$$c_l = \sqrt{(L + 2\,\varepsilon)/\varrho}\,, \tag{54}$$

worin wieder ε die Scherelastizität, ϱ die Dichte und L den LAMÉschen Elastizitätskoeffizienten bedeuten. Daraus folgt

$$c_l/c_t = \sqrt{(L/\varepsilon) + 2}\,. \tag{55}$$

Bei realen Festkörpern schnüren sich die Querschnitte stets ein, so daß reine LAMÉsche Dehnungen ohne Querkontraktion nicht möglich sind. Man unterscheidet daher zwischen LAMÉschen und YOUNGschem Dehnungsmodul, zwischen denen folgende Beziehung besteht:

$$L/Y = \frac{m}{(1+m)\,(1-2\,m)}\,. \tag{56}$$

Man erkennt daraus, daß dieses Verhältnis jeden Wert von 0 bis ∞ (m = POISSONsche Querkontraktionszahl) annehmen kann, wenn m zwischen den theoretisch möglichen Werten von 0 bis 0,5 sich verändert. Der LAMÉsche Modul wächst daher um so mehr gegenüber dem YOUNG-Modul an, je höher die Querkontraktionszahl ist. Bei einer Querkontraktionszahl $m = 0{,}366$ sind beide gleich. Wird die Kontraktion kleiner, dann wird der YOUNG-Modul größer als der LAMÉsche Modul. Hieraus folgt explizite unter Beachtung von Gl. (58)

$$m = \frac{L}{2\,(L+\varepsilon)}\,, \tag{57}$$

d. h. für $m = 0{,}25$ werden der LAMÉsche Elastizitätsmodul L und der Schermodul ε einander gleich.

Zwischen dem YOUNG-Modul und dem Schermodul besteht noch die weitere Beziehung

$$m = \frac{Y}{2\,\varepsilon} - 1\,, \tag{58}$$

woraus sich das Verhältnis der Fortpflanzungsgeschwindigkeiten [vgl. (55)] ergibt zu

$$c_l/c_t = \sqrt{2\,(1-m)/(1-2\,m)}\,; \tag{59}$$

bei nicht kontrahierenden Substanzen ist also die longitudinale Geschwindigkeit $\sqrt{2} = 1{,}4$ mal größer als die transversale. Schnürt sich eine Substanz aber beliebig weit ein bis auf ihr Maximum 0,5, dann ist die transversale Geschwindigkeit praktisch Null ($c_l/c_t = \infty$). In vielen Fällen ist $m = 0{,}25$ und damit $c_l/c_t = \sqrt{3}$. Durch weitere Umformung der Gleichungen läßt sich auch die Scherelastizität explizite durch die Kompressibilität K ausdrücken, wenn man berücksichtigt, daß Kompressibilität und YOUNG-Modul wie folgt zusammenhängen:

$$3\,(1-2\,m) = Y \cdot K\,, \tag{60}$$

worin $m = 0{,}5$ der Inkompressibilität entspricht.
Für die Scherelastizität kann geschrieben werden

$$\varepsilon = \frac{3\,(1-2\,m)}{2\,(1+m)\,K}\,. \tag{61}$$

Man kann somit aus einer Schallgeschwindigkeitsmessung und einer Kompressibilitätsmessung die Scherelastizität ε ermitteln. Da sich heute mit dem Ultraschallinterferometer Schallgeschwindigkeiten bis auf 0,1% und Dichten mit dem Pyknometer bis auf 0,01% und Kompressibilitäten bis auf 0,2% genau messen lassen, sind die Scherelastizitäten genau bestimmbar (Gl. 63).

Über das MAXWELLsche Stoffgesetz kann daher die Relaxationsdauer aus der Viskosität ermittelt werden.

Damit sind alle Materialkonstanten zugänglich, die zur Beurteilung des rheologischen Verhaltens von Belang sind. Bei sehr geringen Frequenzen, wo die longitudinale Fortpflanzungsgeschwindigkeit sich aus der Kompressibilität ergibt, ist die Scherelastizität $\varepsilon = 0$. Bei höheren Frequenzen dagegen, wo die Flüssigkeit sich als weniger kompressibel erweist, ergibt sich eine immer größer werdende Differenz und damit ein wachsender Wert für ε.

Formal interessiert noch der Zusammenhang zwischen der POISSONschen Querkontraktionszahl und den beiden Fortpflanzungsgeschwindigkeiten, d. i.

$$m = \frac{2-(c_l/c_t)^2}{2-2\,(c_l/c_t)^2}\,. \tag{62}$$

Daraus kann man die POISSONsche Querkontraktionszahl m ermitteln, wenn man die beiden Fortpflanzungsgeschwindigkeiten kennt. In Flüssigkeiten wird es in der Regel nicht einfach sein, c_t zu bestimmen. Es gelingt dies nur über Gl. (61), indem man aus Gl. (53) ε substituiert. Es folgt

$$c_t^2 = (c_l^2 - 1/\varrho\,K)\,3/4\,, \tag{63}$$

wobei zu beachten ist, daß die longitudinale Geschwindigkeit sich nicht einfach aus der Kompressibilität ergibt, sondern bestimmt ist durch

$$c_l = \sqrt{\frac{3(1-m)}{\varrho K (1+m)}}, \tag{64}$$

demnach um so größer ist, je inkompressibler die Flüssigkeit oder je geringer die Querkontraktion ist. Nur bei der Querkontraktionszahl $m = 0{,}5$ ist die longitudinale Ausbreitungsgeschwindigkeit gleich der Wurzel aus Volumelastizität durch Dichte.

Ist jedoch die Fortpflanzungsgeschwindigkeit der Dispersion unterworfen, dann sind sowohl c_l als auch c_t frequenzabhängig. Für die longitudinale Fortpflanzungsgeschwindigkeit hat H. O. KNESER nachstehende Beziehung gefunden:

$$\tilde{c}_l^2 = c_{l_0}^2 + \left(c_{l_\infty}^2 - c_{l_0}^2\right) \frac{\omega^2 \tau^2 (c_{l_\infty}/c_{l_0})^2}{1 + \omega^2 \tau^2 (c_{l_\infty}/c_{l_0})^2}. \tag{65}$$

Für die transversale Fortpflanzungsgeschwindigkeit folgt nach MADELUNG und FLÜGGE mittelbar

$$\tilde{c}_t^2 = c_{t_0}^2 + \left(c_{t_\infty}^2 - c_{t_0}^2\right) \frac{\omega^2 \tau^2}{1 + \omega^2 \tau^2}. \tag{66}$$

Es muß also statt c_l/c_t in Gl. (59) $\tilde{c}_l/\tilde{c}_t$ gesetzt werden; die POISSONsche Querkontraktionszahl m wird daher frequenzabhängig und durch die Relaxationsdauer τ bedingt. Wenn wir also m als ein Sprödigkeitsmaß ansehen, so folgt daraus, daß die Sprödigkeit auch von der Art der Beanspruchung abhängen muß, wie dies auch zweifellos zutrifft. Die Beziehung zwischen der POISSONschen Querkontraktionszahl m und dem Verhältnis c_t/c_l gibt Abb. 12 wieder.

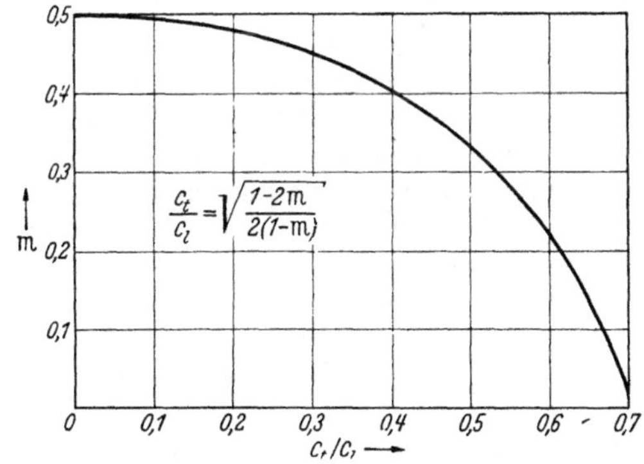

Abb. 12. Querkontraktionszahl als Funktion von c_t/c_l.

Für Dehnungswellen in dünnen Stäben gilt entsprechend der Elastizitätstheorie

$$c_D = \sqrt{\frac{Y}{\varrho}} = \sqrt{\frac{2\varepsilon(3L + 2\varepsilon)}{\varrho(L+\varepsilon)}} = \sqrt{\frac{2\varepsilon(1+m)}{\varrho}}. \tag{67}$$

Ist nun der Gleitmodul ε frequenz- und relaxationsabhängig, also analog (66)

$$\tilde{\varepsilon} = \varepsilon_0 + \frac{(\varepsilon_\infty - \varepsilon_0)\,\omega^2 \tau^2}{1 + \omega^2 \tau^2}, \tag{66a}$$

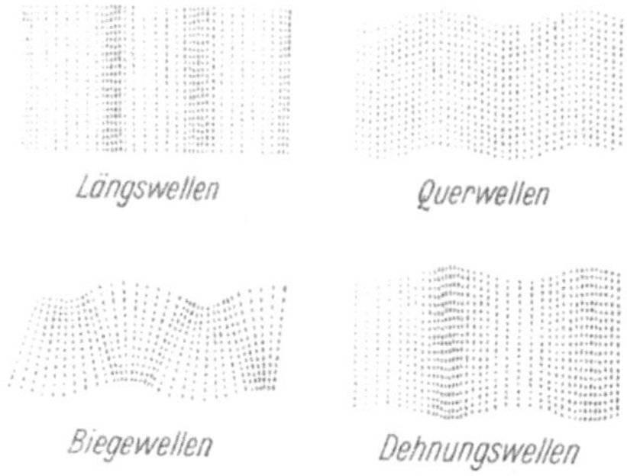

Abb. 13.
Die verschiedenen Formen der mechanischen Wellen.

so muß auch die Wellenlänge der Dehnungsschwingung von der Relaxationsdauer abhängen. Für hohe Frequenzen gilt

$$\lambda = 2\,\pi\,\tau \sqrt{\frac{2\,\varepsilon_\infty\,(1+m)}{\varrho}}. \qquad (68)$$

Langwellige rhythmische Dikkenschwankungen in gesponnenen Faserstoffen (dünne Stäbe) werden daher besonders bei Hochpolymeren mit langer Relaxationsdauer auftreten. Die POISSONsche Querkontraktionszahl m dagegen hat nur geringen Einfluß auf die Wellenlänge der rhythmischen Dickenschwankungen. Die verschiedenen Formen der Wellen zeigt Abb. 13.

9. Die Fließkurve.

Seit W. PHILIPOFF ist es üblich, Geschwindigkeitsgefälle als Funktion des Tangentialdruckes in ein beiderseits logarithmisches Koordinatensystem einzutragen, um festzustellen, ob eine Flüssigkeit sich rein-viskos, d. h. wie eine NEWTONsche Flüssigkeit, verhält oder von diesem einfachen Verhalten abweicht. Das hat den Vorteil, daß man Geschwindigkeitsgefälle und Tangentialdrucke in einem Bereich von 4–6 Zehnerpotenzen noch gut sichtbar darstellen kann.

Ist die Flüssigkeit rein-viskos, herrscht also Proportionalität zwischen Geschwindigkeitsgefälle und Tangentialdruck, dann ergibt diese Darstellung eine Gerade mit einer Neigung von genau 45°. Steigt dagegen das Geschwindigkeitsgefälle exponentiell mit dem Tangentialdruck an, so verlaufen die Kurven steiler. Die Erfahrung zeigt, daß diese Steilheit keineswegs konstant ist, sondern ein Maximum durchläuft. Die nähere Analyse der Kurven ergibt für $d\ln G/d\ln P = \sigma$ (Schlüpfrigkeit genannt) eine GAUSSsche Fehlerkurve (Glockenkurve). Dies wird durch folgende Betrachtung verständlich:

Setzt man für

$$\sigma = d\ln G/d\ln P = \frac{dG}{G}\cdot\frac{P}{dP}, \qquad (69)$$

so folgt definitionsmäßig

$$\sigma = \eta/\eta', \qquad (69\,a)$$

d. h. die Schlüpfrigkeit σ ist der Quotient aus der totalen und differentiellen Viskosität. Wenn also σ ein Maximum erreicht, so heißt das, daselbst ist die differentielle Viskosität ein Minimum.

Es ist aber aus der Funktionstheorie bekannt, daß die unvollständige Gammafunktion

$$\Gamma(x, y) \quad \text{für} \quad \Gamma(1/2, y^2)$$

identisch ist mit der GAUSSschen Fehlerfunktion

$$\frac{1}{2}\,\Gamma({}^1/_2, y^2) = \Phi(y) = \int_0^y e^{-t^2}\,dt\,, \qquad (\Phi = \text{Fehlerintegral})$$

und diese wiederum gleich

$$\Gamma(1 + 1/2) = \int_0^\infty e^{-t^2}\,dt = \sqrt{\frac{\pi}{2}}\,. \tag{70}$$

Somit ergibt sich, daß die GAUSSsche Verteilung nur einen speziellen, wenn auch häufigen Fall der Gammafunktion darstellt.

In der Tat erhält man Geraden über 6 Zehnerpotenzen von $G = \frac{d\mathfrak{S}}{dt}$ hinweg, wenn man $\frac{\ln \eta/\eta_\infty}{\ln \eta_0/\eta_\infty}$ gegen $\ln G$ in ein Summenwahrscheinlichkeitsnetzt aufträgt, wie Abb. 14 zeigt.

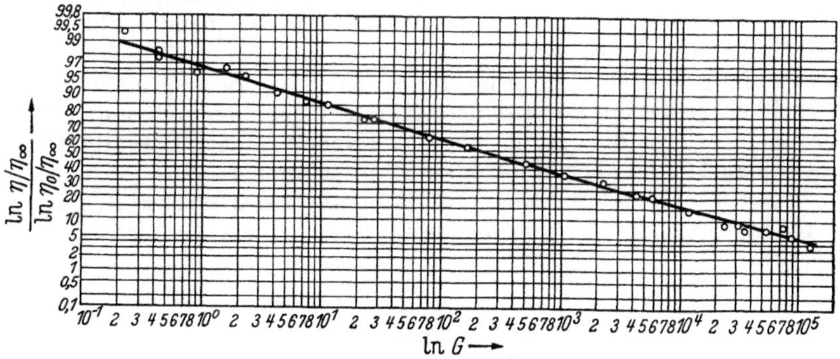

Abb. 14.
Fließkurven einer 7,4%igen Oppanol-in-Dekalin-Losung nach W. PHILIPOFF.

Man erhält dadurch η_0, die Viskosität der Ruhe, und η_∞, die Viskosität der Bewegung, als reine Materialkonstanten und G_* als charakteristisches Geschwindigkeitsgefälle, bei dem die Steilheit der Fließkurve (Gl. 69, 69a)

$$\frac{d\ln G}{d\ln P} = \frac{\eta}{\eta'} = \sigma$$

ein Maximum ist. Es gibt also ein wahrscheinlichstes Geschwindigkeitsgefälle G_*, bei dem die differentielle Viskosität η' relativ zur totalen Viskosität ein Minimum ist.

Die große Ähnlichkeit der Dispersionskurven mit der GAUSSschen Summenwahrscheinlichkeitskurve könnte leicht dazu verleiten, direkte Beziehungen zwischen den sie beschreibenden Rechengrößen aufzustellen.

Um den Unterschied zu begreifen, genügt es nicht nur, die mathematische Herleitung zu kennen. Wesentlich sind die Voraussetzungen, unter denen sie entstanden sind. Die Scheinviskositätskurve als Funktion der Frequenz ist unter der Annahme beliebig kleiner Schwingungsamplituden berechnet worden. Hierbei ist die Verformung so gering, daß noch keine strukturelle Veränderung möglich ist. Bei der Herleitung der die Strukturviskositätskurve beschreibenden Gammafunktion wurde diese Einschränkung nicht gefordert. Im Gegenteil, es wurde sogar vorausgesetzt, daß das dimensionslose Geschwindigkeitsgefälle $\mathfrak{G} = \frac{d\mathfrak{S}}{dt}\tau$, welches die Relaxationsdauer enthält, eine Potenzfunktion der Zeit $\mathfrak{G}_0\, t^x = \frac{d\mathfrak{S}}{dt}\tau$ sein kann. Das bedeutet, daß die bisher als Materialkonstante aufgefaßte Relaxationsdauer τ sich mit der Zeit verändern kann. Damit ist zum Ausdruck gebracht, daß ein Eingriff in die Struktur des Kontinuums vorgenommen wird. Mit steigendem Geschwindigkeitsgefälle muß notwendigerweise auch die Leistungsaufnahme pro Volumen der Substanz steigen, und damit wird die Beanspruchung des Diskontinuums, d. h. der pro Strukturelement entfallende Energieanteil, immer größer.

Bei harmonischen Schwingungen gleicher Energie dagegen fällt mit steigender Frequenz die Amplitude. Bei der Aufnahme mechanischer Dispersionskurven kann daher die physikalische Forderung, daß der Eingriff durch die zur Messung erforderliche Energie schonend bleibt, erfüllt werden. Bei der Aufnahme von Fließkurven dagegen wird die in der Materialprüfung gestellte Anforderung, wonach die Beanspruchung nach Möglichkeit jener im praktischen Gebrauch nahekommen soll, erfüllt. Gerade darin liegt die spezifische Schwierigkeit in der Materialprüfung. Man will auch dann noch Materialkonstanten herausrechnen, wenn durch den Eingriff während der Messung die Struktur des Werkstoffes bereits verändert wird. Diese Aufgabe zu lösen, erscheinen die Gammafunktionen geeignet.

10. Das Stromprofil.

Diese Frage ist von fundamentaler Bedeutung für die mathematischen Grundlagen der Viskosimetrie. Das NEWTONsche Postulat (2)

$$P = \eta \frac{dv}{dy}$$

fordert ein lineares Stromprofil, wenn η eine Materialkonstante sein soll. Dieser Ansatz ist die Grundlage für die nun folgenden Überlegungen im zweiten Teil dieses Buches.

Die FOURIERsche Analyse der Ausbreitungserscheinungen hat ergeben, daß bei Wechselströmungen die Ausbreitungsgeschwindigkeit (42)

$$c = \sqrt{2\,\omega\,\mu}$$

ist, d. h., daß die Ausbreitungsgeschwindigkeit frequenzabhängig sein muß und die Ausbreitung der Wechselströmung daher der Dispersion unterworfen ist. Das MAXWELLsche Relaxationstheorem ergab für Wechselströmungen einen komplexen Strömungswiderstand, bezeichnet durch eine Scheinelastizität und eine Strukturviskosität, die mit der Frequenz abnimmt, d.h., der Wendepunkt der Dispersionskurve verschiebt sich mit steigender Relaxationsdauer $\tau_3 > \tau_2 > \tau_1$ nach kleineren Geschwindigkeitsgefällen. Die gleichen Kurven erhält man bei Gleichströmungen, wenn man statt der Scheinviskosität die Strukturviskosität und statt der Frequenz der Wechselströmung das Geschwindigkeitsgefälle der Gleichströmung aufträgt. Auch hier verschiebt sich der Wendepunkt der Strukturviskositätskurven mit steigender Relaxationsdauer $\tau_1 < \tau_2 < \tau_3 < \tau_4$ nach kleineren Geschwindigkeitsgradienten. Relaxationsverschiebungsgesetz bedeutet, daß das Geschwindigkeitsgefälle nicht nur die Dimension einer Frequenz, sondern auch den Sinn und die gleiche Wirkung auf die Viskosität hat.

Da der Wendepunkt der Scheinviskositätskurve an *der* Stelle liegt, wo $1/\tau_* = \omega$ ist, folgt, daß an dieser Stelle die Fortpflanzungsgeschwindigkeit

$$c_* = \sqrt{\frac{2\,\mu}{\tau_*}}$$

sein muß, d. h., die Relaxationsdauer $\tau_* = \mathfrak{T}/2\,\pi$ ist etwa ein Sechstel der Schwingungsdauer. Da die Viskositätsgeschwindigkeits-Gefällekurve den Verlauf einer Gaussschen Summenkurve zeigt, folgt, daß der Wendepunkt dem wahrscheinlichsten Geschwindigkeitsgefälle oder der wahrscheinlichsten Platzwechselfrequenz entspricht, die in der Flüssigkeit herrscht. M. a. W.: der steilste Abfall der Viskosität ist dann zu erwarten, wenn beim Fließen der Flüssigkeit *die* Platzwechselfrequenz aufgezwungen wird, die ihre Teilchen im Mittel am wahrscheinlichsten ausführen (infolge der kinetischen Wärmebewegungen).

Zieht man in Betracht, daß die wirklichen Flüssigkeiten keine Kontinua sind, sondern disperse Systeme, dann ist die einfachste Annahme die, daß die Flüssigkeitsteilchen Kugelsymmetrie haben. Bei dichtester Packung ist der Schwerpunktsabstand gleich der kleinstmöglichen Schichtdicke $\angle y$ tg α.

Dies ist zugleich der Abstand $\angle S$, um den die Teilchen verschoben werden müssen, um in den gleichen Zustand wie vor der Verformung zurückzukehren. Die Verformung $dS/dy = \mathrm{tg}\,\alpha$ entspricht daher einem Platzwechsel, wobei zwei Teilchen um ihren eigenen Schwerpunktsabstand $\angle S$ tangential gegen ein zweites Teilchen im Abstande $\angle y$ verschoben werden. Die Geschwindigkeit, mit der diese Verschiebung erfolgt, nennt man Platzwechselgeschwindigkeit, und die Zahl der Teilchen, die in der Zeit $\angle t$ aneinander vorüberwechseln, die Platzwechselfrequenz. Aus der Abb. 15 geht hervor, daß diese Zeit, die nötig ist, um ein Teilchen aus seinem Anfangszustand in einen diesem gleichwertigen überzuführen, $^1/_3\,\pi$-tel der Vollperiode beträgt. Das besagt, daß die Relaxation beendet ist, wenn ein Teilchen aus seiner Potentialmulde herausgehoben und

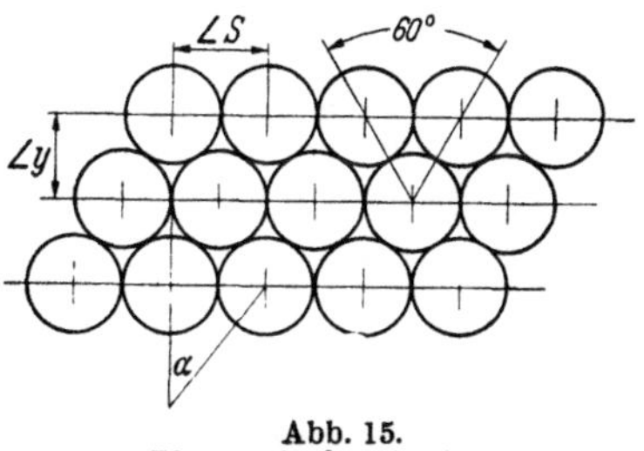

Abb. 15.
Platzwechselmechanismen.

in eine neue, ihr gleichwertige übergeführt ist. Dies gilt, wie schon erwähnt, nur für den Fall, daß die Teilchen kugelsymmetrisch sind. Das bedeutet, daß bei einer Gleichströmung rhythmische Tangentialstörungen in der Flüssigkeit auftreten, die sich mit endlicher Geschwindigkeit senkrecht zur Ebene der Scherverformung fortpflanzen. Ein Unterschied besteht allerdings zwischen der Frequenz einer Schwingung und der Platzwechselfrequenz. Die Platzwechselfrequenz $d\mathfrak{S}/dt$ kann nicht erhöht werden, ohne die aufgenommene Leistung je Schicht zu erhöhen, da ja die Amplitude der Schwingung durch den Schwerpunktsabstand der Teilchen gegeben ist. Bei einer mechanischen Schwingung kann über beide Freiheitsgrade, d. h. sowohl über die Frequenz als auch über die Amplitude verfügt werden, und zwar durch konstruktive Maßnahmen. Es kann also trotz erhöhter Frequenz die Leistungsaufnahme z. B. klein gehalten werden. Dies ist nicht möglich bei den Fließkurven. Will man bei kleinen Molekülen die Platzwechselfrequenz der Wärmeschwingungen erreichen, dann muß man auch Energiemengen durchsetzen, die diesen kommensurabel sind, d. h., die Strukturviskosität wird identisch mit der Temperaturviskosität.

Daraus erkennt man, daß die konsequente Verfolgung der Relaxations- und Dispersionstheorie zwangläufig auf die Diskontinuität der Materie und damit von der Rheologie zur Strukturmechanik führt. Letztere sollte hier mit Absicht nicht behandelt werden. Es galt lediglich zu zeigen, inwiefern die Viskosität eine Materialkonstante ist und inwieweit man sich auf die hydrodynamischen Grundlagen der Viskosimetrie verlassen kann, die die Viskosität als Materialkonstante voraussetzt.

Wir kommen zu dem Schluß, daß sowohl das HOOKEsche Elastizitätsgesetz als auch das NEWTONsche Viskositätsgesetz nur Grenzgesetze für unendlich lange und unendlich kurze Relaxationsdauer sind und das wirkliche Verhalten der Materie nur zu verstehen ist, wenn man mit einer endlichen Relaxationsdauer rechnet. Das führt aber ganz zwangsläufig auch auf eine endliche Fortpflanzungsgeschwindigkeit der Tangentialstörungen und hat folgende bemerkenswerte Konsequenzen:

Geht eine Schubstörung von der Wand auf die Flüssigkeit über, dann breitet sie sich senkrecht zur Ebene der Scherverformung aus und legt in der Zeit dt die Strecke $dy = c\,dt$ zurück; während dieser Zeit relaxiert aber die Spannung um den Betrag dP. Falls die Relaxation eine MAXWELLsche ist, kann sie angegeben werden zu

$$dP = \varepsilon\left(\frac{d\mathfrak{S}}{dt}\right)dt - \frac{P\,dt}{\tau},$$

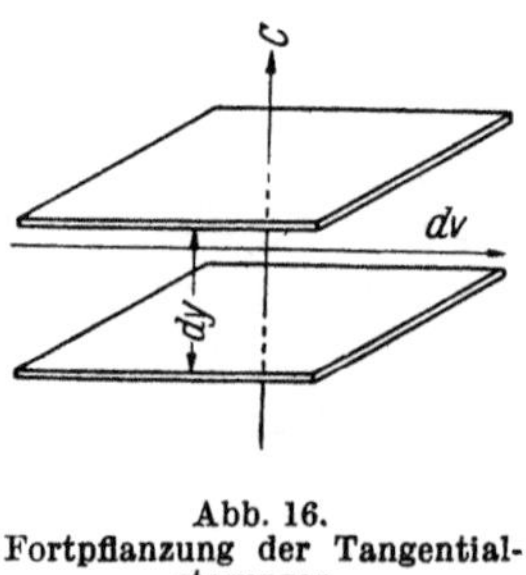

Abb. 16. Fortpflanzung der Tangentialstörungen.

d. h., die Viskosität ist in dieser Schicht nicht mehr durch $P = \eta\,dv/dy$ definiert, sondern ist scheinbar kleiner geworden. Damit sinkt aber auch die Fortpflanzungsgeschwindigkeit c um einen bestimmten Betrag dc. Der nächste Impuls dringt also in dieser relaxierten Flüssigkeit in der gleichen Zeit nicht mehr so tief ein wie der vorangegangene. Da die Schichtdicke jetzt kleiner und die Relativgeschwindigkeit gleich geblieben ist, wächst das Geschwindigkeitsgefälle; es kommt zu einem nichtlinearen Stromprofil, dergestalt, daß die Wandschichten relativ zueinander schneller fließen als die Kernschichten und die Flüssigkeit wie auf einer dünnen Grenzschicht zu gleiten scheint. Bei molekulardispersen Flüssigkeiten, deren Relaxationsdauer gering ist, erreicht die Ausbreitungsgeschwindigkeit relativ hohe Werte, z. B. bei Wasser ($\mu = 0{,}01$ Stok und $\tau_* \approx 2 \cdot 10^{-11}$ sec)

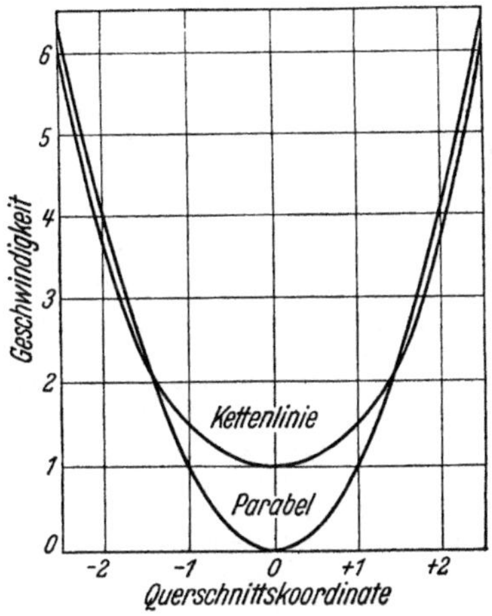

Abb. 17
Stromprofile bei Newtonschen und nicht-Newtonschen Flussigkeiten.

$$c_* = \sqrt{\frac{2\mu}{\tau_*}} = \sqrt{\frac{0{,}01}{10^{-11}}}$$

$$= \sqrt{10 \cdot 10^8} = 3 \ldots \cdot 10^4 \,\text{cm/sec},$$

das sind rund 300 m/sec, also etwa die Schallgeschwindigkeit in Gasen. Bei thixotropen Suspensionen dagegen, die wohl 100mal zäher sein können, dafür aber z. B. erst in 5000 sec relaxieren (s. Abb. 10), ist

$$c_* = \sqrt{\frac{2}{5000}} = \sqrt{4 \cdot 10^{-4}} = 2 \cdot 10^{-2} \,\text{cm/sec} = 0{,}2 \,\text{mm/sec};$$

die Ausbreitungsgeschwindigkeit kann also zu regelrechter Kriechgeschwindigkeit entarten. Die räumliche Dämpfung beträgt im ersten Falle (bei Wasser)

$$1/\delta_* = \sqrt{2\mu\tau_*} = \sqrt{2 \cdot 0{,}01 \cdot 2 \cdot 10^{-11}} = \sqrt{40 \cdot 10^{-12}} \approx 6, \ldots \cdot 10^{-6} \,\text{cm},$$

bei der thixotropen Suspension hingegen

$$1/\delta_* = \sqrt{2 \cdot 1 \cdot 5000} = \sqrt{10^4} = 100 \,\text{cm},$$

bis die Spannung auf den e-ten Teil absinkt (vgl. auch die während der Drucklegung erschienene Arbeit von E. PIERUSCHKA.)

Bei den molekulardispersen Flüssigkeiten bleibt somit die Grenzschicht dünn gegen die Kapillardimensionen, bei thixotropen Suspensionen dagegen nicht. Die Hydrodynamik darf daher von einem anormalen Stromprofil absehen, die Rheologie nicht.

Wir stehen daher vor der Wahl, mit einem nichtlinearen Stromprofil in die Rechnungen einzugehen und dann diese so zu komplizieren, wie dies bei der Einführung der Gammafunktionen geschehen ist, oder aber so weiterzurechnen, als ob das Stromprofil linear wäre und dann die Konstanz der Viskosität anzuzweifeln, da sich die Viskosität nicht als Materialkonstante erweist.

Der Leser der folgenden Kapitel wird sich des Eindrucks nicht verschließen können, daß die darin nur für die einfachsten Fälle ausgeführten Rechnungen bereits so umständlich werden, daß sie nur hinreichend mathematisch Vorgeschulten verständlich sind und daher für den normalen Gebrauch in der Praxis nur in den Endergebnissen verwendet werden können.

Es ist daher kein Wunder, wenn die Hydrodynamiker, die allein die Schwierigkeiten ermessen können, sich bisher scheuten, ein nichtlineares Stromprofil einzuführen, d. h. das FOURIERsche Ausbreitungstheorem mit der Relaxation zu verarbeiten. Der Anfang ist aber im Auslande gemacht worden durch die Einführung der Gammafunktionen in die Rheologie. Diese Entwicklung wird ebenso weitergehen wie die vor zwanzig Jahren angebahnte Berücksichtigung der Relaxation, mit der sich die klassischen Hydrodynamiker vertraut gemacht haben durch Einführung der sog. „Relaxationskorrektur".

Wenn wir vorläufig die Viskosimeter noch so berechnen, als wenn sie für reinviskose NEWTONsche Flüssigkeiten bestimmt wären, so geschieht dies deshalb, weil wir auf das damit zusammenhängende Erfahrungsmaterial nicht verzichten wollen, keineswegs aber darum, weil wir damit den Standpunkt vertreten, daß es die reine Elastizität und die reine Viskosität wirklich gibt. Reine Elastizität setzt unendlich lange, reine Viskosität dagegen unendlich kurze Relaxationsdauer voraus; beide Forderungen stehen im Widerspruch zu dem allgemeinen MAXWELLschen Stoffgesetz $\eta = \varepsilon\tau$.

Danach ist eine endliche Viskosität bei unendlich kurzer Relaxationsdauer und eine endliche Elastizität bei unendlich langer Relaxationsdauer gar nicht möglich.

Darin allein liegt der grundsätzliche Unterschied zwischen der älteren Strömungslehre, die von Anomalien und Korrekturen spricht, und der neueren Fließkunde — der Rheologie —, die gerade diese Abweichungen als den Hauptgegenstand ihres Forschungsbereiches ansieht.

Zweiter Teil.

Mathematische Grundlagen der Viskosimetrie.

(Kontinuumsmechanik.)

1. Allgemeines.

Mit vorliegendem sollen einige der wichtigsten Beziehungen der mathematischen Strömungslehre in gedrängter, doch streng formulierter Form wiedergegeben werden. Der praktisch tätige Ingenieur soll darin das Notwendigste finden. Darüber hinaus soll durch entsprechende Hinweise auf die beiden anderen Abschnitte der Monographie der Zusammenhang mit den Grundlagen hergestellt und weitere Anwendungsmöglichkeiten geschaffen werden.

Für die mathematische Fundierung gelte der gleiche Gesichtspunkt wie bei der Stoffauswahl selbst, die sich ja auch nur auf den durch die mehr experimentell-physikalische Seite dieses Gebietes begrenzten, fest umrissenen Problemkreis beziehen möge.

Um das Verständnis der mechanischen Vorgänge nicht unnötigerweise durch formale und methodische Schwierigkeiten zu stören, bleibt die Darstellung der meisten in der Folge abgeleiteten Relationen der Strömungslehre verkürzt, vielfach sogar nur skizzenhaft auf die Angabe der wesentlichsten Ergebnisse beschränkt.

So muß — dem Einführungscharakter dieser Schrift entsprechend — beispielsweise von einer ausführlicheren Betrachtung des allgemeinen, elastischen Zustandes der Materie und seiner gesetzmäßigen Beziehungen abgesehen werden, so eng verknüpft auch der Deformations- und Spannungszustand der Flüssigkeit mit der allgemeinen Bedeutung der Zähigkeit sein mag.

a) Die Kontinuitätsgleichung und die Beziehungen zwischen Verformung und Spannung.

In den Kreis unserer Betrachtungsweise seien nur solche Flüssigkeiten mit einbezogen, denen außer der durch die Berücksichtigung tangentialer Spannungskräfte definierten Viskosität noch die Eigenschaft der Volumenbeständigkeit zukommt, die also im Gegensatz zu den typischen Gasen vom Druck und der Temperatur unabhängig sind.

Die als eine kontinuierlich zusammenhängende Masse und isotrop vorausgesetzte Flüssigkeit erfülle auch noch hinsichtlich der ortsabhängigen inneren Verschiebung der einzelnen Teilchen das Prinzip der Stetigkeit. Der Bewegungszustand der Flüssigkeit, deren Elemente beständigen Formänderungen ausgesetzt sein mögen, wird dann durch das Vektorfeld der Geschwindigkeit $\mathfrak{v}$ (v_x, v_y, v_z) im kartesischen Koordinatensystem (x, y, z) beschrieben.

Nach einer grundlegenden elastizitätstheoretischen Beziehung ist aber die Summe der Dilatationskomponenten (das sind die Geschwindigkeiten der Streckung bzw. Zusammenziehung eines Elementes in den Koordinatenrichtungen) von der besonderen Wahl des Achsenkreuzes unabhängig, d. h. konstant. Für den Fall inkompressibler Flüssigkeiten muß daher die bei der Dehnung eintretende Vergrößerung des Einheitsvolumens verschwinden, also

$$\nabla \cdot \mathfrak{v} = \operatorname{div} \mathfrak{v} = \frac{\partial v_x}{\partial x} + \frac{\partial v_y}{\partial y} + \frac{\partial v_z}{\partial z} = 0. \tag{1}$$

Diese Gleichung (Kontinuitätsgleichung), welche die Erhaltung der Materie bei der Strömung zum Ausdruck bringt, läßt sich auch noch mittels des von der Potentialtheorie her bekannten Gaussschen Integralsatzes auf folgende allgemeine Form bringen:

$$\oint_F v_n\, d f = \int_V \nabla \cdot \mathfrak{v}\, d V = 0. \tag{2}$$

Es bezeichnen hierin: ∇ (Nabla) die Abkürzung für den symbolischen Vektor der räumlichen Differentiation

$$\left(\frac{\partial}{\partial x}, \quad \frac{\partial}{\partial y}, \quad \frac{\partial}{\partial z}\right),$$

$\nabla \cdot \mathfrak{v}$ die Divergenz der Geschwindigkeit (skalares Produkt zweier Vektoren) F eine raumfeste, endliche geschlossene Elementarfläche, dV die Flüssigkeitsmenge im Raumgebiet V und v_n die normal zum Flächenelement df, und zwar nach außen gerichtete Geschwindigkeitskomponente.

Durch die Verformung der Flüssigkeit werden in den Begrenzungsebenen eines elementaren Epipeds mit zu den Bezugsachsen x, y, z parallelen Kanten in den Begrenzungsebenen Normalspannungen σ_x, σ_y, σ_z hervorgerufen, während gleichzeitig in den Ebenen die Schubspannungen oder Scherspannungen τ_{yz}, τ_{zx}, τ_{xy} usw. wirksam sind. (τ_{xy} ist z. B. der in der Ebene senkrecht zur y-Achse in der x-Richtung auftretende Tangentialdruck.)

Aus der Tatsache, daß die Kräfte drehungsfrei auftreten, folgt dann der Vertauschungssatz:

$$\tau_{yz} = \tau_{zy}, \quad \tau_{zx} = \tau_{xz}, \quad \tau_{xy} = \tau_{yx}.$$

Hingegen führt die Gleichgewichtsbetrachtung an einem elementaren Tetraeder, das von drei zu den Koordinatenflächen parallelen Flächen und einer schief gelegenen Fläche begrenzt wird — unter Vernachlässigung der gegenüber den Flächenkräften unendlich kleinen Raumkräfte — zu den in der Elastizitätslehre allgemein bekannten CAUCHYschen Gleichungen

$$p_{n_x} = \sigma_x l + \tau_{xy} m + \tau_{xz} n\,; \qquad l = \frac{x}{r}$$

$$p_{n_y} = \sigma_y m + \tau_{yz} n + \tau_{yx} l\,; \qquad m = \frac{y}{r}$$

$$p_{n_z} = \sigma_z n + \tau_{zx} l + \tau_{zy} m; \qquad n = \frac{z}{r}.$$

l, m, n sind die Richtungskosinusse für die Normale der Fläche f. Auch für das Spannungsfeld gilt ähnlich wie für die Deformationsglieder (Dilatationskomponenten): $\sigma_x + \sigma_y + \sigma_z = \text{const.}$

Schließlich lassen sich unter Beachtung der Linearität zwischen den Normalspannungen σ und den Dilatationskomponenten, sowie nach Einführung bestimmter Koeffizienten ζ und η die fundamentalen Relationen herleiten:

$$\sigma_x = -p + \zeta \cdot \operatorname{div} \mathfrak{v} + 2\eta \cdot \left(\frac{\partial v_x}{\partial x}\right), \quad \tau_{yz} = 2\eta \cdot \frac{1}{2}\left(\frac{\partial v_y}{\partial z} + \frac{\partial v_z}{\partial y}\right).$$

p bedeutet den mittleren an der betrachteten Stelle herrschenden Druck.

Die weiteren Gleichungen sind in analoger Weise durch zyklische Vertauschung der Klammerausdrücke zu erhalten. Damit ist durch das zweite Gleichungssystem die einfache Proportionalität zwischen den Schubspannungen und den Deformationsgrößen zweiter Art, das sind die Geschwindigkeiten der Winkeländerungen in den zu den Koordinatenachsen senkrechten Ebenen, beschrieben.

Von den beiden Beiwerten ζ und η* interessiert hauptsächlich η als der der Flüssigkeit besonders eigentümliche Wert, dessen experimentelle Ermittlung später ausführlich dargelegt wird.

Bei Betrachtung einer in ebenen Schichten, beispielsweise parallel zur xz-Ebene in Richtung der x-Achse, strömenden inkompressiblen Flüssigkeit erhält man wegen $\operatorname{div} \mathfrak{v} = 0$ und $\frac{\partial v_y}{\partial x} = 0$ analog obigem

$$\sigma_z = -p + 2\eta \frac{\partial v_z}{\partial z} \quad \text{und} \quad \tau_{xy} = 2\eta \cdot \frac{1}{2}\left(\frac{\partial v_x}{\partial y} + 0\right) \equiv \eta \frac{dv}{dy}.$$

Damit ist die Richtigkeit der unter I, (2) ausgesprochenen Definitionsgleichung bestätigt. Der Tangentialdruck wirkt auf die Strömung verzögernd und darf insbesondere in der unmittelbaren Nähe der Grenzwandungen, an denen — wie die Erfahrung zeigt — die Flüssigkeit haftet, nicht mehr vernachlässigt werden, da sich durch den Einfluß der Wandreibung das Strombild auch im Innern der Flüssigkeit und damit die Druckverhältnisse weitgehend verändern.

---

* Die Größen ζ und η sind meist im Schrifttum der Elastizitätslehre mit λ und μ bezeichnet.

b) Die Grundgleichungen zäher inkompressibler Flüssigkeiten. Die NAVIER-STOKESschen Bewegungsgleichungen.

Um die Strömungsverhältnisse einer Flüssigkeit beschreiben zu können, wird von der NEWTONschen Fundamentalgleichung der Dynamik ausgegangen. Diese lautet in vektorieller Schreibweise

$$\int_V \varrho \, dV \frac{d\mathfrak{v}}{dt} = \int_V \varrho \mathfrak{k} \, dV + \oint_F \mathfrak{p}_n \, df .$$

Man denkt sich aus einem durch $\mathfrak{v}\,(t, v_x, v_y, v_z)$ charakterisierten Flüssigkeitsgebiet ein beliebiges Massenelement $\varrho \, d V$ herausgelöst. Die Massendichte ϱ ist konstant. Ferner bedeuten $\mathfrak{k}\,(k_x, k_y, k_z)$ eine eingeprägte und auf die Masseneinheit bezogene Kraft und $\mathfrak{p}_n$ den zur Fläche f gehörigen, in einem Punkt der Berandung F herrschenden Spannungsvektor. Durch Einführung des Ausdruckes $\mathsf{P} \cdot \mathfrak{n} = \mathfrak{p}_n$ und Verwandlung des Oberflächenintegrals in das Raumintegral $\int_V \nabla \cdot \mathsf{P} \, d V$ folgt durch einen Grenzübergang

$$\frac{d\mathfrak{v}}{dt} = \mathfrak{k} + \frac{1}{\varrho} \nabla \cdot \mathsf{P} .$$

P wird Spannungstensor genannt, $\mathfrak{n}\,(l, m, n)$ bezeichnet den Einheitsvektor in Richtung der Normalen, so daß z. B. die der Vektorgleichung äquivalente Gleichung in der Koordinatenrichtung x lautet:

$$\frac{d v_x}{dt} = k_x + \frac{1}{\varrho} \left(\frac{\partial \sigma_x}{\partial x} + \frac{\partial \tau_{xy}}{\partial y} + \frac{\partial \tau_{xz}}{\partial z} \right) .$$

Nach weiteren Umformungen und Berücksichtigung des LAPLACEschen Operators in kartesischen Koordinaten

$$\Delta = \frac{\partial^2}{\partial x^2} + \frac{\partial^2}{\partial y^2} + \frac{\partial^2}{\partial z^2}$$

folgt dann mit Hilfe geeigneter Transformationsgleichungen und bestimmter Vektoroperationen als vereinfachte NAVIER-STOKESsche Differentialgleichung der Hydrodynamik

$$\frac{d\mathfrak{v}}{dt} = \mathfrak{k} - \frac{1}{\varrho} \nabla p + \mu \Delta \mathfrak{v} , \tag{3a}$$

wo bekanntlich $\mu = \eta / \varrho$ die kinematische Zähigkeit bezeichnet. Der durch Gl. (3a) definierte Beschleunigungsvektor ist aber auch gleich der Summe aus zwei Beschleunigungsanteilen, und zwar einem zeitlich veränderlichen, ohne Ortsänderung und einem solchen, der die Geschwindigkeitsänderung bei einem Ortswechsel darstellt, also

$$\frac{d\mathfrak{v}}{dt} = \frac{\partial \mathfrak{v}}{\partial t} + \mathfrak{v} \cdot \nabla \mathfrak{v} . \tag{3b}$$

Die örtliche Geschwindigkeitsänderung $\mathfrak{v} \cdot \nabla \mathfrak{v}$ läßt sich jedoch nach den Regeln der Vektorrechnung zerlegen in

$$\frac{1}{2} \nabla v^2 + \operatorname{rot} \mathfrak{v} \times \mathfrak{v} ,$$

wovon der durch die Rotation bestimmte zweite Bestandteil sich auch so schreiben läßt:

$$2\mathfrak{w}\times\mathfrak{v}\,.$$

Der Vektor $\mathfrak{w}$, der also die innere Rotation der Flüssigkeit an der betrachteten Stelle kennzeichnet, wird als Wirbelvektor bezeichnet. Bei Drehungsfreiheit der Flüssigkeitsbewegung (rot $\mathfrak{v} = 0$) führt Gl. (3b) auf die EULERsche Gleichung für Potentialströmungen. Die Bewegung der reibungsbehafteten unzusammendrückbaren Flüssigkeit wird aber im allgemeinen nicht wirbelfrei sein.

Besitzen die Kräfte $\mathfrak{k}$ überdies noch ein Potential K, derart, daß

$$\mathfrak{k} = -\nabla \mathsf{K}$$

ist, dann wird auch — wie aus (3a), (3b) hervorgeht —

$$\mathfrak{v} = \nabla\Phi\,,\qquad \left(v_x = \frac{\partial\Phi}{\partial x}\,,\quad v_y = \frac{\partial\Phi}{\partial y}\,,\quad v_z = \frac{\partial\Phi}{\partial z}\right),$$

wo Φ das Geschwindigkeitspotential bezeichnet.

Umgekehrt wird auch überall da Wirbelfreiheit herrschen, wo ein Geschwindigkeitspotential existiert. Die Integration der durch Gl. (3a), (3b) gegebenen Differentialgleichung liefert direkt

$$\mathsf{K} + \frac{p}{\varrho} + \frac{1}{2}v^2 + \frac{\partial\Phi}{\partial t} = f(t)\,.$$

$f(t)$ = Zeitfunktion. Für den stationären wirbelfreien Zustand gilt dann der Satz von BERNOULLI, nach welchem die Gesamtenergie der Flüssigkeit im ganzen Gebiet unveränderlich ist, also

$$\mathsf{K} + \frac{p}{\varrho} + \frac{1}{2}v^2 = \text{const}\,.$$

Wird der Wirbelvektor $\mathfrak{w}$ von null verschieden, dann existiert kein Geschwindigkeitspotential, wohl aber eine Stromfunktion Ψ, die das Stromfeld derart charakterisiert, daß sich die Geschwindigkeitskomponenten wie folgt darstellen lassen:

$$v_x = \frac{\partial\Psi}{\partial y}\,,\qquad v_y = -\frac{\partial\Psi}{\partial x}\,.$$

Die Wirbelstärke ist dann

$$2w = 2w_z = \frac{\partial v_y}{\partial x} - \frac{\partial v_x}{\partial y} = -\Delta\Psi\,,$$

wobei die Funktion Ψ die nichtlineare Differentialgleichung

$$\mu\Delta\Delta\Psi = \frac{\partial\Psi}{\partial x}\frac{\partial\Delta\Psi}{\partial y} - \frac{\partial\Psi}{\partial y}\frac{\partial\Delta\Psi}{\partial x} + \frac{\partial\Delta\Psi}{\partial t} \tag{3c}$$

befriedigen muß.

Für den stationären Fall wird $\frac{\partial\Delta\Psi}{\partial t} = 0$. Diese Gleichungen gelten für eine Flüssigkeitsbewegung, die in allen Ebenen (parallel zur xy-Ebene) gleichartigen Verlauf zeigt, also für $w_x = w_y = 0$ und $v_z = 0$.

Auf die vektoriellen Zwischenoperationen und weiteren Einzelheiten kann hier nicht eingegangen werden.

c) Zur Ähnlichkeitsbetrachtung bei Zähigkeitsmessungen. Modellgesetze.

Bei der Messung der Zähigkeit von Flüssigkeiten und Gasen spielt die Ähnlichkeitslehre (Theorie der Modelle) eine nicht unbeachtliche Rolle. Ein Gas (oder eine Flüssigkeit) strömt mit der bekannten Massendichte ϱ, der unbekannten absoluten Zähigkeit η und der kinematischen Zähigkeit μ durch eine Drosselvorrichtung, deren geometrische Abmessungen alle auf eine charakteristische lineare Abmessung l zurückführbar sind. Die Bewegung wird durch die Schwerkraft K eines Belastungsgewichtes hervorgerufen (oder durch eine Druckdifferenz $p = \frac{K}{l^2}$, wenn K die charakteristische Kraft ist). Nach Messung der mittleren Strömungs geschwindigkeit des Gases durch die Kapillare oder der Sinkgeschwindigkeit des Gewichtes im Falle der Fallgewichtsmethode wird dann η errechnet.

Bei sog. relativen Messungen führt man außerdem in der gleichen Apparatur einen Vergleichsversuch mit einem Medium von bekannten Stoffeigenschaften ϱ_1, η_1 und μ_1 durch und mißt die Geschwindigkeit u_1. Unter der Voraussetzung gleicher Wärmedehnungen in der Apparatur stimmen dann auch die linearen Abmessungen ($l_2 = l_1$) überein. Die Indizes 2 kennzeichnen den zu untersuchenden Stoff. Der Vergleich der Ergebnisse beider Versuche gestattet dann Schlußfolgerungen bezüglich des Verhältnisses η_2/η_1 bzw. μ_2/μ_1.

Für den Vergleich zweier verschiedener, doch geometrisch ähnlicher Bewegungszustände erweist es sich als vorteilhaft, die Dimensionsgleichung der aus den Bewegungsgleichungen (3a) und (3b) gebildeten Differentialbeziehung

$$\mathfrak{k} - \frac{1}{\varrho} \nabla p = \frac{\partial \mathfrak{v}}{\partial t} + \mathfrak{v} \cdot \nabla \mathfrak{v} - \mu \Delta \mathfrak{v}$$

aufzustellen. Bezeichnen nämlich l und u gewisse Normalgrößen der Längenmessung und der Geschwindigkeit, dann wird — wenn die dimensionslosen Größen durch * gekennzeichnet sind — nach Substitution von $\mathfrak{r} = l\,\mathfrak{r}^*$, $\mathfrak{v} = u\,\mathfrak{v}^*$, $t = \frac{l}{u} t^*$ in obige Relation (mit $\mathfrak{k} = 0$)

$$-\frac{1}{\varrho\, l} \nabla p = \frac{u^2}{l} \left[\frac{\partial \mathfrak{v}^*}{\partial t^*} + \mathfrak{v}^* \cdot \nabla \mathfrak{v}^*\right] - \frac{u \cdot \mu}{l^2} \Delta \mathfrak{v}^*.$$

Nach Einführung von $p = \frac{u\,\eta}{l} p^*$ und Kürzung von $\frac{u^2}{l}$ folgt dann

$$-\frac{\mu}{u\,l} \nabla p^* = \frac{\partial \mathfrak{v}^*}{\partial t^*} + \mathfrak{v}^* \cdot \nabla \mathfrak{v}^* - \left(\frac{\mu}{u\,l}\right) \Delta \mathfrak{v}^*,$$

oder als Dimensionsgleichung geschrieben

$$\left[\frac{K}{\varrho\, u^2 l^2}\right] = [1] + \left[\frac{1}{\mathfrak{Re}}\right] : \quad [\mathfrak{Re}] = \left[\frac{u\,l}{\mu}\right]. \tag{4 a}$$

Mechanische Äquivalenz fordert demnach neben der geometrischen Gleichwertigkeit noch das Bestehen der dimensionslosen Kennzahl $\Re e$ (REYNOLDSsche Zahl). Beim gleichzeitigen Auftreten von Trägheits- und Zähigkeitskräften, als deren Verhältnis sich $\Re e$ definieren läßt, gilt somit das Modellgesetz

$$\mu_2 u_1 l_1 = \mu_1 u_2 l_2 .$$

Bei idealen Flüssigkeiten ($\mu = 0$) wäre z. B. die Kraftwirkung durch $K = c \varrho u^2 l^2$ gegeben, wo c eine dimensionslose Größe bedeutet. Dieser Beiwert wird also bei Berücksichtigung der Viskosität nicht konstant bleiben, sondern wie schon Gl. (4a) aussagt, noch die Existenz des Ausdrucks $\Re e$ fordern.

Ganz allgemein wird bei nur rein geometrischer Ähnlichkeit $c = c(\Re e) \neq$ const sein.

Die Gültigkeit dieses Erfahrungsgesetzes erstreckt sich nur auf (Schwimm-)Bewegungen innerhalb der Flüssigkeit, nicht aber auf Oberflächenerscheinungen, bei denen die Wirkung der Zähigkeitskräfte gegenüber dem Einfluß des Schwerefeldes völlig zurücksteht. Hier muß noch neben der REYNOLDS-Zahl die FROUDEsche Zahl

$$\mathfrak{Fr} = \left[\frac{g_0 l}{v^2}\right], \tag{4 b}$$

das ist das Verhältnis aus Schwerkraft zur Trägheitskraft, mit berücksichtigt werden.

Aus der Unmöglichkeit der geometrisch ähnlichen Veränderung einer Anordnung bei der gleichen Flüssigkeit und Temperatur unter gleichzeitiger Erhaltung der Kenngrößen $\Re e$ und $\mathfrak{Fr}$ folgt, daß es bei gleichzeitigem und gleichwertigem Auftreten von Zähigkeits- und Schwerkraftwirkungen eine mechanische Ähnlichkeit zwischen geometrisch gleichwertigen Vorgängen überhaupt nicht gibt.

Die in der Folge zu beschreibenden Erscheinungen werden sonach nur unter dem alleinigen Gesichtspunkt des Gesetzes von REYNOLDS betrachtet.

Als eine Voraussetzung für obige Gesetze galt die Unzusammendrückbarkeit (ϱ = const) der Flüssigkeit. Ist jedoch $\varrho \neq$ const, dann müßte noch in das Ähnlichkeitsgesetz der Kompressionsmodul $\varrho\, \partial p / \partial \varrho$ mit einbezogen werden. Auch die Beschaffenheit fester Wände (Rauhigkeit) würde das hier ausgesprochene Gesetz entsprechend modifizieren. Alle diese Gesichtspunkte sind in der Meßtechnik von ausschlaggebender Bedeutung.

Die getroffene Annahme einer linearen Verteilung der stationären Laminarströmung trifft jedoch in Wirklichkeit nur unter der Bedingung zu, daß die auf den Vorgang bezogene REYNOLDSsche Zahl unterhalb eines gewissen, von der inneren Reibung und den Abmessungen des Querschnitts abhängigen kritischen Wertes gelegen ist. Beim Überschreiten dieser Zahl geht der laminare in den turbulenten Zustand über, der dann mit den üblichen Hilfsmitteln mathematisch nicht mehr formulierbar ist. Der laminare Zustand (sofern $\Re e$ unterhalb des kritischen Wertes liegt) erhält sich bei jeder Störung selbst und darf mithin als stabil bezeichnet werden. Die Behandlung des Problems dieser zeitlich variablen wirbelnden Bewegungsart, das offenbar auf die Untersuchung der Abhängigkeit zwischen Stabilität und REYNOLDSscher Kennzahl hinausläuft, muß als zu weitführend unterbleiben.

Es wird verständlich, daß selbst eine auf Grund eingehender Versuche gefundene Empirie der verschiedenen Potenzgesetze für $\mathfrak{Re}$ theoretisch nicht zu rechtfertigen ist, da zur Erforschung der besonderen Verhältnisse der Turbulenz ganz andere, vor allem aber nichtgeometrische Methoden zur Anwendung gelangen müssen. Doch ist es stets möglich, sich durch Dimensionsbetrachtungen ein ideales Geschwindigkeitsgesetz herzuleiten, dem die tatsächliche Geschwindigkeitsverteilung in dem kritischen Gebiet der Zahl $\mathfrak{Re}$ bei völlig glatten Wänden nahekommt.

2. Strömung durch zylindrische Rohre.

a) Das HAGEN-POISEUILLEsche Gesetz der Kapillarströmung (isotherme Strömung).

Die Bewegungsverhältnisse seien zunächst nur unter der Voraussetzung betrachtet, daß die durch innere Flüssigkeitsreibung entwickelte Wärme und die dadurch bedingte Temperaturerhöhung ohne Einfluß auf die Zähigkeit der Flüssigkeit bleiben. Diese Bedingung ist für die sehr langsamen Bewegungen in den üblichen Viskosimetern annähernd erfüllt. Ob aber die auf solche Weise ermittelte Viskosität auch geeignet ist, Schmiervorgänge bei großen Schergeschwindigkeiten zu beurteilen, bliebe noch zu klären. Doch auch ganz allgemein erscheint der Versuch einer Erweiterung der POISEUILLE-Strömung (isotherme Strömung) für die Kolloidphysik aufschlußreich, weil er darüber entscheidet, ob etwaige Abweichungen von der üblichen Aussage des H.-P.-Gesetzes auf die Reibungswärme oder auf eine Abnahme der Zähigkeit mit der Schergeschwindigkeit, mit anderen Worten auf das Vorhandensein einer nicht-NEWTONschen Flüssigkeit zurückzuführen sind.

Die stationäre laminare Strömung in einem zylindrischen Rohr läßt sich, wie nunmehr gezeigt werden soll, mathematisch als das einfachste Integral der STOKESschen Gleichungen beschreiben.

Angenommen, eine unter Druckgefälle befindliche Flüssigkeit ströme durch ein gerades, in der x-Richtung gestelltes enges Rohr. Dann reduziert sich wegen $v_y \equiv 0$, $v_z \equiv 0$ die Gl. (1) zunächst auf $\frac{\partial v_x}{\partial x} = 0$, und die Komponente in der Hauptrichtung (Richtung der Zylinderachse) wird nach Vereinigung von (3a), (3b) mit $\partial \mathfrak{v}/\partial t = 0$

$$k_x = \frac{1}{\varrho}\frac{\partial p}{\partial x} - \mu \Delta v_x .$$

Für die beiden anderen Richtungen muß sein

$$k_y = \frac{1}{\varrho}\frac{\partial p}{\partial y}; \quad k_z = \frac{1}{\varrho}\frac{\partial p}{\partial z}.$$

Für den Fall des kreiszylindrischen glatten Rohres (Kapillarradius a, Rohrdurchmesser $D = 2a$) ergeben sich dann unter der Voraussetzung achsensymmetrischer Geschwindigkeiten nach bekannter Transformation auf Zylinderkoordinaten (Achsrichtung x, variabler Rohrhalbmesser r und Winkelkoordinate φ) nachstehende Gleichungen:

$$k_x + \mu\left(\frac{\partial^2 v}{\partial r^2} + \frac{1}{r}\,\frac{\partial v}{\partial r}\right) = \frac{1}{\varrho}\,\frac{\partial p}{\partial x}; \quad k_r = \frac{1}{\varrho}\,\frac{\partial p}{\partial r}, \quad k_\varphi = \frac{1}{\varrho r}\,\frac{\partial p}{\partial \varphi}, \tag{5}$$

wo zur Vereinfachung kurz $v_x \equiv v$ gesetzt wurde.

Bei einer Neigung (α) des Rohres gegen die Waagerechte werden die Kraftkomponenten $k_x = g_0 \sin\alpha$, $k_r = -g_0 \cos\alpha \sin\varphi$, $k_\varphi = -g_0 \cos\alpha \cos\varphi$ und damit

$$p = -\varrho g_0 r \cos\alpha \sin\varphi + f(x)$$

als Gesetz für den Druck in Abhängigkeit von der Höhenlage $r \sin\varphi$. Weiter folgt aus der Hauptgleichung (5), daß $f'(x) = \partial p/\partial x = \text{const}$, da v von x unabhängig ist.

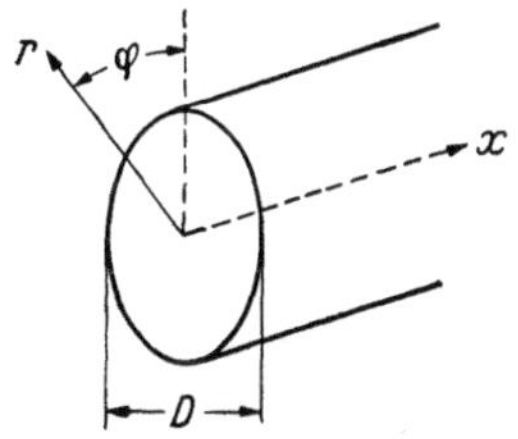

Abb. 18. Koordinatensystem im Kapillarrohr.

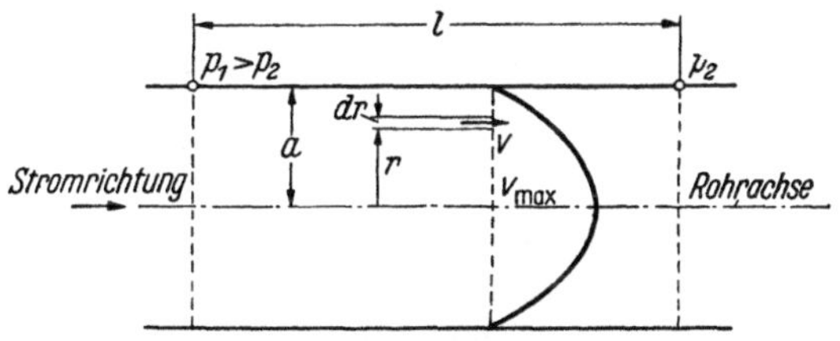

Abb. 19. Geschwindigkeitsverteilung bei der POISEUILLE-Strömung durch ein Kreisrohr.

Bei der Untersuchung des Strömungsverlaufes im Rohr sei von Störeinflüssen in der Nähe der Enden abgesehen und die Flüssigkeit durch koaxiale Zylinderflächen schichtenweise geteilt gedacht, innerhalb welcher die Geschwindigkeit überall v ist. Ist der auf die Länge l des mittleren Rohrstückes bezogene statische Druckabfall (positive und von x unabhängige Druckänderung in Richtung wachsender x)

$$\frac{\partial p}{\partial x} = -\frac{(p_1 - p_2)}{l} = -\frac{p}{l},$$

so läßt sich dann bei Vernachlässigung der Schwerkraft oder bei horizontalem Stromverlauf die Bewegungsgleichung (5) auch so schreiben

$$\eta\,\frac{1}{r}\,\frac{\partial}{\partial r}\left(r\,\frac{\partial v}{\partial r}\right) = -\frac{p}{l}. \tag{6}$$

Die Lösung dieser Differentialgleichung hat die Form

$$v = A + B \ln r - \frac{p r^2}{4 \eta l}, \tag{7}$$

wobei die Integrationskonstanten A und B aus den Randbedingungen zu ermitteln sind. Für $r = a$ ist $v = 0$, d. h. die Flüssigkeit haftet an der Rohrwand. Man erhält damit

$$0 = A + B \ln a - \frac{p a^2}{4 \eta l}$$

und durch Subtraktion der beiden letzten Gleichungen

$$v = B \ln \frac{r}{a} + \frac{p (a^2 - r^2)}{4 \eta l}.$$

Da aber auch für $r = 0$ die Geschwindigkeit endlich bleiben muß, hat man sich die Flüssigkeit als im Innern unbegrenzt zu denken und setzt demnach $B = 0$. Es ergibt sich sodann für die Geschwindigkeitsverteilung über den Kreisquerschnitt das parabolische Gesetz

$$v = \frac{p}{4 \eta l} (a^2 - r^2). \tag{8}$$

Diese so aus der allgemeinen Bewegungsgleichung (5) gewonnene Beziehung hätte sich auch durch eine Gleichgewichtsbetrachtung an einem Flüssigkeitselement unmittelbar finden lassen. Die Geschwindigkeit erreicht ihren Größtwert in der Rohrachse ($r = 0$), und zwar ist:

$$v_{\max} = \frac{p a^2}{4 \eta l}. \tag{8 a}$$

Nach der NEWTONschen Definitionsgleichung folgt alsdann für die Größe der sich in Formänderungswiderständen äußernden inneren Reibung, die ihrerseits wieder abhängig ist von der Formänderungsgeschwindigkeit unter Benutzung von Gl. (8)

$$P = \eta \frac{d v}{d r} = - \frac{p r}{2 l}. \tag{9}$$

Der durch das Rohr pro Zeiteinheit strömende Gesamtfluß ist sonach

$$\frac{Q}{t} = \int_0^a v \cdot 2 \pi r \, d r = \frac{\pi a^4}{8 \eta} \cdot \frac{p}{l}, \tag{10}$$

d. h. bei konstantem Druckabfall der vierten Potenz des Radius proportional. Dieses Gesetz behält auch bei hohen Geschwindigkeiten seine Gültigkeit, sofern nur die Strömung laminar bleibt.

Auf dem auch in der Form

$$\mu = C \cdot g_0 t = \eta / \varrho \tag{10 a}$$

geschriebenen H.-P.-Gesetz (10) basiert die Messung der Viskosität nach dem Transpirationsprinzip.

Gerätekonstante $C = \frac{\pi a^4 \Delta h}{8 V l}$, Δh = hydrostatische Niveaudifferenz.

Nach der Kapillarmethode strömt die Versuchsflüssigkeit durch eine Röhre, wobei bestimmte Kraftwirkungen an der Flüssigkeit (Strömungsgeschwindigkeit, Druckabfall) ein Maß für die Zähigkeit geben.

Unter Benutzung von Gl. (9) bestimmt sich dann aus Gl. (10) die mittlere Geschwindigkeit zu

$$v_m = \frac{Q}{\pi a^2 t} = \frac{1}{2} v_{\max}, \tag{11}$$

weiter ist

$$\frac{p}{l} = \frac{8\eta}{a^2} v_m, \tag{12}$$

daher das Druckgefälle proportional der mittleren Stromgeschwindigkeit und umgekehrt proportional dem Quadrat des Halbmessers.

Schließlich folgt aus den Gl. (9) und (10) für den Geschwindigkeitsgradienten

$$G = \left| -\frac{dv}{dr} \right| = \frac{4Q}{\pi a^3 t}. \tag{13}$$

Damit sind alle für die Definition der Viskosität zu bestimmenden Größen durch direkt meßbare Werte ausgedrückt. Hierzu sind noch entsprechende Nomogramme entworfen (s. Anhang), die für die Nutzanwendung von großem Vorteil sind.

Für die weiteren Betrachtungen erweist sich jedoch eine rein formale und vom Verlauf des Stromprofiles unabhängige Umrechnung der Spannungsgrößen in Strömungsvolumina als besonders zweckmäßig. Die Gl. (10) für die Durchflußmenge läßt sich nämlich, wenn partiell integriert wird, noch folgendermaßen darstellen:

$$Q/t = 2\pi v \cdot \frac{r^2}{2} \Big|_0^r + 2\pi \int_0^r \frac{r^2}{2} \left(-\frac{dv}{dr}\right) dr,$$

oder da für die Grenzen $r = 0$ und $r = a$, $(v = 0)$ der erste Summand notwendigerweise verschwindet, allgemein

$$\frac{Q}{t} = \pi \int_0^r r^2 \left(-\frac{dv}{dr}\right) dr. \tag{10 b}$$

Wird das Geschwindigkeitsgefälle als eine zunächst noch unbekannte Funktion der Schubspannung P, also $G = -dv/dr = f(P)$ aufgefaßt, die ihrerseits wieder r proportional ist, so läßt sich (10b) unter Verwendung der Beziehung (13) weiter umformen in

$$\frac{G \cdot P^3}{4} = \int_0^P P^2 f(P)\, dP. \tag{10 c}$$

Die Differentiation dieser Gleichung nach P liefert dann

$$\frac{1}{4} \frac{d}{dP} (G \cdot P^3) = P^2 \cdot f(P), \quad \text{oder} \quad \frac{1}{4}\left(3G + P\frac{dG}{dP}\right) = \frac{dv}{dr}.$$

Mit Hilfe der Definitionsgleichungen für die totale und differentielle Zähigkeit, das sind $\eta = P/G$ und $\eta' = dP/dG$, sowie für die Schlüpfrigkeit $\sigma = \eta/\eta'$ ergibt sich

$$\frac{dv}{dr} = \left(\frac{3+\sigma}{4}\right) G. \tag{14}$$

Die damit abgeleitete Relation läßt sich dahin aussprechen, daß nur für $\sigma = 1$, d. h. rein viskose (NEWTONsche) Flüssigkeiten das maximale Geschwindigkeitsgefälle dv/dr seinem Mittelwert G gleich wird. Hingegen muß für Werte $\sigma > 1$, also strukturviskose (MAXWELLsche) Flüssigkeiten das mittlere Geschwindigkeitsgefälle stets kleiner sein als das maximale.

b) Erweiterung des Gesetzes von HAGEN-POISEUILLE. Temperaturabhängigkeit der Zähigkeit.

Bei der Behandlung der nichtisothermen stationären und rotationssymmetrischen Laminarströmung sind Strömungsgeschwindigkeit v, der Druck p, die Temperatur T und damit die Viskosität η von der Winkelkoordinate φ unabhängig. Unter der Annahme einer gewissen — von der Einlaufstrecke in das Kapillarrohr bis zum betrachteten Teil des Strömungsfeldes reichenden — Anlaufstrecke seien

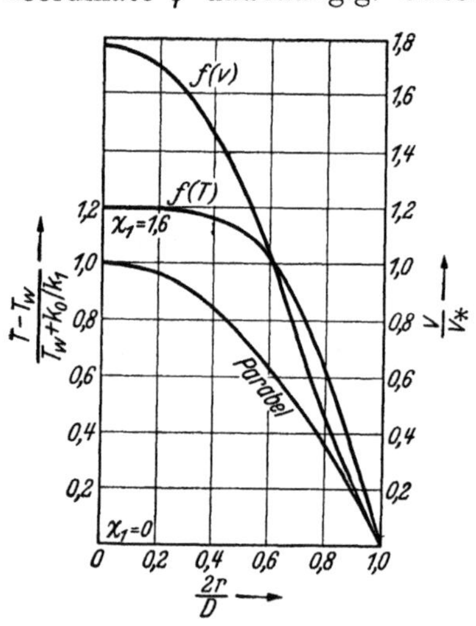

Abb. 20. Nichtisotherme Laminarströmung. Temperatur- und Geschwindigkeitsprofile.

$$\frac{\partial v}{\partial x} \equiv 0, \quad \frac{\partial T}{\partial x} \equiv 0$$

und damit auch wegen

$$\eta = \eta(T): \quad \frac{\partial \eta}{\partial x} \equiv 0.$$

Es mögen daher an allen Stellen x dieselben Temperatur- und Geschwindigkeitsprofile über den Radius r vorhanden sein. Die Rohrwandungstemperatur T_w oder besser gesagt, die der strömenden Flüssigkeit an den Rohrwänden, sei dauernd dieselbe. Dann gilt analog Gl. (6)

$$\frac{d}{dr}\left(\eta r \frac{dv}{dr}\right) = -r \frac{dp}{dx},$$

oder durch Integration nach r (für $r = 0$, $dv/dr = 0$) als Ausdruck des Geschwindigkeitsgefälles, vgl. Gl. (9),

$$\frac{dv}{dr} = -\frac{1}{2\eta} \cdot \frac{dp}{dx} \cdot r. \tag{15}$$

Eine weitere Lösung dieser Differentialgleichung setzt die Kenntnis der Verteilung der Zähigkeit oder des funktionalen Zusammenhanges $T = T(r)$ voraus. HAUSENBLAS erhält z. B. das Temperaturprofil aus der Energiegleichung, die im vorliegenden Fall unter Benutzung von (15) so aussieht:

$$\frac{d^2 T}{dr^2} + \frac{1}{r}\frac{dT}{dr} + \frac{1}{4\zeta\eta}\left(\frac{dp}{dx}\right)^2 r^2 = 0. \tag{16}$$

Fraglos erweist sich hierbei der Ansatz einer linearen Näherungsfunktion (Zähigkeitskurve) $1/\eta = k_0 + k_1 T$ von großem Vorteil, da dann (16) auf eine BESSELsche Differentialgleichung führt und sich die Temperaturprofile durch die Zylinderfunktionen darstellen lassen. Substituiert man als neue Veränderliche $\Theta = T + k_0/k_1$ in (16) und setzt zur Abkürzung die konstante Größe

$$\frac{k_1}{4\zeta}\left(\frac{d\,p}{d\,x}\right)^2 = C\,,$$

so folgt

$$\frac{d^2\Theta}{d\,r^2} + \frac{1}{r}\,\frac{d\,\Theta}{d\,r} + C\,\Theta\,r^2 = 0\,. \tag{16a}$$

Die Größe Θ ergibt eine Temperaturskala mit gegenüber T derart verschobenem Nullpunkt, daß $\eta = 1/k_1\,\Theta$ bei $\Theta = 0$ einen Pol besitzt. Die Lösung von Gl. (16a) lautet für die entsprechenden Randbedingungen

$$\Theta = \Theta_m\,J_0\left(\frac{\sqrt{C}}{2}\,r^2\right), \tag{17}$$

wobei die in Rohrmitte auftretende Maximaltemperatur Θ_m sich berechnen läßt aus der Rohrwandungstemperatur Θ_w gemäß

$$\Theta_m = \frac{\Theta_w}{J_0\left(\frac{\sqrt{C}}{2}\,\frac{D^2}{4}\right)}\,. \tag{18}$$

Die BESSELsche Funktion vom Index 0

$$J_0(x) \equiv Z_0(x) = \sum_{k=0}^{\infty}\left(\frac{1}{k!}\right)^2\left(\frac{i\,x}{2}\right)^{2k}; \quad \left(\text{reelle Variable } x \equiv \frac{\sqrt{C}}{2}\,r^2\right) \tag{19}$$

oder speziell

$$J_0(x) = 1 - \frac{x^2}{4} + \frac{x^4}{64} - \frac{x^6}{2304} + - \cdots \tag{19a}$$

entspricht nur bis etwa ihrer ersten Nullstelle ($x \approx 2{,}4$) der Gültigkeitsgrenze der linearen Interpolationskurve der Zähigkeit.

Die Temperaturprofile im Kapillarrohr lassen sich, wie die Reihenentwicklung deutlich zeigt, sehr angenähert durch Parabeln vierter Ordnung ersetzen. Die Geschwindigkeitsverteilung im Rohr findet man dann durch Integration zu

$$v = \frac{1}{2\,\eta_m}\,\frac{d\,p}{d\,x}\left\{\frac{D^2}{4}\,F_1\left(\frac{\sqrt{C}}{2}\,\frac{D^2}{4}\right) - r^2 F_1\left(\frac{\sqrt{C}}{2}\,r^2\right)\right\}, \tag{20}$$

wo $\eta_m = 1/k_1\,\Theta_m$ die Viskosität der strömenden Flüssigkeit in Rohrmitte ist und

$$F_1(x) = \sum_{k=0}^{\infty}\left(\frac{1}{k!}\right)^2 \frac{1}{4k+2}\left(\frac{i\,x}{2}\right)^{2k} \tag{21}$$

sein soll (s. Tab. 1). Das Durchflußvolumen durch das Rohr wird

$$Q = \int_0^{D/2} 2\pi\,r\,v\,d\,r = \frac{1}{\eta_m}\,\frac{d\,p}{d\,x}\,\frac{D^2}{8}\,\frac{\pi\,D^2}{4}\,F_3\left(\frac{\sqrt{C}}{2}\,\frac{D^2}{4}\right). \tag{22}$$

Darin bedeuten

$$\left.\begin{aligned} F_3(x) &= F_1(x) - F_2(x) \text{ und } F_2(x) \\ &= \sum_{k=0}^{\infty} \left(\frac{1}{k!}\right)^2 \frac{1}{(4k+2)(2k+2)} \left(\frac{i x}{2}\right)^{2k}. \end{aligned}\right\} \quad (23\text{a}, \text{b})$$

Zur Darstellung der Temperatur- und Geschwindigkeitsprofile als auch der Durchflußvolumina empfiehlt es sich, diese Größen dimensionslos zu machen. Mit der Ähnlichkeitskennziffer (s. Tab. 2)

$$\varkappa_1 \equiv \frac{\sqrt{C}}{2} \frac{D^2}{4} = \frac{1}{16} \sqrt{\frac{k_1}{\zeta} \frac{d p}{d x}} D^2 \quad (24\text{a})$$

erhält das Temperaturprofil folgende dimensionslose Gestalt (Abb. 20)

$$\frac{T - T_w}{T_w + k_0/k_1} = \frac{J_0\left(\frac{4 r^2}{D^2} \varkappa_1\right)}{J_0(\varkappa_1)} - 1. \quad (25)$$

$(T - T_w)$ ist die Übertemperatur in der strömenden Flüssigkeit gegenüber der Wandtemperatur T_w; die Übertemperaturen nehmen erst in der Nähe der Wandung etwas stärker ab.

Die für das Geschwindigkeitsprofil maßgebliche Ähnlichkeitskennzahl ist

$$\varkappa_2 = \frac{v}{v_*} = \frac{2}{J_0(\varkappa_1)} \left\{F_1(\varkappa_1) - \left(\frac{2 r}{D}\right)^2 F_1\left(\frac{4 r^2}{D^2} \varkappa_1\right)\right\}, \quad (24\text{b})$$

worin gemäß Gl. (7a) mit

$$v_* = \frac{1}{\eta_w} \frac{d p}{d x} \frac{D^2}{16} \quad (26)$$

die in Rohrmitte auftretende maximale Geschwindigkeit bei isothermer Strömung der Flüssigkeit bezeichnet wird. Wie aus der Abb. 20 zu ersehen ist, kann das für einen bestimmten $\varkappa_1$-Wert dargestellte Geschwindigkeitsprofil gegenüber der isothermen Strömung erheblich abweichen. An der Wandung besitzen alle Profile wegen gleicher Zähigkeit der strömenden Flüssigkeit denselben Anstieg. Bemerkenswert ist die immer stärker hervortretende S-Form der Geschwindigkeitsprofile bei zunehmenden $\varkappa_1$-Werten.

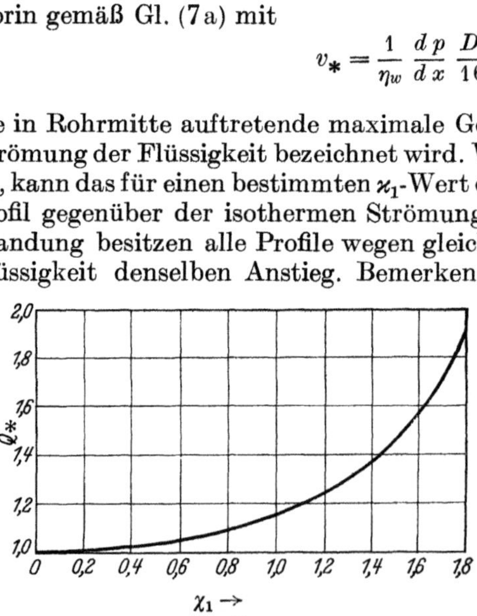

Abb. 21. Vergleich der Durchflußvolumina im Rohr bei isothermer und nichtisothermer Laminarströmung.

Vergleicht man schließlich das Durchflußvolumen mit jenem bei isothermer Strömung, s. Gl. (10),

$$Q_* = \frac{1}{\eta_w} \frac{d p}{d x} \frac{D^2}{32} \frac{\pi D^2}{4}, \quad (27)$$

so kommt

$$\frac{Q}{Q_*} = 4 \frac{F_3(\varkappa_1)}{J_0(\varkappa_1)}. \quad (28)$$

Das Durchflußvolumen übersteigt also bei nichtisothermer Rohrströmung bei größeren Kennzahlen $\varkappa_1$ jenes bei fehlender Reibungswärme wesentlich. Diese Erhöhungen können bis zu 100% und mehr betragen (s. Abb. 21).

Hinsichtlich der Ähnlichkeitsbetrachtung sei kurz noch folgendes bemerkt: Bei dem Vergleich einer Modellausführung (Kennzeichnung durch eingeklammerte Formelzeichen) mit der Hauptausführung ist nur dann eine Ähnlichkeit erreichbar, wenn die Zähigkeitskurven der strömenden Medien beider Ausführungen derart beschaffen sind, daß sich bei den durch den Temperaturmaßstab $(T)/T$ gekoppelten Temperaturen ein fester Zähigkeitsmaßstab $(\eta)/\eta$ ergibt. Bei linear interpolierter $1/\eta$-Kurve muß gelten

$$\frac{(k_0)}{k_0} = \frac{(k_1)}{k_1} \frac{(T)}{T} = \frac{1}{(\eta)/\eta}. \tag{29}$$

Tabelle 1. *Beiwertfunktionen zum Problem der nichtisothermen Laminarströmung.*

x reelle Variable	$J_0(x)$ Gl. (19)	$F_1(x)$ Gl. (21)	$F_2(x)$ Gl. (23a, b)	$F_3(x)$ Gl. (23a, b)
0,0	+1,0000	+0,50000	+0,25000	+0,25000
0,2	0,9900	0,49834	0,24958	0,24876
0,4	0,9604	0,49337	0,24834	0,24503
0,6	0,9120	0,48520	0,24628	0,23892
0,8	0,8463	0,47397	0,24344	0,23053
1,0	0,7652	0,45987	0,23984	0,22003
1,2	0,6711	0,44315	0,23553	0,20762
1,4	0,5669	0,42411	0,23056	0,19355
1,6	0,4554	0,40307	0,22498	0,17809
1,8	0,3400	0,38039	0,21886	0,16153
2,0	0,2239	0,35644	0,21226	0,14418
2,2	0,1104	0,33162	0,20526	0,12636
2,4	0,0025	0,30631	0,19794	0,10837
2,5	−0,0484	0,29360	0,19418	0,09942

Tabelle 2. *Darstellung der Temperatur- und Geschwindigkeitsprofile wie auch der Durchflußvolumina* (nach HAUSENBLAS).

$\varkappa_1$ Gl. (24a)	$\frac{T_m - T_w}{T_w + k_0/k_1}$ Gl. (25)	$\frac{v_m}{v_*} = \varkappa_2$ Gl. (24b)	$\frac{Q}{Q_*}$ Gl. (28)
0,0	0,000	1,000	1,000
0,1	0,002	1,003	1,003
0,2	0,010	1,008	1,005
0,3	0,023	1,018	1,012
0,4	0,040	1,028	1,020
0,5	0,067	1,045	1,033
0,6	0,095	1,063	1,048
0,8	0,180	1,120	1,090
1,0	0,306	1,202	1,150
1,2	0,490	1,320	1,238
1,4	0,762	1,495	1,365
1,6	1,195	1,770	1,563
1,8	1,940	2,235	1,900

c) Gleitbewegung der Flüssigkeit an den Wänden.

Existiert an den Rohrstellen $r = a$ eine Bedingung von der Art $-\gamma v = \eta \frac{dv}{dr}$, so wird die Geschwindigkeit zusätzlich vergrößert um einen Betrag $^1/_2\,(p/\gamma)\,a/l$ laut Gl. (9), so daß Gl. (8) geschrieben werden kann

$$v = \frac{p}{4\eta l}[(a^2 - r^2) + 2\varkappa a]. \tag{30}$$

Der Beiwert $\varkappa = \eta/\gamma$ hat die Bedeutung des Verhältnisses aus Reibungszahl zur Gleitzahl γ.

Ist $\varkappa/a$ eine kleine Größe, so ergibt sich die gleiche Geschwindigkeitsverteilung wie in einer durchströmten Röhre vom Halbmesser $a + \varkappa$, an deren Wand die Flüssigkeit haftet. Der Durchfluß ist dann unter Benutzung von (10) in guter Annäherung durch das Potenzgesetz

$$\frac{Q}{t} = \frac{\pi a^4}{8\eta}\,\frac{p}{l}\left(1 + 4\,\frac{\varkappa}{a}\right) \approx \frac{\pi p}{8\eta l}\cdot(a + \varkappa)^4 \tag{31}$$

dargestellt. Wie ersichtlich, werden die Abweichungen vom POISEUILLEschen Gesetz um so stärker, je enger das Rohr ist. Dieses Gesetz ist durch experimentelle Untersuchungen an Flüssigkeiten mehrfach bestätigt worden. Auch für die Gasströmung ist es von gleicher Wichtigkeit. Die Versuchsergebnisse (von POISEUILLE) an Kapillarröhren liefern eine überraschend gute Übereinstimmung (vgl. Tab. 3) mit der Theorie. Der mittlere Fehler liegt unterhalb $1^0/_{00}$. Es ist daher z. Z. nicht erstrebenswert, Geräte mit höherer Genauigkeit zu bauen als der durch diese Versuche erforschte Bereich als gesichert erscheinen läßt. Auch die Abhängigkeit vom Druck und von der Länge des Rohres wäre auf ähnliche Weise nachprüfbar.

Tabelle 3.

Versuchsflüssigkeit Wasser	Durchmesser 2a der Kapillare in mm	Durchflußmengen Q cm³/500 s	
		Experiment	Theorie
Eintrittsdruck			
$p_1 = 775$ mm WS.	0,014	1,465	1,465
atm. Austrittsdruck p_2	0,029	28,826	28,808
	0,044	141,50	141,63
Versuchsbedingung:	0,0855	2067,4	2069,8
Druckdifferenz	0,113	6398,3	6389,2
$p = p_1 - p_2 = \text{const}$	0,14	15532	15547

d) Die HAGENBACH-COUETTEsche Korrektur.

Die allen derartigen Versuchen zugrunde liegende Annahme einer bereits ausgebildeten POISEUILLEschen stationären Strömung trifft jedoch in Wirklichkeit niemals zu. Erst nach einer gewissen und dem vielfachen Rohrdurchmesser gleichen Anlaufstrecke tritt die durch (8) gegebene Geschwindigkeitsverteilung in Erscheinung. Soll demnach die

Forderung gleichmäßigen Strömens erfüllt sein, so muß bei einer Druckmessung in den Behältern A, B jenseits der Rohrenden (s. Abb. 22) eine entsprechende Korrektur angebracht werden, d. h. die Druckkraft hat nach Überwindung der Reibung die Beschleunigung beim Eintritt nur auf der Anlaufstrecke zu erzeugen. Der Gesamtdruck ist annähernd konstant, wenn man annimmt, daß der dynamische Druck auf der Beschleunigungsstrecke ($A \rightarrow$ Einlaufstelle) auf $(\varrho/2)\,v^2$ anwächst, während der statische Druck um etwa den gleichen Betrag absinkt. Den zur Erzeugung des stationären Zustandes benötigten Druckaufwand errechnet S. Erk wie folgt: dividiert man nämlich den Betrag der kinetischen Energie der zeitlich hindurchfließenden Menge (parabolische Geschwindigkeitsverteilung vorausgesetzt)

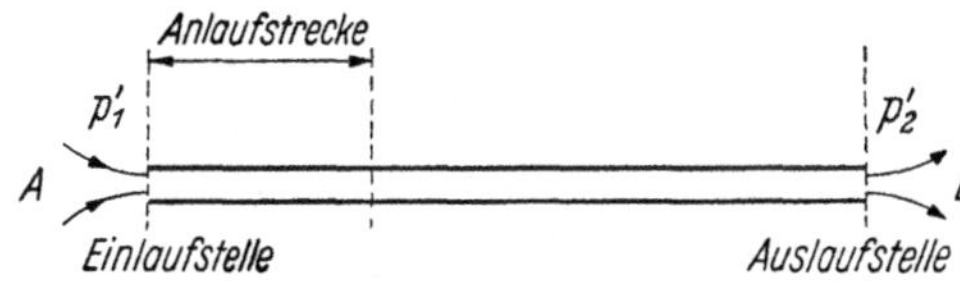

Abb. 22.
Zur Zähigkeitsmessung nach der Kapillarmethode.

$$\int_0^a 2\pi r\, dr \cdot v \cdot \varrho \frac{v^2}{2} = \pi \varrho a^2 v_m^3$$

durch das Volumen $\pi a^2 v_m$, so erhält man den dynamischen Druckwert ϱv_m^2. Auf der Anlaufstrecke nimmt er nochmals um $(\varrho/2)\,v_m^2$ zu, während der statische Druck entsprechend fallen muß. Die Größe $\varrho v_m^2 = \Delta p'$ nimmt ferner um den Reibungsverbrauch $\Delta p''$ an Druckenergie zu, mithin muß sich der Druckunterschied zwischen A und B um einen Betrag

$$\Delta p' + \Delta p'' = \Lambda \varrho v_m^2 \qquad \Lambda > 1$$

vergrößern. Der am Ende der Kapillare herrschende Druck wird, wie Versuche zeigen, nicht mehr in statischen Druck zurückverwandelt. Im Gebiete stationären Strömens bleibt also ϱv_m^2 konstant, während der statische Druck und der Gesamtdruck linear abfallen müssen.

Die verbesserte Poiseuillesche Gleichung lautet daher [vgl. (10)]

$$p = \frac{8\,\eta\, Q\, l}{\pi a^4 t} + \Lambda \varrho v_m^2, \tag{32}$$

oder wenn das Zusatzglied (Hagenbach-Korrektur) mit Hilfe (11) umgeformt und die ganze Gleichung nach η aufgelöst wird

$$\eta = \frac{\pi a^4 p t}{8 Q l}\left[1 - \Lambda \frac{\varrho Q^2}{\pi^2 a^4 p t^2}\right] \tag{33}$$

$$\eta = \frac{\pi a^4 p t}{8 Q l} - \frac{\Lambda \varrho Q}{8 \pi l t}. \tag{33a}$$

Der von Boussinesq theoretisch errechnete und von der Ausbildung der Ausflußöffnung abhängige Wert von $\Lambda = 1{,}12$ stimmt mit dem experimentellen Resultat von Riemann, nämlich $1{,}124 \pm 0{,}006$ (unabhängig von $2a$ und η) gut überein.

In abgeänderter Schreibweise folgt für die kinematische Zähigkeit

$$\mu = \frac{\pi a^4 \cdot \Delta h \cdot g_0 t}{8 V \cdot l} - \Lambda \frac{V}{8 \pi l t} \sim C g_0 t - \frac{C_1}{t} \quad \text{(vgl. Formel 10a).} \qquad (33\,\text{b})$$

Die Festsetzung eines bestimmten Wertes für Λ bietet einige Schwierigkeiten. Dieser Unsicherheit begegnet man wohl am wirksamsten durch die Gestaltung von Zähigkeitsmessern mit möglichst kleiner Verhältniszahl V/l, d. h. durch Herabsetzung des Meßvolumens bei gleichzeitiger Verlängerung der Kapillare.

e) Die Frommsche „Relaxationskorrektur".

Wertet man die Meßergebnisse an elasto-viskosen Flüssigkeiten mit hoher Relaxationszeit nach der verbesserten H.-P.-Formel (33) aus, so gelangt man zu Zähigkeitswerten, die von jener im Couette-Gerät festgestellten Viskosität mehr oder minder abweichen. Diese Unterschiede liegen in der Relaxation der Flüssigkeit begründet, weswegen eine Energiebilanz der Rohrströmung ohne elastisches Schubpotential undenkbar ist. Dieser Einfluß der Schubelastizität tritt als eine Relaxationskorrektur in Erscheinung, durch welche das bekannte Strömungsgesetz für Newtonsche Flüssigkeiten erweitert werden kann. Bei der nunmehrigen Aufstellung des Strömungsgesetzes Maxwellscher Flüssigkeiten in der geneigten oder senkrechten Kapillare (Abb. 23) sei den Ausführungen nach H. Fromm gefolgt:

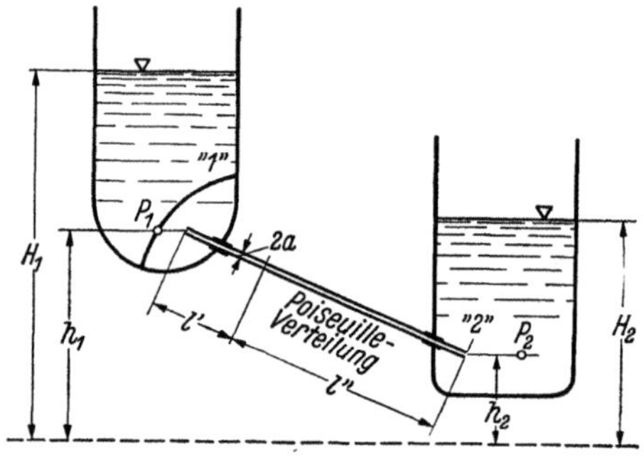

Abb. 23.
Flüssigkeitsstromung in der geneigten Kapillare.

Bedeuten p_1 = Druck im weiten Einlaufbehälter in der Höhe h_1 des Einlaufes, doch entfernt vom Einlauf, und H_1 die Spiegelhöhe, dann sind die der Auslaufseite entsprechenden Größen p_2, h_2 und H_2. Es gilt dann mit $H_1 - H_2 = H$, $h_1 - h_2 = h$ für die Druckdifferenz $p_1 - p_2 = p$:

$$p = \varrho g_0 (H - h)\,. \qquad (34)$$

Bei Voraussetzung der für relaxierende Flüssigkeiten gültigen Beziehung I, (6) läßt sich dann der Strömungsvorgang mit Hilfe des Arbeitssatzes der Mechanik rechnerisch verfolgen. Hierbei wird ein zwischen der Kontrollfläche "1" und dem Rohrendquerschnitt "2" liegender Bereich in Betracht gezogen.

Die potentielle Energie der am System wirksamen äußeren Kräfte ist

$$\left.\begin{aligned} A_a &= [(p_1 + \varrho g_0 h_1) - (p_2 + \varrho g_0 h_2) + p_1 (p_2 - p_1) K] \cdot dQ \\ &= [\varrho g_0 h + p (1 - p_1 \cdot K)] \pi \cdot a^2 v_m dt\,. \end{aligned}\right\} \qquad (35)$$

Hierin ist K die Kompressibilität und v_m die über den Rohrquerschnitt fast gleichbleibende Geschwindigkeit. Gleichmäßige Druckverteilung über den Querschnitt ist eine weitere Voraussetzung.

Der Energiebetrag (35) ist nun wieder gleich der Zunahme der kinetischen Energie (Wuchtenergie)

$$\varDelta W = \varrho\, v_m^2 \cdot dQ\,, \tag{36}$$

vermehrt um die Verformungsarbeit A_F, die sich zusammensetzt aus dem irreversiblen Anteil A_η und dem elastischen Anteil, das sind

$$\text{Kompressionsarbeit } A_K = K\, \frac{p_2^2 - p_1^2}{2} \cdot dQ \tag{37}$$

und Gestaltungsarbeit A_G.

Da Gl. (35), (36) und (37) bekannte Ausdrücke darstellen, soll die Energiebilanz in der Form

$$A_a - \varDelta W - A_K = A_\eta + A_G \tag{38}$$

geschrieben werden.

Unter Benutzung von I, (6): $G = \frac{P}{\eta} + \frac{dP}{dt} \cdot \frac{1}{\varepsilon}$ kann die rechte Seite von Gl. (38) umgeformt werden, und zwar ist die Deformationsarbeit

$$A_\eta + A_G = \int_1^2 G \cdot P\, dt \cdot dV = \frac{dt}{\eta} \cdot \int_1^2 P^2 \cdot dV + \frac{1}{\varepsilon} \int_1^2 P\, dP \cdot dV, \tag{39}$$

worin dV ein Volumselement im Bereich $1 \to 2$ bedeutet.

Im Bereich $l'' = l - l'$

l = Rohrlänge, l' = Einlauflänge

wird mit I, (2) und (12) der Arbeitsbetrag

$$A_\eta'' = \frac{p}{l} \cdot dQ \cdot l'' = \frac{8\,\eta\, v_m}{a^2} \cdot dQ \cdot l'',$$

jener im Bereich der Einlauflänge infolge der kleiner werdenden Schubspannungen

$$A_\eta' = A_\eta'' \cdot \frac{l'}{l''}(1 - \alpha)\,, \quad (0 < \alpha < 1)\,.$$

Hinzu kommt noch das Glied

$$\frac{8\,\eta\, v_m}{a}\, dQ \cdot c\,,$$

c = positive Konstante

als Zusatzbeitrag für den Bereich im Einlaufbehälter, in dem aus Ähnlichkeitsbetrachtungen gesetzt werden darf

$$dV \sim a^3\,, \quad P \sim \eta\, \frac{v_m}{a}\,, \quad dt \sim \frac{dQ}{a^2\, v_m}\,.$$

Unter der weiteren Annahme $l' = \beta \cdot a$ ergibt sich schließlich als Summe der Arbeitsbeträge

$$A_\eta = \frac{8\,\eta\, v_m\, l}{a^2} \cdot dQ \cdot (1 + k_\eta)\,, \tag{40}$$

worin

$$k_\eta = (c - \alpha \cdot \beta)\,\frac{a}{l}\,, \qquad c > \alpha \cdot \beta \tag{40a}$$

die zweite HAGENBACH-Korrektur (Dissipationsfaktor) darstellt. Die Ermittlung des zweiten Gliedes in (39) gestaltet sich dann wegen

$$dP = \frac{\partial P}{\partial t}\,dt + \frac{\partial P}{\partial l}\,ds \quad \text{mit} \quad \frac{\partial P}{\partial t} = 0$$

für den Beharrungszustand und $ds = v\,dt$, $dV = dF \cdot dl$ (= Volumelement einer Stromröhre) sowie $d(dQ) = dF \cdot ds =$ const über die Länge, wie folgt:

$$A_G = \frac{1}{\varepsilon}\int_1^{2}\!\!\int^{(F)} P\,\frac{\partial P}{\partial l}\,ds \cdot dF\,dl = \frac{1}{2\,\varepsilon}\int^{dQ}\!\!\int_1^{2} \frac{\partial (P^2)}{\partial l}\,dl \cdot dF\,ds$$

$$= \frac{1}{2\,\varepsilon}\int^{dQ} (P_2^2 - P_1^2)\,dF\,ds\,.$$

Nun ist aber $P_1 \approx 0$, während $P_2^2\,ds$ durch die POISEUILLE-Verteilung gegeben erscheint. Die Integration ist somit allgemein durchführbar und liefert für die Gestaltungsarbeit

$$A_G = \frac{8}{3}\,\eta\,\tau\left(\frac{v_m}{a}\right)^2 dQ\,, \tag{41}$$

mithin die Relaxationskorrektur

$$k_\tau = \frac{\tau \cdot v_m}{3\,l} = \frac{1}{3}\,\frac{\tau}{t_m}\,, \tag{41a}$$

wenn $t_m = l/v_m$ die mittlere Verweilzeit in der Kapillare bedeutet. Diese Korrektur bleibt in niedrigen Grenzen, solange nur die Geschwindigkeiten klein und die Rohrlänge groß gewählt werden. Setzt man endlich in dem Energieansatz (38) die bereits gewonnenen Ausdrücke (35), (36), (37), (40) und (41) ein und benutzt noch neben (40a), (41a) zur Vereinfachung der Schreibweise die weiteren Korrektionszahlen (Höhenkorrektur, Kompressionskorrektur, Wuchtkorrektur), das sind

$$k_h = \varrho\, g_0\, h/p\,, \quad k_K = K \cdot p/2\,, \quad k_W = \varrho\, v_m^2/p\,,$$

so lautet die Bestimmungsgleichung für die Viskosität

$$\eta = \frac{\pi\, a^4\, p\, t}{8 \cdot Q \cdot l} \cdot \frac{1 + k_h - k_W - k_k}{1 + k_\eta + k_\tau}\,. \tag{42}$$

Die Relaxationskorrektur k_τ gilt *nur* unter Voraussetzung, daß die Flüssigkeit *tatsächlich* nach der MAXWELLschen Hypothese $P = \eta\, G - \tau\, dP/dt$

relaxiert. Da es aber eine Reihe von Flüssigkeiten gibt, die nicht diesem einfachen Gesetz gehorchen, sollte diese Korrektur nur dann Anwendung finden, wenn die Relaxationszeiten nicht *zu lang* sind (anomales Stromprofil).

Immerhin ist damit ein alter Streit zu einem gewissen Abschluß gekommen, indem gezeigt wurde, wann und in welchem Maße Abweichungen zwischen den Viskositätsmessungen im COUETTE-Apparat bzw. in der Kapillare auftreten.

Nur aus diesem Grunde wurde die FROMMsche Korrektur hier aufgeführt, obwohl sie nicht mehr rein hydrodynamisch sondern rheologischer Natur ist.

Folgerungen: Die Vernachlässigung der Korrekturen k_K, k_W, k_η, k_h, k_τ führt mit Gl. (42), (34) auf die einfache HAGEN-POISEUILLEsche Formel. Für den Fall der Inkompressibilität ($k_K = 0$) gilt nach BOUSSINESQ:

$$k_\eta = 0{,}12 \cdot k_W \quad \text{und wegen} \quad k_W < 1 : k_\eta < 0{,}12 .$$

Für NEWTONsche Flüssigkeiten ($k_\tau = 0$) ist der „Korrekturquotient“ in Gl. (42) angenähert $1 + k_h - (k_W + k_\eta)$;
mit der HAGENBACHschen Korrektur

$$k_W + k_\eta \approx \Lambda \cdot k_W = k_{\text{Hag}}$$

wird dann

$$\eta_{\text{Newton}} \approx \frac{\pi a^4 p t}{8 \cdot Q \cdot l} (1 + k_h - k_{\text{Hag}}) . \tag{43}$$

f) Das HAGEN-POISEUILLEsche Gesetz in seinen Anwendungen.

Als Nutzanwendung sei z. B. der Anstieg einer Flüssigkeit in einem Kapillarrohr gezeigt. Eine glatte Röhre a wird in ein weites, teilweise mit Flüssigkeit ϱ gefülltes Gefäß getaucht (Abb. 24). Bedeuten $(h - x)$ die Niveaudifferenz, Ω die Zugspannung je Längeneinheit an der Oberfläche der Flüssigkeit (Kapillaritätskonstante), dann muß gelten

$$p = \frac{1}{\pi a^2} [\pi a^2 \varrho (h - x) + 2 \pi a \cdot \Omega] .$$

Nach Gl. (9) und (10) ist die Steiggeschwindigkeit

$$v = \frac{p a^2}{8 \eta x} = \frac{d x}{d t} ;$$

mithin folgt nach Gleichsetzung von p aus beiden Ausdrücken

$$x \left(1 + A \frac{d x}{d t}\right) = B , \tag{44}$$

wenn zur Abkürzung gesetzt sind:

$$\frac{8 \eta}{\varrho a^2} = A , \quad h + \frac{2 \Omega}{\varrho a} = B . \tag{44a}$$

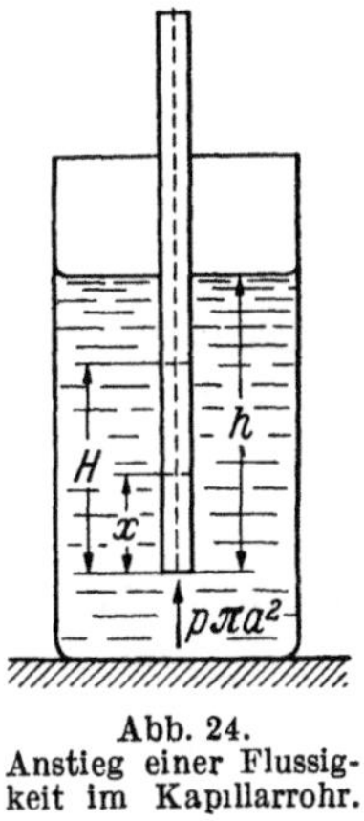

Abb. 24. Anstieg einer Flussigkeit im Kapıllarrohr.

Die Integration der Differentialgleichung (44) in den Grenzen ($x = 0$, $t = 0$) und (x, t) liefert dann für die fragliche Zeit

$$t = A\left[B \ln \frac{B}{B - x} - x\right]. \tag{45}$$

Für $\frac{dx}{dt} = 0$ findet man endlich aus Gl. (44) für die Steighöhe $x \equiv H$, die theoretisch allerdings erst nach einer unendlich langen Steigdauer erreicht würde.

Wie die Diskussion der Gl. (9) zeigt, lassen sich durch versuchsmäßige Ermittlung der durch das Rohr fließenden Menge Q bzw. der Durchfluß- oder Ausflußzeit t der Beiwert η und damit die kinematische Zähigkeit für verschiedene Flüssigkeiten bestimmen, die evtl. noch durch Korrekturglieder zu ergänzen wären.

Ist jedoch die hydrostatische Niveaudifferenz, wie dies bei den zumeist üblichen Viskosimeterformen der Fall ist, nicht mehr konstant, so gilt die analog Gl. (9) entsprechende Beziehung

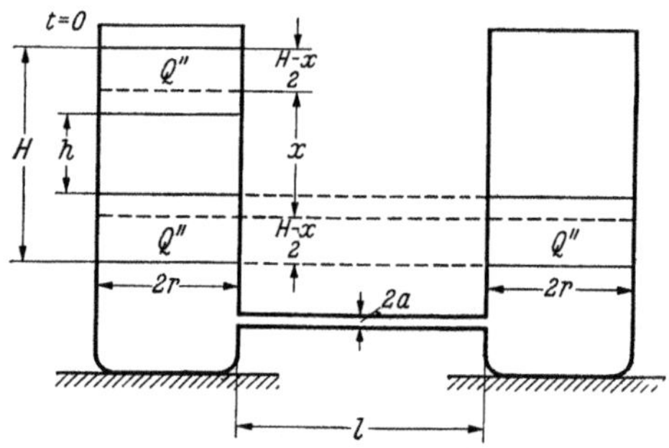

Abb. 25.
Zum Prinzip der Zähigkeitsbestimmung.

$$dQ = \frac{\pi a^4}{8 \eta l} \varrho\, x\, dt.$$

Hierin ist unter x die veränderliche Höhe der Flüssigkeitssäule zu verstehen, die eine Druckdifferenz $p = \varrho x$ bedingt.

Wegen

$$Q' = Q'' = Q = \pi r^2 \frac{H - x}{2}$$

ist $\quad dQ = -\frac{r^2 \pi}{2} dx.$

Nach Gleichsetzung von dQ und Trennung der Variablen

$$\frac{a^4 \varrho}{4 \eta l} dt = -r^2 \frac{dx}{x}$$

ergibt sich nach Ausführung der Integration im Intervall $h < x < H$ für die Ausflußdauer

$$t = \frac{4 \eta l r^2}{\varrho a^4} \ln \frac{H}{h}.$$

Umgekehrt läßt sich bei Kenntnis der experimentell ermittelten Zeit die Viskosität errechnen, wenn man aus dem letzten Ausdruck r^2 eliminiert und in die Formel für das gesamte Flüssigkeitsvolumen

$$Q = \frac{\pi r^2}{2}(H - h)$$

einführt. Man gelangt somit zu der Grundformel

$$\eta = \frac{\pi a^4 \varrho (H - h)}{8 Q l \ln \frac{H}{h}} \cdot t, \tag{46}$$

die bei sehr verschiedenen Geräten zur Zähigkeitsbestimmung Anwendung findet. Im übrigen genügt es, da heute die Reibungszahlen vieler Flüssigkeiten bekannt sind, statt der absoluten die relative Viskosität, d. h. das Verhältnis der entsprechenden Beiwerte zweier Flüssigkeiten zu bestimmen.

Bei sämtlichen Experimenten geschilderter Art ist noch der Temperatureinfluß auf den Reibungskoeffizienten sowie auch auf die Zähigkeit zu berücksichtigen. Es sei hierbei noch auf die vielen Zusammenhänge zwischen den Ergebnissen und den Zähigkeitsziffern einerseits und dem Temperaturkoeffizienten derselben und dem Ausdehnungskoeffizienten andererseits, die sich aus umfangreichem Zahlenmaterial herleiten lassen, verwiesen.

g) Strömung in Rohren von elliptischem Querschnitt.

Bei gleichmäßig laminarer Strömung gilt entsprechend (3a), wenn darin gesetzt wird

$$\frac{d\mathfrak{v}}{dt} = 0\,, \quad \mathfrak{k} = 0\,, \quad \nabla p = p/l$$

$$\Delta \mathfrak{v} = \frac{\partial^2 v}{\partial x^2} + \frac{\partial^2 v}{\partial y^2} = -\frac{p}{\eta l}\,. \tag{47}$$

Entspricht nun der elliptische Querschnitt (xy-Ebene) mit den Halbachsen a, b der Gleichung

$$\frac{x^2}{a^2} + \frac{y^2}{b^2} = 1$$

oder in Parameterdarstellung $\chi = 1$ $(0 < \chi < 1)$, so hat man jene Geschwindigkeitsfunktion $v\,(x, y)$ zu suchen, die für jeden Punkt der elliptischen Umrandungskurve verschwindet und gleichzeitig der Bewegungsgleichung genügt. Es wird also mit dem Ansatz für die Axialgeschwindigkeit $v\,(x, y) = c\,(1 - \chi)$

$$c = \frac{p}{2\eta l}\,\frac{a^2 b^2}{a^2 + b^2} \tag{48}$$

und somit der Durchfluß

$$Q = c \cdot \pi a b \int_0^1 (1 - \chi)\, d\chi = \frac{\pi a^3 b^3 p}{4\,(a^2 + b^2)\,\eta l}\,. \tag{49}$$

Läßt man den Parameter χ die Werte von 0 bis 1 durchlaufen, so erhält man in den zur Grundellipse ähnlich gelegenen Ellipsen die Kurven gleicher Geschwindigkeit.

Als Sonderfall ergibt sich für $b = a$ die in Gl. (10) gefundene Relation für den Kreiszylinder, als auch die Gültigkeit von (11).

Als weitere Folgerungen sind zu nennen: Für $F = \pi a b = \text{const}$ und variablem Verhältnis a/b entspricht dem Kreisrohr die maximale Durchflußmenge.

Die mittlere Schub-(Rand-)spannung ist beim elliptischen Rohr geringer als jene bei der kreiszylindrischen Röhre. Aus allen diesen Betrachtungen geht hervor, daß auch für ovale Kapillaren und inkonstante

Niveaudifferenzen sich dennoch unveränderliche Gerätekonstanten herleiten lassen, so daß die Kapillarviskosimeter in jedem Falle eichbar sind.

An dieser Stelle sei nochmals erwähnt, daß alle im Vorangehenden gefundenen Gesetze ihre Gültigkeit verlieren, sobald die beim Strömen durch ein zylindrisches Rohr auftretende mittlere Geschwindigkeit einen gewissen von der inneren Reibung und den Querschnittsabmessungen abhängigen Wert – der REYNOLDS-Zahl – überschreitet.

Die Geschwindigkeitsverteilung sowie die Durchflußmenge für andere technisch wichtige Querschnittsprofile sei hier nicht erörtert. Näheres darüber z. B. in W. MÜLLER.

3. Langsame zähe Strömung um geradlinig bewegte Festkörper.

Im Gegensatz zu der Strömung in dünnen Schichten soll eine Bewegungsform der zähen Flüssigkeit besprochen werden, wie sie einer von der axialen Verschiebung zylindrischer Flächen erzeugten Strömung eigen ist.

Für die Widerstandsbestimmung erlangt das Bewegungsproblem eines in eine zähe Flüssigkeit eingetauchten Zylinders, einer Kugel oder einer Scheibe erst praktische Bedeutung. Wegen der Nichtlinearität der Bewegungsgleichungen ist es meist sehr schwierig, die der vorgegebenen Körperkontur entsprechenden Grenzbedingungen zu erfüllen. Durch die Annahme kleiner Geschwindigkeiten (große η) ist es indessen möglich, eine Annäherung an die tatsächlichen Strömungsverhältnisse zu erreichen. Man erhält somit unter der Voraussetzung kleiner REYNOLDS-Zahlen $\mathfrak{Re} = \frac{v \cdot d}{\mu}$ bei Vernachlässigung der Beschleunigungsglieder und sonstwelcher eingeprägten Massenkräfte das reduzierte Gleichungssystem (3a).

$$\frac{1}{\varrho} \nabla p = \mu \Delta \mathfrak{v} .$$

Wegen des Interesses, das auch das zugeordnete elastische Problem hat, wäre es vielleicht zweckmäßig, nicht das Integral dieser Gleichung zu bilden, sondern von der Gleichung (3c) für die Stromfunktion Ψ

$$\Delta \Delta \Psi = 0$$

auszugehen (Fall der ebenen, stationären Strömung).

Zu einer Lösung der Gleichung für Ψ, selbst im allgemeinen Fall, gelangt man durch Einführung komplexer Hilfsvariabler. Damit lassen sich dann mittels Transformationsformeln für die Rotation w, dem mittleren Druck p, den Druckgradienten und die Komponenten des Spannungstensors P $(\sigma_x, \sigma_y, \tau_{xy})$ die entsprechenden Ausdrücke aufstellen.

a) Strömung um einen Zylinder (Näherungslösung).

Die Strömung um einen Kreiszylinder ist nicht unmittelbar aus den so gefundenen Formeln zu erhalten. Doch läßt sich das Stromfeld zwischen zwei konzentrischen Kreiszylindern konstruieren, von denen sich der äußere mit einer zur x-Achse parallelen Geschwindigkeit u_0 bewegt, während der innere ruht. Die Strömung einer unendlich ausgedehnten Flüssigkeit um einen mit konstanter Geschwindigkeit bewegten Zylinder läßt sich dann hieraus mit beliebiger Genauigkeit gewinnen. Nach FRAZER ist bei symmetrisch zur x-Achse verlaufender Strömung die Stromfunktion gegeben durch

$$\Psi = u_0 \sin\varphi \, \frac{2\,(R^2 + a^2)\, r \ln\dfrac{r}{a} - r^3 + \dfrac{R^2 a^2}{r} - r\,(R^2 - a^2)}{2\left[(R^2 + a^2)\ln\dfrac{R}{a} - (R^2 - a^2)\right]}\,. \tag{50}$$

Darin sind: r, φ die Polarkoordinaten und R, a die Radien der Zylinder. Es werden für $r = a$: $v_x = 0 = v_y$ und $\Psi_{(r=R)} = u_0\, R \sin\varphi$, d. h. $v_x = u_0$, $v_y = 0$.

Mit $R/a = 10$, $a = 1$ erhält man z. B. als Gleichung für die Stromlinienschar

$$y = \frac{C}{202 \ln r + \dfrac{100}{r^2} - r^2 - 99}\,,$$

welche in der Abb. 26 veranschaulicht ist. Für sehr große R ist angenähert

$$\Psi = u_0 \sin\varphi \cdot r \,\frac{\ln\dfrac{r}{a}}{\ln\dfrac{R}{a}} \approx C\, u_0 \sin\varphi \cdot r \cdot \ln r\,.$$

Diese Grenzform wird, da sich der Zylinderhalbmesser heraushebt, als Lösung für den Fall der unbegrenzten Flüssigkeit ungeeignet.

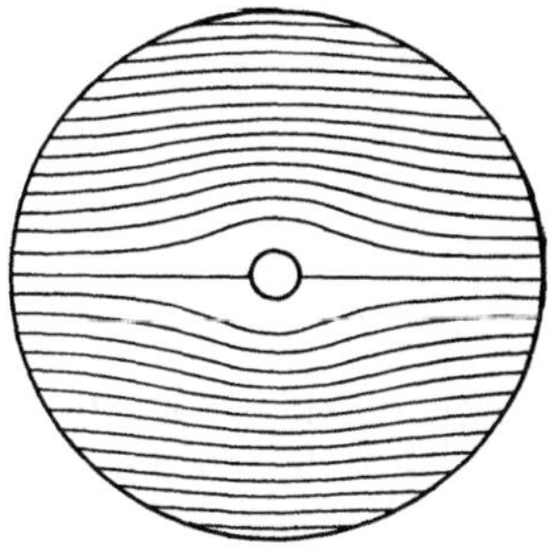

Abb. 26. Stromlinienverlauf um einen ruhenden Zylinder (nach R. A. FRAZER).

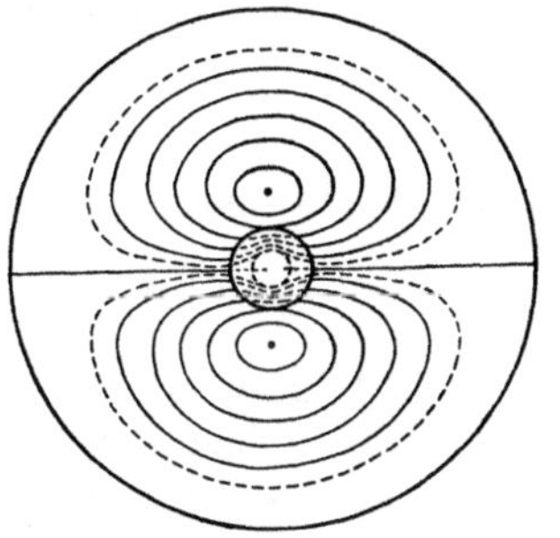

Abb. 27. Absolutstromung um einen sich langsam bewegenden Kreiszylinder in der konzentrisch begrenzten, zähen Flüssigkeit.

Werden z. B. die Randbedingungen für beide Kreise vertauscht ($v = u_0$ für $r = a$ und $v = 0$ für $r = R$), so erhält man die absolute Strömung in der Umgebung eines mit kleiner Geschwindigkeit u_0 bewegten Kreiszylinders für den Fall, daß die Flüssigkeit nach außen von einem größeren konzentrischen Zylinder begrenzt ist. Die Gl. (50) geht dann über in

$$\Psi = r\,u_0 \sin\varphi \frac{(r^2+a^2)\left(\frac{R^2}{r^2}-1\right)-2\,(R^2-a^2)\ln\frac{R}{r}}{2\,(R^2+a^2)\left[\ln\frac{R}{a}-1\right]}\,. \tag{50 a}$$

Unter Verwendung der reduzierten Stromfunktion

$$\Psi_{\mathrm{red}} = y\left[(r^2+a^2)\left(\frac{R^2}{r^2}-1\right)-2\,(R^2+a^2)\ln\frac{R}{r}\right]$$

ergibt sich z. B. für $R/a = 6$, $a = 1$, der in Abb. 27 dargestellte Stromlinienverlauf. Ähnliche Verhältnisse liegen bei der später zu erörternden Bewegung einer Kugel vor, die jedoch, da leichter durch den Versuch nachprüfbar, erst dann diskutiert werden sollen.

b) Die Näherungslösung von Lamb-Oseen für den Kreiszylinder.

Oseen vervollständigt die Lösung für die langsame Translationsbewegung des Zylinders. Er schließt hierbei von einer auf den festen Kreiszylinder bezogenen, also relativen Strömung auf das augenblickliche, d. h. auf den festen Raum bezogene Geschwindigkeitsfeld in der Umgebung des translatorisch bewegten Zylinders. Beim Übergang von der relativen zur absoluten (Störungs-) Strömung wird, wenn man in der vereinfachten Stokesschen Gleichung der stationären langsamen Strömung

$$-\nabla\frac{p}{\varrho}+\mu\Delta\mathfrak{v}=0$$

die Geschwindigkeit v_x ersetzt durch $v_x - u_0$

$$u_0\frac{\partial\mathfrak{v}}{\partial x}-\nabla\frac{p}{\varrho}+\mu\Delta\mathfrak{v}=0\,, \tag{51}$$

oder in der Schreibweise

$$\left(\Delta+\frac{u_0}{\mu}\frac{\partial}{\partial x}\right)\mathfrak{v}=\frac{1}{\mu\varrho}\nabla p\,. \tag{51 a}$$

Nach Divergenzbildung dieses Ansatzes folgt wegen $\operatorname{div}\mathfrak{v}=0 : \Delta p = 0$. Die Teillösung der Gleichung (51 a) ergibt sich, falls eine Potentialfunktion Φ existiert, also $\Delta\Phi = 0$ ist, zu

$$p=\varrho\,u_0\frac{\partial\Phi}{\partial x}\,;\quad \mathfrak{v}=\nabla\Phi\equiv\operatorname{grad}\Phi\,,$$

deren Lösung sich mittels ebener Kugelfunktionen darstellen läßt. Die resultierende Strömung ist dann gegeben durch Addition einer Potentialströmung und einer Wirbelströmung $\bar{\mathfrak{v}}$ gemäß $\mathfrak{v}=\nabla\Phi+\bar{\mathfrak{v}}$.

Nach Einsetzen in (51 a) folgen für $\bar{\mathfrak{v}}$, wenn $u_0/\mu = 2k$ gesetzt wird,

$$\left(\Delta+2k\frac{\partial}{\partial x}\right)\bar{\mathfrak{v}}=0\,,\quad \nabla\cdot\bar{\mathfrak{v}}=0\,.$$

Unter Verzicht auf den weiteren, rechnerisch schwierigen und umständlichen Lösungsgang seien nur die LAMB-OSEENschen Endergebnisse gebracht. Für kleine REYNOLDS-Zahlen $\Re e$, ($ka = {}^1/_4 \Re e$), gelten in der Nähe des Kreiszylinders für die Geschwindigkeitskomponenten nachstehende Ausdrücke:

$$\left.\begin{aligned} v_x &= A_0 \frac{\cos\varphi}{r} - A_1 \frac{\cos 2\varphi}{r^2} - \frac{1}{2} C \ln \frac{1}{2} C_0 k r - \frac{C}{2kr} \cos\varphi\,(1 - kr\cos\varphi), \\ v_y &= A_0 \frac{\sin\varphi}{r} - A_1 \frac{\sin 2\varphi}{r^2} - \frac{C\sin\varphi\,(1 - kr\cos\varphi)}{2kr}, \end{aligned}\right\} \quad (52)$$

wo $C_0 = 1{,}78107\ldots$, ($\ln C_0 = 0{,}57721\ldots$) die MASCHERONIsche Konstante ist. Am Kreise $r = a$ wird demnach $v_y = 0$ für $A_0 = \frac{C}{2k}$, $A_1 = \frac{Ca^2}{4}$ und

$$v_y \equiv u_0 \quad \text{für} \quad C = \frac{2u_0}{\frac{1}{2} - \ln {}^1/_2 C_0 k a}.$$

Damit ergeben sich in der Nähe des Zylinders die Geschwindigkeitswerte

$$\left.\begin{aligned} v_x &= \frac{C}{4}\left[1 - 2\ln C_0 \frac{k}{2} r + \frac{r^2 - a^2}{r^2} \cos 2\varphi\right], \\ v_y &= \frac{C}{4} \frac{(r^2 - a^2)}{r^2} \sin 2\varphi, \end{aligned}\right\} \quad (52\,\text{a})$$

und ein Druckwert

$$p = \frac{1}{4} C \varrho u_0 \left[\frac{2}{k} \frac{\cos\varphi}{r} + a^2 \frac{\cos 2\varphi}{r^2}\right]. \quad (53)$$

Weiter folgt als erster Näherungswert für den Widerstand (bei kleinem $\Re e$)

$$W = a \int_0^{2\pi} \tau_{\varphi x}\, d\varphi = -2\pi\eta C = -\frac{4\pi\eta u_0}{\frac{1}{2} - \ln \frac{1}{2} C_0 k a}. \quad (54)$$

($\tau_{\varphi x} = \sigma_x \cos\varphi + \tau_{xy} \sin\varphi$ ist die axiale Komponente des zum Winkel φ gehörigen Spannungsvektors.)

Nach Einführung von $\Re e = \frac{2 a u_0}{\mu}$ wird Gl. (54) endlich

$$W = -\frac{8\pi\varrho \frac{a}{\Re e} u_0^2}{\frac{1}{2} - \ln \frac{1{,}7811}{8} \Re e}, \quad (54\,\text{a})$$

also der Widerstandsbeiwert

$$c_w = \frac{W}{2a\left(\frac{\varrho}{2} u_0^2\right)} = \frac{8\pi}{\Re e\,(2{,}002 - \ln \Re e)}. \quad (54\,\text{b})$$

Die so ermittelten Widerstandsziffern für den gleichmäßig bewegten Kreiszylinder stehen, wie Abb. 28 zeigt, mit der Wirklichkeit – wenigstens im Gültigkeitsbereich $\mathfrak{Re} \leqq 1$ – in verhältnismäßig guter Übereinstimmung. Im Schaubild sind teilweise extrapolierte Versuchswerte mit den theoretisch gefundenen Werten in einem logarithmischen Maßstab verglichen. BAIRSTOW hat die gefundene Näherungslösung noch dahin ergänzt, daß er die Stromfunktion bestimmte.

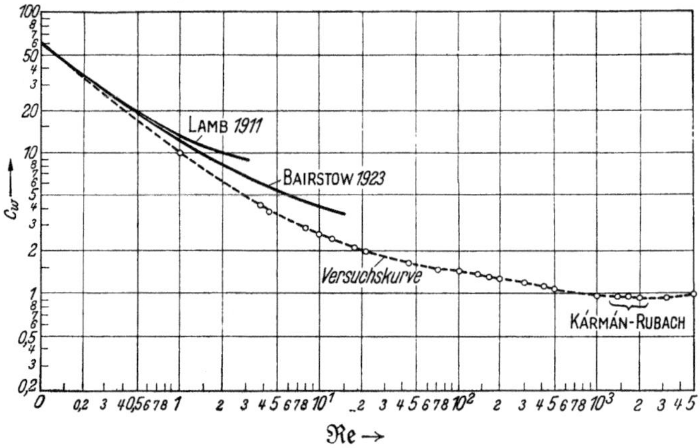

Abb. 28.
Widerstandsbeiwerte für einen gleichmäßig bewegten Kreiszylinder bei kleinen und mittleren $\mathfrak{Re}$-Zahlen. (Nach F. EISNER)

Auch hier soll im Hinblick auf langwierige Rechnungen nur das Endresultat in seiner allgemeinen Gestalt angegeben werden. Die Stromfunktion

$$\Psi = \frac{C}{2} \sin\varphi \left[r\left(1 - \ln\frac{1}{2} C_0 k r\right) - \frac{1}{2} \frac{a^2}{r} \right] \tag{55}$$

ist bezüglich einer durch den Kreismittelpunkt gezogenen Lotrechten zur Bewegungsrichtung symmetrisch. In größerem Abstande vom Zylinder jedoch zeigt die Strömung auf der Vorder- und der Hinterseite ein abweichendes Verhalten. Abb. 29. Im Kielwassergebiet (oder im Stromschatten) verlaufen die Stromlinien auf den Kreiszylinder zu (vorausgesetzt, daß $\mathfrak{Re} < 1$ ist), auf der Vorderseite vom Zylinder weg. In größerer Entfernung vom Zylinder, d. h. für große Argumente r, ist die radiale Strömungsgeschwindigkeit annähernd charakterisiert durch die Funktion

$$v_r \approx \frac{C}{2kr} - \frac{C}{2}\sqrt{\frac{\pi}{2kr}}\,(1 - \cos\varphi) \times$$
$$\times \exp\left[-kr(1 + \cos\varphi)\right].$$

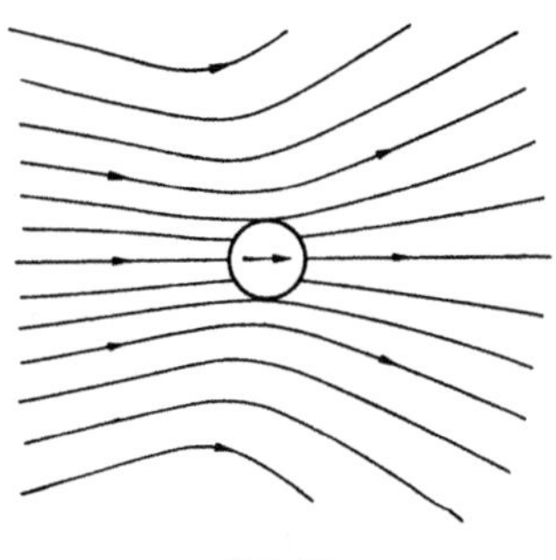

Abb. 29.
Absolutstromung um einen gleichmaßig bewegten Kreiszylinder ($\mathfrak{Re} = 0{,}5$).

Der Aufbau dieser Gleichung läßt erkennen, daß außerhalb des Kielwassergebietes (besonders auf der Vorderseite) nur das erste Glied von Bedeutung ist, daß also die Stromlinien im Unendlichen in radiale Strahlen aus dem Mittelpunkt des Zylinders übergehen. In der Kielwasserzone jedoch, die durch stärkere Wirbelbewegung gekennzeichnet ist, ist das zweite Glied ausschlaggebend, wodurch die Stromschleppe hinter dem Zylinder auch im Unendlichen bestätigt wird.

c) Translationsbewegung einer Kugel in einer zähen Flüssigkeit.

Auch im achsensymmetrischen Falle läßt sich die ,,erweiterte Stokessche Gleichung'', Gl. (51), auf ähnliche Art lösen wie im ebenen Falle. Bei dem Problem der Widerstandsmessung an umströmten Kugeln wird bei der Herleitung der verwickelten theoretischen Zusammenhänge nach R. W. Burgess u. a. ausgiebigster Gebrauch von Zylinder-, sphärischen Koordinaten sowie von Legendreschen Kugelfunktionen n-ter Ordnung gemacht. Auch hier ist der Aufgabe das absolute, den Rotationskörper begleitende Strom- oder Störungsfeld zugrunde gelegt und angenommen, daß der Rotationskörper sich gleichmäßig in der positiven x-Richtung bewegt. Ist die zur axialen Koordinate senkrechte Radialkoordinate y (in der Ebene $\varphi = 0$), dann lautet die Grundgleichung für die Stromfunktion bei stationärer Beschaffenheit der Strömung

$$\left[(v_x - u_0)\frac{\partial}{\partial x} + v_y \frac{\partial}{\partial y} - \frac{2\,v_y}{y} - \mu\mathfrak{D}\right]\mathfrak{D}\Psi = 0\,, \tag{56}$$

wenn mit $\mathfrak{D}$ die Operation

$$\mathfrak{D} \equiv \frac{\partial^2}{\partial y^2} - \frac{1}{y}\frac{\partial}{\partial y} + \frac{\partial^2}{\partial x^2}$$

bezeichnet ist. Es sind nunmehr Näherungslösungen dieser Gleichung anzugeben und diese den Grenzbedingungen (Haften der Flüssigkeit an der Kugelwand) anzupassen. Obige Differentialgleichung vereinfacht sich bei Vernachlässigung der quadratischen Glieder und $u_0/2\,\mu = k$ zu

$$\left(\frac{\partial}{\partial x} + 2\,k\mathfrak{D}\right)\mathfrak{D}\Psi = 0\,, \tag{57}$$

deren Lösung sich aus einem partikulären Integral Ψ'' und der Lösung der homogenen Gleichung $\mathfrak{D}\Psi' = 0$ zusammensetzt. Durch Einführung der sphärischen Koordinaten $x = r\cos\vartheta$, $y = r\sin\vartheta$ wird schließlich als Näherungsausdruck für Ψ bei kleinen Reynolds-Zahlen erhalten

$$\left.\begin{aligned}\Psi &= \frac{3}{2}\mu a(1 - \cos\vartheta)\{1 - \exp[-kr(1 + \cos\vartheta)]\} - \frac{u_0 a^3 \sin^2\vartheta}{4r}\\ &= \frac{u_0 a^2}{4}\left(\frac{3r}{a} - \frac{a}{r}\right)\sin^2\vartheta - \frac{3\,u_0 a k}{8} r^2 \sin^2\vartheta\,(1 + \cos\vartheta) + \cdots.\end{aligned}\right\} \tag{58}$$

Für $\Re e = 0$ verschwindet der zweite Ausdruck, und es ergibt sich dann die Lösung von Stokes für die langsame Bewegung der Kugel, nämlich

$$\Psi = \frac{u_0 a^2}{4}\left(\frac{3r}{a} - \frac{a}{r}\right)\sin^2\vartheta = \frac{3}{4}u_0 a r \sin^2\vartheta\left[1 - \frac{1}{3}\left(\frac{a}{r}\right)^2\right]. \tag{58a}$$

Das relative Stromfeld hingegen ist durch die Funktion

$$\Psi_r = -\frac{u_0 r^2 \sin^2\vartheta}{4}\left[2 + \left(\frac{a}{r}\right)^3 - 3\left(\frac{a}{r}\right)\right] \tag{58 b}$$

charakterisiert.

Die radiale und die dazu senkrechte Geschwindigkeit

$$v_r = \frac{1}{r^2 \sin\vartheta}\frac{\partial \Psi}{\partial \vartheta} \quad \text{und} \quad v_\vartheta = -\frac{1}{r \sin\vartheta}\frac{\partial \Psi}{\partial r} \tag{59}$$

bleiben überall endlich und verschwinden im Unendlichen. An der Oberfläche der Kugel muß sein

$$v_r = u_0 \cos\vartheta\,, \quad v_\vartheta = -u_0 \sin\vartheta\,.$$

Die Abb. 30, 31, 32 und 33 zeigen deutlich den Unterschied der Stromfelder nach der OSEENschen und STOKESschen Lösung. Nach STOKES (Abb. 30) verlaufen die Stromlinien bezüglich der Ebene $x = 0$ symmetrisch, nach OSEEN (Abb. 32, 33) ist, ähnlich wie beim Kreiszylinder, eine ausgesprochene Asymmetrie der Strömung feststellbar, was besonders bei der Geschwindigkeitsverteilung in großer Entfernung von der Kugel sichtbar ist (Abb. 33). Hinsichtlich der Verteilung der Flüssigkeitswirbel kann — wie sich rechnerisch nachweisen läßt — gesagt werden, daß im Gebiet hinter der Kugel jedenfalls stärkere Rotation herrscht, als vor der Kugel,

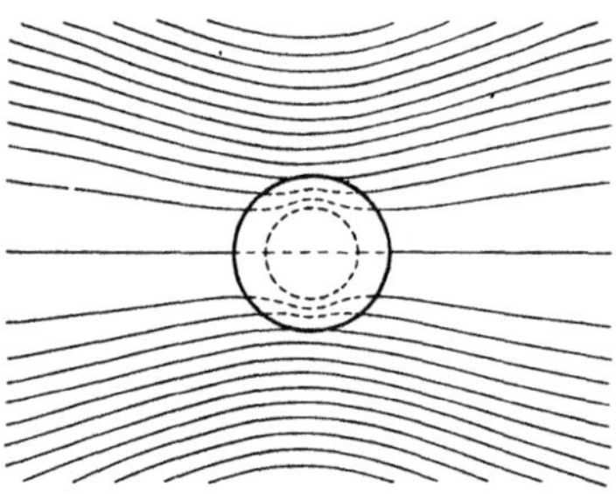

Abb. 30.
Absolutströmung um eine gleichmäßig bewegte Kugel nach STOKES ($\Re e = 0$).

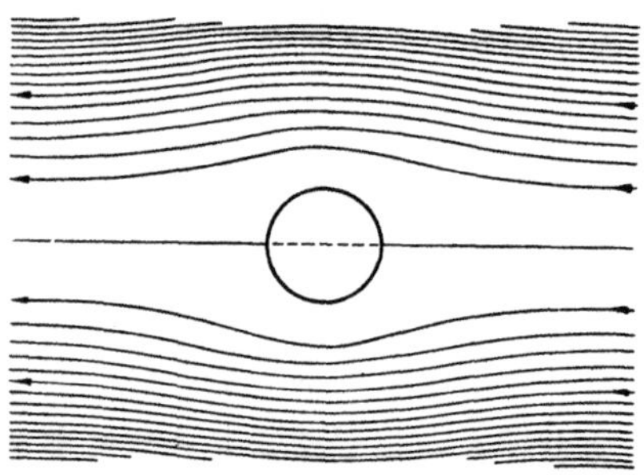

Abb. 31.
Relativstromung um eine gleichmäßig bewegte Kugel nach STOKES ($\Re e = 0$).

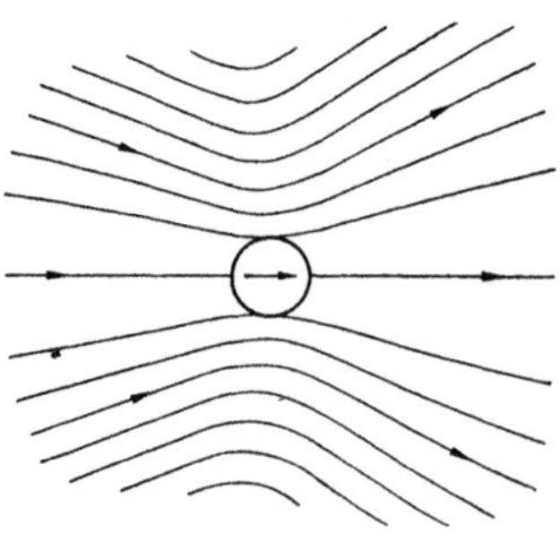

Abb. 32.
Absolutstromung um eine gleichmäßig bewegte Kugel nach LAMB-OSEEN ($\Re e = 0{,}4$)

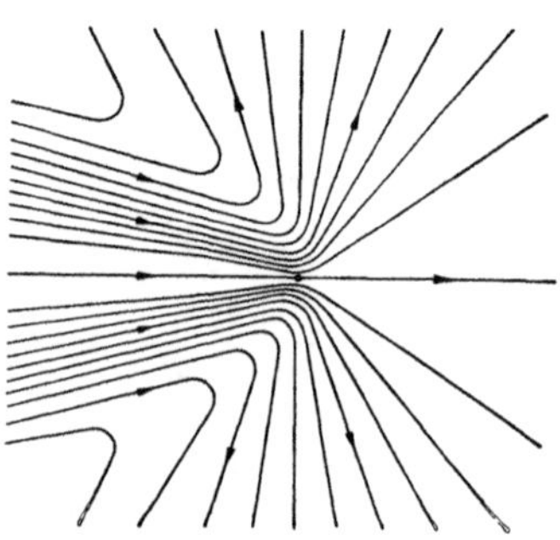

Abb. 33.
Absolutstromung nach LAMB-OSEEN in großerem Abstand von der Kugel ($\Re e = 0{,}4$).

und daß die Kugelrandstelle absolut stärkster Wirbelung einem Winkel ϑ_0 entspricht, der sich aus

$$\cos\vartheta_0 = \frac{1-\sqrt{1+4k^2a^2}}{2ka} = \frac{2-\sqrt{4+\mathfrak{Re}^2}}{\mathfrak{Re}}$$

ermitteln läßt. In den Abb. 34, 35 ist die Wirbelverteilung durch die Kurvenschar gleicher Rotation deutlich veranschaulicht.

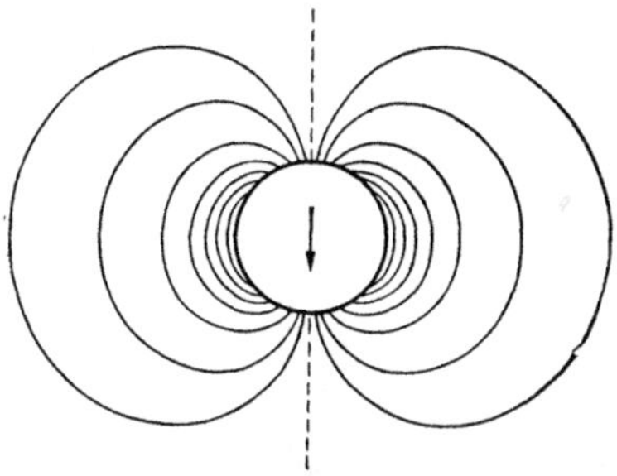

Abb. 34.
Kurven gleicher Rotation bei der STOKESschen Stromung um eine Kugel.

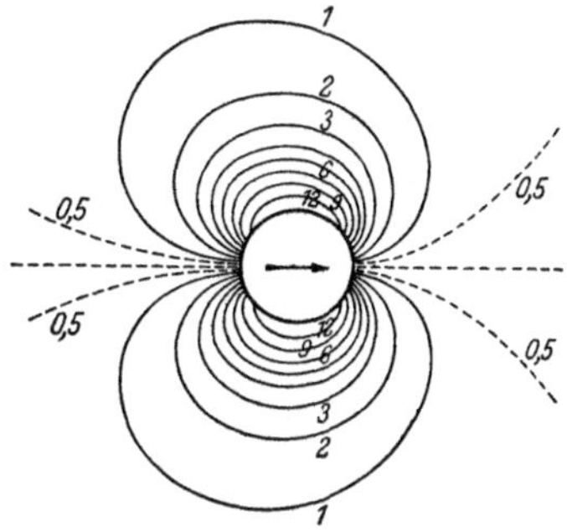

Abb. 35.
Kurven gleicher Rotation bei der LAMB-OSEENschen Stromung um eine Kugel ($\mathfrak{Re} = 0{,}4$).

Die gefundene Lösung der Gl. (57) kann noch durch weitere Annäherung an die strengen Grenzbedingungen vervollständigt werden. Man kann sich mit R. W. BURGESS die Frage stellen, wie eine Näherungslösung der genauen Gl. (56) aussieht, wenn auch die quadratischen Geschwindigkeitsglieder Berücksichtigung finden. Dies wird besonders wichtig für die Aufstellung einer zuverlässigen Widerstandsformel.

Man findet in erster Näherung als Lösung der auf sphärische Koordinaten umgeformten vollständigen Differentialgleichung (56)

$$\begin{aligned}\Bigg\{&\frac{1}{r^2\sin\vartheta}\left(\frac{\partial\Psi}{\partial\vartheta}\frac{\partial}{\partial r}-\frac{\partial\Psi}{\partial r}\frac{\partial}{\partial\vartheta}\right)+\\&+\frac{2}{r^2\sin^2\vartheta}\left(\cos\vartheta\frac{\partial\Psi}{\partial r}-\frac{\sin\vartheta}{r}\frac{\partial\Psi}{\partial\vartheta}\right)-\mu\left[\frac{\partial^2}{\partial r^2}+\frac{\sin\vartheta}{r^2}\frac{\partial}{\partial\vartheta}\left(\frac{1}{\sin\vartheta}\frac{\partial}{\partial\vartheta}\right)\right]-\\&-u_0\left(\cos\vartheta\frac{\partial}{\partial r}-\frac{\sin\vartheta}{r}\frac{\partial}{\partial\vartheta}\right)\Bigg\}\left\{\frac{\partial^2\Psi}{\partial r^2}+\frac{\sin\vartheta}{r^2}\frac{\partial}{\partial\vartheta}\left(\frac{\partial\Psi}{\sin\vartheta\,\partial\vartheta}\right)\right\}=0\,.\end{aligned}$$

$$\left.\begin{aligned}\Psi=\frac{1}{4}u_0\sin^2\vartheta\Big[&\left(1+\frac{3}{4}ka\right)\left(3ra-\frac{a^3}{r}\right)-\frac{3}{2}kar^2-\\&-\frac{3}{4}ka\cos\vartheta\left(1-\frac{a}{r}\right)^2(2r^2+ra+a^2)\Big].\end{aligned}\right\}\quad(60)$$

Die Kombination dieses Ausdruckes mit der OSEENschen Lösung, die der Korrektion zugrunde gelegt sei, liefert

$$\left.\begin{aligned}\Psi=&\frac{3}{2}\mu a\left(1+\frac{3}{4}ka\right)(1-\cos\vartheta)\,\{1-\exp[-kr(1+\cos\vartheta)]\}-\\&-\frac{u_0a^3}{4}\left(1+\frac{3}{4}ka\right)\frac{\sin^2\vartheta}{r}+\\&+\frac{3}{16}u_0ka\sin^2\vartheta\cos\vartheta\left[3ar+\frac{a^3}{r}-a^2-\frac{a^4}{r^2}\right].\end{aligned}\right\}\quad(61)$$

Die Gl. (60) und (61) sind bis auf die quadratischen Glieder vollkommen identisch, was gleichbedeutend ist damit, daß Gl. (61) in der Umgebung der Kugel die Grundgleichung (56) angenähert erfüllt.

Für die Geschwindigkeitskomponenten lauten die entsprechenden Ausdrücke

$$\left.\begin{aligned} v_r = & -\frac{3\mu a}{2r^2}\left(1+\frac{3}{4}ka\right)\{\exp\left[-kr(1+\cos\vartheta)\right]\left[1+kr(1-\cos\vartheta)\right]-1\}- \\ & -\frac{u_0 a^3}{2}\left(1+\frac{3}{4}ka\right)\frac{\cos\vartheta}{r^3}+ \\ & +\frac{3u_0 ka}{16r^2}(-1+3\cos^2\vartheta)\left(3ar-a^2+\frac{a^3}{r}-\frac{a^4}{r^2}\right), \\ v_\vartheta = & -\frac{3u_0 a}{4r}\left(1+\frac{3}{4}ka\right)\sin\vartheta\cdot\exp\left[-kr(1+\cos\vartheta)\right]- \\ & -\frac{u_0 a^3}{4}\left(1+\frac{3}{4}ka\right)\frac{\sin\vartheta}{r^3}-\frac{3u_0 ka}{16r}\sin\vartheta\cos\vartheta\left[3a-\frac{a^3}{r^2}+\frac{2a^4}{r^3}\right], \end{aligned}\right\} \quad (62)$$

während sich die Wirbelstärke der Flüssigkeit ermitteln läßt aus der Formel

$$\left.\begin{aligned} w = & \frac{3}{4}u_0 a(1+kr)\left(1+\frac{3}{4}ka\right)\frac{\sin\vartheta}{r^2}\cdot\exp\left[-kr(1+\cos\vartheta)\right]+ \\ & +\frac{3}{16}u_0\frac{ka}{r}\sin\vartheta\cos\vartheta\left(9\frac{a}{r}-3\frac{a^2}{r^2}-2\frac{a^3}{r^3}\right). \end{aligned}\right\} \quad (63)$$

d) Folgerungen der Theorie.

Vergleiche der theoretisch gefundenen Ergebnisse (Stromlinienverlauf) mit der Erfahrung zeigen, daß die OSEENschen Lösungsmethoden im Gebiet kleiner REYNOLDS-Zahlen (d. h. große η, kleine u) eine Berechtigung haben. Zum experimentellen Nachweis diene die Fallbewegung von Kugeln verschiedener Radien in einem z. B. mit Zuckersirup gefüllten Gefäß. Das auf diese Weise in der Flüssigkeit hervorgerufene Geschwindigkeitsfeld kann durch besondere optische Vorrichtungen sichtbar gemacht werden. Die kleinen Luftbläschen in der beleuchteten Meridianebene durch die Bewegungsachse hinterlassen bei entsprechender Kurzzeitaufnahme auf der photographischen Platte kleine Striche (Vektoren), die aneinandergereiht das absolute Strömungsfeld der Kugel ergeben. Die Länge der Striche läßt dann Schlußfolgerungen auf die Bewegungsgeschwindigkeit der Kugel zu. Mit größer werdender Geschwindigkeit werden, wie sich zeigt, die Stromlinien immer unsymmetrischer, wobei ihr Verlauf in einigem Abstand von der Kugel wesentliche Abweichungen von dem theoretisch ermittelten aufweist. Mit zunehmender Geschwindigkeit verschiebt sich der Wirbel aus der Äquatorebene der Kugel nach hinten, das umgebende Strombild wird unsymmetrisch verzerrt.

Auch der Einfluß der Gefäßwände auf die Bewegung spielt eine wesentliche Rolle, und das ganze Feld kann, falls sich die Kugel in Wandnähe bewegt, eine starke Veränderung erleiden (Abb. 36). Neben Versuchen von FORTÉPAULE sind auch ähnliche von WILLIAMS durchgeführt worden, der als Flüssigkeit eine Mischung von Wasser und Glyzerin benutzt. Eine mittels eines dünnen Verbindungsstückes an einem fahrbaren, motorisch angetriebenen Gestell befestigte Kugel wird in einem rechteckigen Trog hindurchgezogen und die Flüssigkeitsbewegung durch beleuchtetes Aluminiumpulver, das dem Glyzerin beigegeben ist, zur Darstellung gebracht.

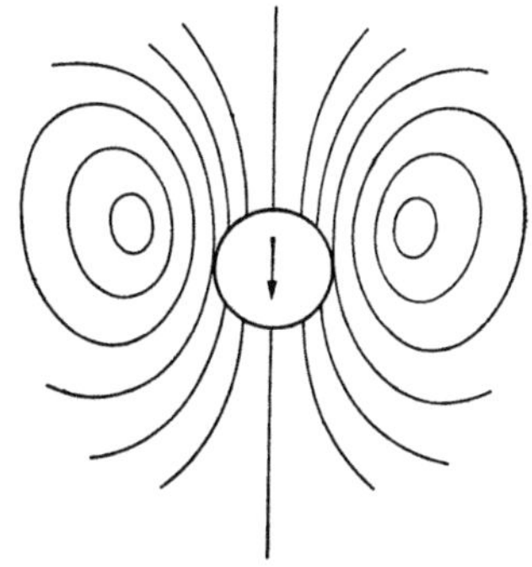

Abb. 36.
Bewegung einer Kugel in zaher Flüssigkeit bei kleiner REYNOLDS-Zahl $\mathfrak{Re} \approx 3{,}5$ (Versuch).

Die auf solche Art kenntlich gemachten Stromlinien haben sämtlich eine Zirkulationstendenz im Gegensatz zu den STOKES-OSEENschen Ergebnissen der Theorie. WILLIAMS erbringt den theoretischen Nachweis dafür, daß das in Ruhe befindliche Zirkulationszentrum sich bei wachsenden Kennzahlen $\mathfrak{Re}$ nach hinten verschiebt, während das Stromliniensystem die für $\mathfrak{Re} \to 0$ symmetrische Anordnung aufgibt. Schon rein überlegungsmäßig ergibt sich, daß die Umkehr der Stromlinien zur geschlossenen Form auf die Gefäßwandung zurückzuführen ist. Die Abb. 37 und 38 zeigen deutlich die qualitative Übereinstimmung der Stromverhältnisse für die Kugelbewegung bei kugelförmiger Begrenzung mit dem Versuch. Ferner ist noch ersichtlich, daß mit größerem $\mathfrak{Re}$ die Unsymmetrie weiter fortschreitet und der Wirbelkern dem Ursprung des sog. Kielwassers sich nähert, in dem die Stromlinien der Bewegungsrichtung parallel laufen, also eine fast gleichmäßige Bewegung herrscht.

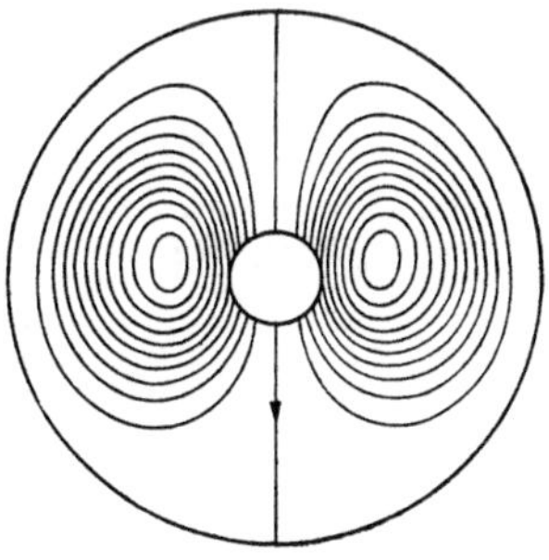

Abb. 37.
Stromfeld fur die Bewegung einer Kugel innerhalb einer großeren Kugel bei $\mathfrak{Re} = 2$ (nach WILLIAMS).

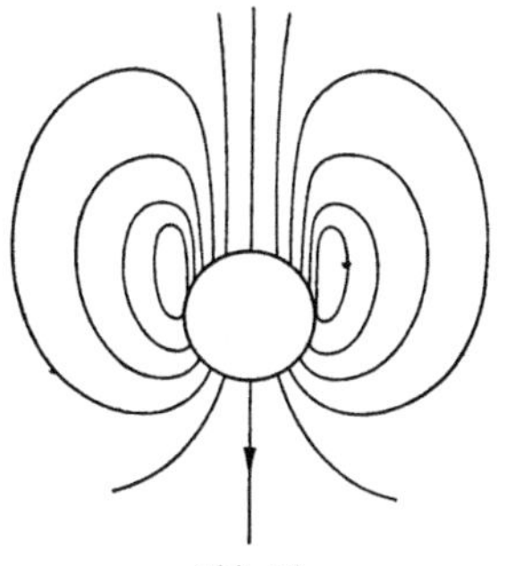

Abb. 38.
Stromfeld um eine gleichformig im Wasser bewegte Kugel bei $\mathfrak{Re} = 125$ (Versuch von WILLIAMS).

e) Formeln für die Widerstandsberechnung von Kugeln.

Zur Bestimmung des Widerstandes der Kugel bei zäher Strömung muß wieder auf die erste Näherungslösung der gekürzten OSEENschen Gl. (51a) zurückgegriffen werden. Man erhält für den Druck ähnlich (53)

$$p = \frac{3}{2}\,\varrho\, u_0\, \mu\, a\, \frac{\cos\vartheta}{r^2} - \frac{1}{4}\,\varrho\, u_0^2\, \frac{a^3}{r^3}\,(3\cos^2\vartheta - 1)\,. \tag{64}$$

Ist $df = 2\pi a^2 \sin\vartheta \, d\vartheta$ das durch 2 benachbarte und zur x-Achse senkrechte Ebenen bestimmte Flächenelement,

$$p_{r_x} = \sigma_x \frac{x}{r} + \tau_{xy} \frac{y}{r} + \tau_{xz} \frac{z}{r} \quad \text{(Gleichung von Cauchy)}$$

die zu einem Punkt dieser Ringfläche gehörige x-Komponente des Spannungsvektors, so ergibt sich der Widerstand zu

$$W = \int_0^\pi p_{r_x} \, df = 2\pi a^2 \int_0^\pi p_{r_x} \sin\vartheta \, d\vartheta .$$

Nach bekannter Umformung der Größen σ_x, τ_{xy} und τ_{xz} folgt für

$$\begin{aligned} p_{r_x} &= \cos\vartheta \left(-p + 2\eta \frac{\partial v_x}{\partial x}\right) + \eta \frac{y}{r}\left(\frac{\partial v_x}{\partial y} + \frac{\partial v_y}{\partial x}\right) + \eta \frac{z}{r}\left(\frac{\partial v_x}{\partial z} + \frac{\partial v_z}{\partial x}\right) \\ &= -p\cos\vartheta + \eta \frac{\partial v_x}{\partial r} - \eta \frac{1}{r} v_x + \eta \frac{1}{r} \frac{\partial}{\partial x}(x v_x + y v_y + z v_z) \\ &= -p\cos\vartheta + \eta \frac{\partial v_x}{\partial r} - \eta \frac{1}{r} v_x + \eta \frac{\partial v_r}{\partial x} + \eta \frac{v_r x}{r^2}, \end{aligned}$$

oder wegen

$$\left.\begin{aligned} &v_x = v_r \cos\vartheta - v_\vartheta \sin\vartheta, \quad \frac{\partial v_r}{\partial x} = \frac{\partial v_r}{\partial r}\cos\vartheta - \frac{\partial v_r}{\partial \vartheta}\frac{\sin\vartheta}{r} \\ &p_{r_x} = -p\cos\vartheta + 2\eta\cos\vartheta \frac{\partial v_r}{\partial r} - \eta \sin\vartheta \left(\frac{\partial v_\vartheta}{\partial r} + \frac{1}{r}\frac{\partial v_r}{\partial \vartheta} - \frac{v_\vartheta}{r}\right). \end{aligned}\right\} \quad (65)$$

Werden die Geschwindigkeiten aus der Stromfunktion abgeleitet, so kommt

$$\left.\begin{aligned} \left(\frac{\partial v_r}{\partial r}\right)_{r=a} &= \frac{3}{2}\frac{u_0}{a}\cos\vartheta - \frac{3}{2}\frac{u_0}{k a^2}\{1 - \exp[-ka(1+\cos\vartheta)]\} + \\ &\quad + \exp[-ka(1+\cos\vartheta)] \cdot \left(\frac{3}{2}\frac{u_0}{a} + \frac{3}{4} u_0 k \sin^2\vartheta\right), \\ (v_\vartheta)_{r=a} &= -u_0 \sin\vartheta, \\ \left(\frac{\partial v_r}{\partial \vartheta}\right)_{r=a} &= \frac{1}{2} u_0 \sin\vartheta - \exp[-ka(1+\cos\vartheta)] \times \\ &\quad \times \left[\frac{3}{2} u_0 \sin\vartheta + \frac{3}{4} u_0 k a \sin\vartheta (1 - \cos\vartheta)\right] \\ \left(\frac{\partial v_\vartheta}{\partial r}\right)_{r=a} &= \frac{3}{2}\frac{u_0}{a}\sin\vartheta. \end{aligned}\right\} \quad (66)$$

Mit diesen Ausdrücken werden, wenn man bei der Entwicklung der Exponentialfunktion die ersten Potenzen von ka unberücksichtigt läßt, die Teilintegrale in

$$W = W_1 + W_2 + W_3$$

$$W_1 = 2\pi a^2 \int_0^\pi p \cos\vartheta \, d\cos\vartheta = 2\pi\eta a u_0 ,$$

$$W_2 = -4\pi\eta\alpha^2 \int_0^\pi \frac{\partial v_r}{\partial r} \cos\vartheta \, d\cos\vartheta = 0 \quad \text{und}$$

$$W_3 = -2\pi\eta a^2 \int_0^\pi \left(\frac{\partial v_\vartheta}{\partial r} + \frac{1}{r}\frac{\partial v_r}{\partial \vartheta} - \frac{v_\vartheta}{r}\right) \sin^2\vartheta \, d\vartheta = 4\pi\eta a u_0 ,$$

daher gilt in erster Näherung für den Widerstand

$$W = 6\pi\eta a u_0 . \tag{67}$$

Er stimmt mit demjenigen von STOKES für die langsame Bewegung der Kugel völlig überein. Es besteht demnach bei kleinen Kennzahlen von $\Re$ Proportionalität des Widerstandes mit dem Reibungsbeiwert, dem Halbmesser und der Geschwindigkeit. Bei Zugrundelegung der zweiten Näherung tritt noch ein Zusatzfaktor $(1 + {}^3/_4 k a)$ hinzu, so daß die zuerst von OSEEN gefundene Formel für den Widerstand der Kugel in der zähen Strömung lautet

$$W = 6\pi\eta a u_0 \left(1 + \frac{3}{8}\frac{a u_0}{\mu}\right). \tag{67a}$$

Nach Einführung der Kennzahl $\Re$ folgt

$$W = c_w \cdot \frac{1}{2} \varrho u_0^2 \cdot \pi a^2 ,$$

mithin der Widerstandsbeiwert

$$c_w = \frac{24}{\Re}\left(1 + \frac{3}{16}\Re\right), \tag{67b}$$

dessen Richtigkeit für $\Re < 1$, durch das Experiment bestätigt wird. Der Widerstand erfährt aber im allgemeinen eine Vergrößerung, wenn die die Kugel umgebende Flüssigkeit von festen Wänden begrenzt wird. H. A. LORENTZ hat den Wandeinfluß auf den Widerstand näher untersucht und folgendes gefunden:

Bewegt sich eine Kugel, deren Halbmesser a klein ist gegen den Abstand l von der Wand, mit der Geschwindigkeit u_0, so ist der Widerstand

$$W = 6\pi\eta a u_0 \left(1 + \frac{9}{8}\frac{a}{l}\right). \tag{68}$$

Die relative Geschwindigkeit der Kugel gegen die Flüssigkeit wird sonach um ${}^9/_8 \, ({}^a/_l) \, u_0$ vergrößert.

Im Falle einer zur Wand parallelen Bewegung ist

$$W = 6\pi\eta a u_0 \left(1 + \frac{9}{16}\frac{a}{l}\right). \tag{68a}$$

Der praktisch wichtigste Fall ist wohl der, daß sich die Kugel in einem von parallelen vertikalen Wänden oder in einem von einer zylindrischen Wand begrenzten röhrenförmigen Gefäß bewegt.

Ähnlich wie LORENTZ hat R. LADENBURG die Einflüsse eines unendlich kleinen Zylinders und zweier paralleler Ebenen gesondert behandelt. Wird von der ebenen Begrenzung des Zylinders (Radius R) abgesehen, so folgt für W der Wert

$$W = 6\pi\eta a u_0 \left(1 + 2{,}4\,\frac{a}{R}\right). \tag{69}$$

Nach H. FAXÉN erfährt eine Kugel (a), die in einem zylindrischen, mit Wasser oder einer ausgesprochenen zähen Flüssigkeit erfüllten Gefäß längs der Achse fällt, einen Widerstand von der Größe

$$W = \frac{6\pi\eta a u_0}{1 - \frac{3}{4} a k - \frac{a}{R} L(Rk) + 2{,}09\left(\frac{a}{R}\right)^3 - 0{,}95\left(\frac{a}{R}\right)^5}. \tag{70}$$

Hierin ist zu setzen:

$$k = \frac{u_0}{2\mu}, \quad L(0) = 2{,}104, \quad L(0{,}5) = 1{,}76, \quad L(1) = 1{,}48, \quad L(2) = 1{,}04, \quad L(5) = 0{,}46.$$

Zum experimentellen Nachweis der Richtigkeit der Theorie sei die Fallbewegung kleiner Kugeln studiert. Sinkt eine Kugel von der mittleren Dichte ϱ_1 unter dem alleinigen Einfluß der Schwere in der Flüssigkeit, so ergibt sich, solange $a u_0/\mu$ klein bleibt, für die erlangte Endgeschwindigkeit unter Verwendung von Gl. (67) der Wert

$$u_0 = \frac{2}{9}\,\frac{(\varrho_1 - \varrho)}{\eta}\, g_0 a^2. \tag{70a}$$

Werden allgemein die in den Widerstandsformeln angegebenen Korrektionen durch den Zusatzfaktor $\xi(a/l)$ ausgedrückt, wobei die Voraussetzung gilt, daß sich die Kugel in der Mitte zwischen zwei um $2\,l$ voneinander abstehenden Ebenen bewegt, und für das Gewicht der in der Flüssigkeit befindlichen Kugel

$$\frac{4}{3}\pi a^3 g_0 (\varrho_1 - \varrho) = \mathcal{G}$$

gesetzt, so erhält man für die zum Durchfallen einer gleichbleibenden Strecke s notwendige Zeit t den Ausdruck

$$t = \frac{6\pi\eta\xi a s}{\mathcal{G}} = \frac{9}{2}\,\xi\left(\frac{a}{l}\right)\frac{\eta s}{(\varrho_1 - \varrho) g_0 a^2}.$$

Wie sich nach Versuchen von LADENBURG herausstellt, macht sich der Einfluß der Wände auf den Widerstand besonders stark bemerkbar, wenn die Fallzeiten bei einer gegebenen Fallstrecke für verschiedene Werte von l bestimmt werden (vgl. die Tabellenwerte).

Auch die Gültigkeit der von FAXÉN aufgestellten Formel ist durch Meßresultate von WESTGREN bestätigt worden.

Wie z. B. Versuchsreihen bei der Fallbewegung kleiner Kugeln (Mastix oder Gummigutt) in Wasser zeigen, stimmen bis zu etwa $a/l < 0{,}3$ (s. Tab. 5) Experiment und Theorie gut überein.

Beim Fehlen der Wände müßte für jede Kugel bei variablem a/l die Fallzeit

$$t_0 = \frac{t}{\xi} = \frac{6\pi\eta a s}{\mathfrak{G}} = \text{const sein.}$$

Tabelle 4.

Versuchslösung	Abstand l (cm)	4,4	7,94	14
Filtrat (Kolophonium: Terpentinöl) (3 : 1)				
$\eta \approx 1400$ g cm^{-1} sec^{-1} Stahlkugeln: $a = 0{,}75-2$ mm Fallstrecke: $s = 20$ cm	Fallzeit t (sec)	4055	3924	3858

Tabelle 5. *Auszug aus Tabellen v. A. Westgren.*

$\frac{a}{l}$	t gemessen	t_0 errechnete Fallzeit	$\frac{a}{l}$	t gemessen	t_0 errechnete Fallzeit
0,063	18,8	17,6	0,068	14,0	13,0
0,[illegible]42	19,0	17,4	0,086	14,4	13,1
0,195	19,2	17,2	0,113	14,8	13,1
0,17	20,6	17,1	0,17	15,8	13,1
0,21	22,0	17,4	0,23	16,8	13,0
0,25	22,0	16,6	0,27	17,4	12,8
0,36	25,8	16,9	0,38	21,0	13,4

Zum Vergleich seien noch die theoretischen Widerstandszahlen mit neueren und vor allem genauen Versuchsergebnissen von SCHMIEDEL zusammengestellt.

Tabelle 6.

$\mathfrak{Re}$	$2a$	$\frac{a}{R}$	Widerstandsbeiwerte von Kugeln: c_w				
			STOKES	OSEEN	LADENBURG	FAXÉN	Versuch
0,0531	0,1131	0,020	451,2	456,5	453,8	459,4	475,6
0,2437	0,1936	0,034	98,48	103,1	101,2	105,1	109,6
0,7277	0,1750	0,031	32,98	38,23	36,11	38,29	38,82
1,493	0,2005	0,036	16,07	22,32	17,88	19,26	19,40

Die LADENBURG- und FAXÉN-Werte sind hierbei auf die unendlich ausgedehnte Flüssigkeit umgerechnet. Der Versuch bezog sich auf die Bewegung von Stahl- und Aluminiumkugeln verschiedener Größen in einem mit Wasser-Glyzerin-Gemisch gefüllten Zylinder von 5,6 cm Durchmesser. Die beste Übereinstimmung mit der Praxis zeigen die nach der FAXÉNschen Formel berechneten c_w-Werte. Ein Vergleich der besten theoretischen (FAXÉN) mit den experimentellen Werten ergibt, daß die Abweichungen rund 2 Zehnerpotenzen größer sind als die entsprechenden Vergleiche bei der HAGEN-POISEUILLEschen Strömung (s. Tab. 3, S. 46); es ist daher verständlich, daß nur die Kapillarviskosimetrie als Fundamentalprinzip gilt.

Das Proportionalitätsgesetz des Widerstandes gilt strenge nur für Strömungen mit laminarem Charakter. Schon kleine Abweichungen von dieser Strömungsform verändern die durch Gl. (67) ausgedrückte Beziehung. Im turbulenten Gebiet wird sich der Widerstand etwa quadratisch mit a und u_0 ändern, während sich c_w mehr einer Konstanten nähert. Diese wechselnden Gesetzmäßigkeiten des Flüssigkeitswiderstandes sind jedoch für die Zähigkeitsmessungen weniger von Bedeutung, weshalb auf die weiteren Einzelheiten in diesem Zusammenhange nicht eingegangen werden soll.

Ebenso werden die Probleme der mit variabler Geschwindigkeit in der zähen Flüssigkeit bewegten Kugel oder einer augenblicklich aus der Ruhe in Bewegung versetzten Kugel nicht behandelt.

4. Rotationsbewegung fester Körper in der zähen Flüssigkeit.

a) Allgemeiner Ansatz.

Der nachfolgenden Betrachtung sei z. B. ein Kreiszylinder zugrunde gelegt, der sich in einer zähen Flüssigkeit befindet. Bei seiner Drehung um die Achse wird sich die Bewegung von der mitgeführten Grenzschicht aus auf die Flüssigkeit übertragen. Die Winkelgeschwindigkeit der Flüssigkeitsteilchen nehmen dabei von dem Anfangswert am Rande mit größer werdendem Achsabstand bis auf den Wert 0 im Unendlichen ab.

Um einen allgemeinen Ansatz für eine gleichmäßige langsame Drehung um die z-Achse zu erhalten, sollen die radialen Zusatzbeschleunigungen vernachlässigt und die vorkommenden Größen als von dem Drehwinkel φ unabhängig angenommen werden. Die auf die tangentiale Geschwindigkeit bezogene Bewegungsgleichung ist dann von der Form

$$\mu \Delta v_\varphi = \frac{\partial (r v_\varphi)}{r \partial t}.$$

Nach Einführung der Stromfunktion Ψ gemäß

$$v_x = \frac{\partial \Psi}{\partial y} = \frac{\partial \Psi}{\partial r} \cdot \frac{y}{r}, \quad v_y = -\frac{\partial \Psi}{\partial x} = -\frac{\partial \Psi}{\partial r} \cdot \frac{x}{r}; \quad v_\varphi = r\omega = -\frac{\partial \Psi}{\partial r}$$

und Integration nach r folgt aus obiger Differentialgleichung

$$\mu \Delta \Psi - \frac{\partial \Psi}{\partial t} = f(z, t). \tag{71}$$

Ψ ist eine Funktion von z, $\sqrt{x^2+y^2} = r$ und t. Die Grenzbedingungen lauten einmal $\frac{\partial \Psi}{\partial r} = 0$ (d. h. längs der festen Grenze herrschen keine Tangentialgeschwindigkeiten), zum anderen ist längs des Drehzylinders $\frac{\partial \Psi}{\partial r} = -r\omega_0$. Wird nun (71) nach r differentiiert, also

$$\mu \frac{\partial}{\partial r} \Delta \Psi - \frac{\partial}{\partial t}\left(\frac{\partial \Psi}{\partial r}\right) = 0,$$

so erhält man unter Verwendung der vorhin genannten Beziehungen für die v-Komponenten und Einführung von

$$\Delta \Psi = \frac{\partial^2 \Psi}{\partial r^2} + \frac{1}{r}\frac{\partial \Psi}{\partial r} + \frac{\partial^2 \Psi}{\partial z^2}$$

die Differentialgleichung für die Winkelgeschwindigkeit

$$\mu\left[\frac{\partial^2 \omega}{\partial r^2} + \frac{3}{r}\frac{\partial \omega}{\partial r} + \frac{\partial^2 \omega}{\partial z^2}\right] = \frac{\partial \omega}{\partial t}. \tag{71a}$$

Die Zirkulargeschwindigkeit $v = r\,\omega$ muß dann die Gleichung erfüllen:

$$\frac{\partial^2 v}{\partial r^2} + \frac{1}{r}\frac{\partial v}{\partial r} - \frac{v}{r^2} + \frac{\partial^2 v}{\partial z^2} = \frac{1}{\mu}\frac{\partial v}{\partial t}. \tag{71 b}$$

Für die weiteren Überlegungen sei ein Oberflächenelement herausgegriffen, dessen Flächennormale nach der z-Achse $0\,z$ errichtet ist und mit ihr den Winkel ϑ einschließt. Die Projektionen dieses Elementes auf die xy- bzw. $y\,z$-Ebene sind $d f \cos\vartheta$ bzw. $d f \sin\vartheta$. Wird nun die Ebene durch $0\,z$ und das Element als Nullmeridian ($r = x$, $y = 0$) gewählt, so ergeben sich bekanntlich die Schubspannungskomponenten zu

$$\tau_{xy} = \eta\left(\frac{\partial v_x}{\partial y} + \frac{\partial v_y}{\partial x}\right) = \eta\left(\frac{\partial^2 \Psi}{\partial y^2} - \frac{\partial^2 \Psi}{\partial x^2}\right) \quad \text{und} \quad \tau_{zy} = -\eta\frac{\partial^2 \Psi}{\partial x\,\partial z};$$

daher ist die tangentiale Kraft je Flächeneinheit

$$\left.\begin{aligned}\tau_{n_y} &= \eta\,(\tau_{xy}\sin\vartheta - \tau_{zy}\cos\vartheta)\\ &= \eta\left(\frac{1}{r}\frac{\partial \Psi}{\partial r} - \frac{\partial^2 \Psi}{\partial r^2}\right)\sin\vartheta - \eta\frac{\partial^2 \Psi}{\partial r\,\partial z}\cos\vartheta\\ &= -\eta\frac{\partial}{\partial r}\left(\frac{1}{r}\frac{\partial \Psi}{\partial r}\right)\sin\vartheta - \eta\frac{\partial^2 \Psi}{\partial r\,\partial z}\cos\vartheta.\end{aligned}\right\} \tag{72}$$

Mit dem Linienelement des Meridians $d s = -\frac{d z}{\sin\vartheta} = \frac{d r}{\cos\vartheta}$ wird der Flächeninhalt der bei Drehung um die Zylinderachse entstehenden Ringzone $2\pi r\,d s = 2\pi r\frac{d r}{\cos\vartheta}$ und nach (72) das entsprechende widerstehende Drehmoment $\mathsf{M} = \mathfrak{M}\cdot s$ (s = Zylinderlänge)

$$d\,\mathsf{M} = 2\pi\eta r^3\frac{\partial}{\partial r}\left(\frac{1}{r}\frac{\partial \Psi}{\partial r}\right)d z - 2\pi\eta r^2\frac{\partial^2 \Psi}{\partial r\,\partial z}d r. \tag{73}$$

Mit Hilfe von (71) folgt daraus

$$d\,\mathsf{M} = 2\pi\eta r^2\left\{2\,\omega\,d z + \frac{1}{\mu}\frac{\partial \Psi}{\partial t}d z + \frac{1}{\mu}f(z,t)\,d z - d\left(\frac{\partial \Psi}{\partial z}\right)\right\}. \tag{73a}$$

Je nachdem man nun ω oder $d s$ in den Ausdruck für $d\,\mathsf{M}$ substituiert, folgen die Ausdrücke

$$d\,\mathsf{M} = 2\pi\eta r^3\left[\frac{\partial \omega}{\partial z}d r - \frac{\partial \omega}{\partial r}d z\right] \tag{73 b}$$

oder

$$d\,\mathsf{M} = 2\pi\eta r^3 \left[\frac{\partial\omega}{\partial r}\sin\vartheta + \frac{\partial\omega}{\partial z}\cos\vartheta\right] ds = 2\pi\eta r^3 \frac{\partial\omega}{\partial n}\,ds\,. \tag{73c}$$

Hierbei ist noch bei der Integration zu beachten, daß zwischen z und r eine funktionale Abhängigkeit $z = F(r)$, (Gleichung der Meridiankurve) besteht.

b) Stationärer Zustand.

Grundformeln für unendlich lange Zylinder.

1. Vorstehende Formeln auf den Fall der stationären Drehbewegung von Zylindern in der Flüssigkeit angewandt, liefern wegen

$$\frac{\partial\Psi}{\partial t} = 0 \quad \text{und} \quad f = f(z)$$

$$\Delta\Psi = \frac{1}{\mu} f(z) \qquad \text{(vgl. 71)}$$

oder nach früherem

$$\frac{\partial^2\Psi}{\partial r^2} + \frac{1}{r}\frac{\partial\Psi}{\partial r} + \frac{\partial^2\Psi}{\partial z^2} = \frac{1}{\mu} f(z)\,.$$

Unter der Annahme, daß der Bewegungsvorgang der Flüssigkeit durch einen oder mehrere konzentrische, unendliche lange Kreiszylinder hervorgerufen ist, wird Ψ von z unabhängig und die Funktion f konstant. Für $f = 4A$ vereinfacht sich beispielsweise obige Differentialgleichung zu

$$\frac{d^2\Psi}{dr^2} + \frac{1}{r}\frac{d\Psi}{dr} = \frac{1}{r}\frac{d}{dr}\left(r\frac{d\Psi}{dr}\right) = 4A \tag{74}$$

mit dem allgemeinen Integral

$$\Psi = A r^2 + B \ln r + C \tag{74a}$$

und entsprechend für die Drehgeschwindigkeit

$$\omega = -\frac{1}{r}\frac{d\Psi}{dr} = -\left(2A + \frac{B}{r^2}\right) \tag{75}$$

als Lösung der Gleichung

$$\frac{d^2\omega}{dr^2} + \frac{3}{r}\frac{d\omega}{dr} = 0\,.$$

Hierbei sind die Konstanten den besonderen Grenzbedingungen anzupassen. Es sind nun folgende Fälle zu unterscheiden:

2. Ein mit Flüssigkeit gefüllter Zylinder rotiert. Es ist nur der Fall $B = 0$ möglich; die Flüssigkeit rotiert dann mit der Zylinderwand wie ein fester Körper.

3. Die Flüssigkeit ist zwischen zwei koaxialen Zylindern eingeschlossen; der Innenzylinder (r_1) rotiert mit der Winkelgeschwindigkeit ω_1 im festen äußeren Zylinder (r_2). Die Konstanten errechnen sich zu

$$A = \frac{\omega_1}{2\left[\left(\frac{r_2}{r_1}\right)^2 - 1\right]}\,; \qquad B = -\frac{\omega_1 r_1^2 r_2^2}{r_2^2 - r_1^2}$$

und damit

$$\omega = \omega_1 \frac{\frac{1}{r^2} - \frac{1}{r_2^2}}{\frac{1}{r_1^2} - \frac{1}{r_2^2}} = \omega_1 \frac{r_1^2 (r_2^2 - r^2)}{r^2 (r_2^2 - r_1^2)}. \tag{75a}$$

Für das Drehmoment je Längeneinheit des Innenzylinders folgt dann nach (73c)

$$\mathfrak{M} = 2\pi\eta r_1^3 \left(\frac{d\omega}{dr}\right)_{r=r_1} = -4\pi\eta \frac{r_1^2 r_2^2}{r_2^2 - r_1^2} \omega_1 = -4\pi\eta f(r) \cdot \omega_1, \tag{76}$$

d. h. das widerstehende Moment ist der Drehgeschwindigkeit des Zylinders proportional.

Sonderfälle: für $r_2 = \infty$ ist $A = 0$ und hieraus

$$\omega = \omega_1 \left(\frac{r_1}{r}\right)^2, \quad v = r\omega = \omega_1 \frac{r_1^2}{r}; \quad \mathfrak{M} = -4\pi\eta\omega_1 r_1^2. \tag{76a}$$

Die Geschwindigkeit der Flüssigkeit nimmt umgekehrt proportional dem Abstand von der Zylinderachse nach außen hin ab, während das widerstehende Drehmoment sich als proportional der Umdrehungsgeschwindigkeit und dem Quadrate des Halbmessers erweist. Unterscheiden sich die Halbmesser beider Zylinder nur wenig voneinander, so läßt sich die dazwischen liegende Flüssigkeitsschicht mit einer dünnen ebenen Schicht vergleichen. Setzt man nämlich

$$\delta_1 = r_2 - r_1, \quad 2r_m = r_1 + r_2, \quad \delta_2 = r - r_1$$

und beschränkt sich nur auf die ersten Potenzen von δ_1 und δ_2, so wird

$$\omega = \frac{(\delta_1 - \delta_2)}{\delta_1} \frac{r_1}{r_m} \omega_1.$$

Die Drehgeschwindigkeit nimmt daher annähernd linear von ω_1 bis Null ab. Das Drehmoment ist bestimmt zu

$$\mathfrak{M} = \frac{2\pi\eta\omega_1}{\delta_1} r_m^3 \left(1 - \frac{\delta_1^2}{4 r_m^2}\right)^2 \approx \frac{2\pi\eta\omega_1}{\delta_1} r_m^3. \tag{77}$$

4. Dreht sich auch der Außenzylinder mit der Drehgeschwindigkeit ω_2, so ergibt sich für diese für einen mittleren Punkt

$$\omega = \frac{r_2^2 \omega_2 (r^2 - r_1^2) + \omega_1 r_1^2 (r_2^2 - r^2)}{r^2 (r_2^2 - r_1^2)} \tag{78}$$

und das am Innenzylinder wirksame Drehmoment

$$\mathfrak{M} = -\frac{4\pi\eta r_1^2 r_2^2}{r_2^2 - r_1^2} (\omega_1 - \omega_2). \tag{79}$$

Drehen sich beide Zylinder gleichsinnig mit derselben Geschwindigkeit, so ist $\mathfrak{M} = 0$.

5. Wird schließlich für zwei vertikal stehende Zylinder die Schwerkraft als äußere Kraftwirkung berücksichtigt, dann ergeben sich als die auf r und z bezogenen Bewegungsgleichungen

$$\frac{1}{\varrho} \frac{\partial p}{\partial r} = \frac{v_\varphi^2}{r} = \frac{1}{r} \cdot \left(2Ar + \frac{B}{r}\right)^2; \quad \frac{1}{\varrho} \frac{\partial p}{\partial z} = g_0. \tag{80}$$

Hieraus folgt die Differentialgleichung der Druck- oder Niveauflächen zu

$$\frac{1}{\varrho}\,d\,p = g_0\,d\,z + \frac{1}{r}\left(2\,A\,r + \frac{B}{r}\right)^2 d\,r\,,$$

deren Integral für $z = 0$, $r = r_0$ und $p = p_0$ (Atmosphärendruck) lautet:

$$\frac{1}{\varrho}(p - p_0) = g_0\,z + 2\,A^2(r^2 - r_2^2) + 4\,A\,B\ln\left(\frac{r}{r_2}\right) - \frac{B^2}{2}\left(\frac{1}{r^2} - \frac{1}{r_2^2}\right). \quad (80\,\text{a})$$

Für $p = p_0$ erhält man die Gleichung der Oberfläche.

c) Anwendungen.

Versuche mit rotierenden Zylindern. Bei der Ableitung vorstehender Grundformeln war von Störungserscheinungen, wie sie namentlich von den Endflächen ausgehen, abgesehen. Bei dem Übergang auf endliche Zylinder wird jedoch eine mathematische Behandlung des Problems sehr schwierig. Unter der Voraussetzung kleiner Geschwindigkeiten sind allerdings diese sekundären Störeinflüsse unbedeutend, so daß die gegebenen Formeln bei eventueller Verwendung von Zusatzgliedern für einige Versuchsmethoden im wesentlichen weiter gültig bleiben.

Der praktische Wert solcher Versuche besteht darin, daß aus dem Reibungsmoment auf die Zähigkeit der verwendeten Flüssigkeit geschlossen werden kann. Hierzu eignen sich besonders solche mit großer Reibung.

Im Prinzip wird z. B. der Außenzylinder durch eine Antriebsvorrichtung in gleichmäßige Drehung versetzt (Abb. 39) und das auf den — an einem Faden aufgehängten — Innenzylinder ausgeübte Moment durch die Fadentorsion ermittelt, wobei die Torsionskonstante noch durch einen besonderen Schwingungsversuch festzustellen wäre. Die Störwirkung der Endfläche des inneren Zylinders läßt sich nach MAXWELL in *der* Weise berücksichtigen, daß die „Tauchtiefe" h des Zylinders um den fiktiven Betrag h^* vergrößert, der nachträglich wieder eliminiert wird. Das durch das Torsionsmoment ausgeglichene Drehmoment wird nun beispielsweise für zwei unterschiedliche Höhen h und h' gemessen. Dann ist nach (76)

$$\mathsf{M} = 4\pi\,\eta\,\omega\cdot f(r)\cdot(h + h^*)\,,$$

$$\mathsf{M}' = 4\pi\,\eta\,\omega\cdot f(r)\cdot(h' + h^*)$$

oder

$$\mathsf{M}' - \mathsf{M} = 4\pi\,\eta\,\omega\cdot(h' - h):\left(\frac{1}{r_1^2} - \frac{1}{r_2^2}\right). \quad (81)$$

Bei sehr kleiner Flüssigkeitsschicht zwischen den Zylindern ist dann angenähert

$$\mathsf{M} = 2\pi\,\eta\,\omega\cdot(h + h^*)\,\frac{r_m^3}{\delta_1}\,. \quad (81\,\text{a})$$

Diese Formel bedarf noch einer Korrektur, da es nur selten möglich sein dürfte, eine absolut konzentrische Zylinderanordnung zu treffen.

Sind nämlich die Extreme der Schichtdicke $\delta_1 (1 \pm \varkappa)$, dann läßt sich für δ_1 schreiben $\delta_1 \cdot (1 + \varkappa \cos\varphi)$, so daß der entsprechende Korrektionsfaktor durch nachstehende Integration gefunden wird zu

$$\frac{1}{2\pi}\int_0^{2\pi}\frac{d\varphi}{1+\varkappa\cos\varphi} = \frac{1}{\sqrt{1-\varkappa^2}} \approx 1 + \frac{\varkappa^2}{2}.$$

Mit $h^* = 0$ geht dann (81a) über in

$$\mathsf{M} = 2\pi\eta\omega h\frac{r_m^3}{\delta_1}\left(1+\frac{\varkappa^2}{2}\right). \tag{81b}$$

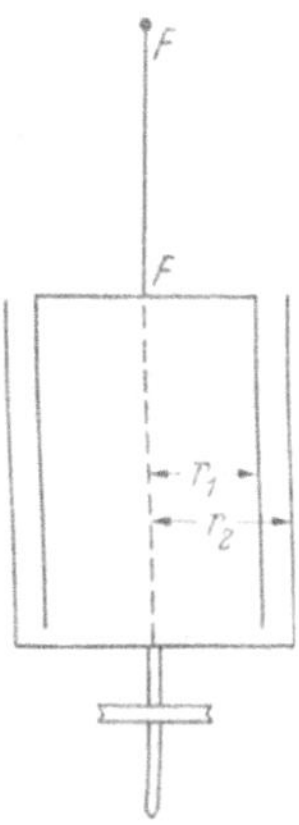

Abb. 39. Versuch mit rotierenden Zylindern zur Ermittlung der Zähigkeit der eingeschlossenen Flüssigkeit.

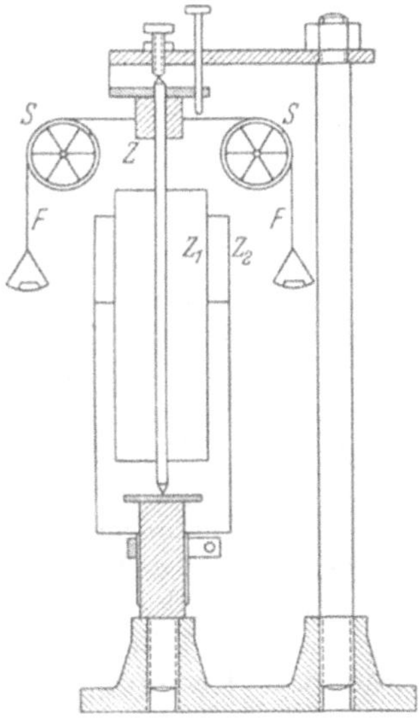

Abb. 40. Apparat von SEARIE zur Reibungsbestimmung von Flussigkeiten.

Angenommen, die Extreme von δ_1 wären 0,9 und 1,1, also $\varkappa = 0{,}1$; der Zuwachs des Drehmomentes beträgt dann nur $^1/_{200}$. Sind ferner $r_1 = 14$ cm, $r_2 = 14{,}25$ cm, $h = 8$ cm, $\eta = 0{,}01\,\mathrm{g\,cm^{-1}sec^{-1}}$ und $\omega = 2\pi\,\mathrm{sec^{-1}}$ (bei *einer* sekundlichen Umdrehung), dann ist das Drehmoment ungefähr

$$\mathsf{M} = 8\pi^2 \cdot 10^{-2} \cdot 8 \cdot 2 \cdot 14^3 = 35120 \text{ Erg}.$$

Derart durchgeführte Versuche beweisen, daß für geringe Geschwindigkeiten angenähert Proportionalität zwischen dem Drehmoment und der Reibungsziffer besteht und daß das Verhältnis M/ω fast eine Konstante liefert, die sich im Verhältnis der Reibungszahl ändert.

Die Nutzanwendung auf einen Fall der Praxis zeigt die in Abb. 40 veranschaulichte Versuchsanordnung. Der innere Zylinder rotiert (ω_1) unter dem Einfluß zweier Gewichte $m g_0$, die mittels zweier Rollen S zwei

Fäden an dem Hilfszylinder Z vom Durchmesser d zur Abwickelung bringen. Aus der Gleichsetzung der Leistungsgrößen

$$2\,mg_0 \cdot \omega_1 \frac{d}{2} = \mathsf{M}\,\frac{2\pi}{T} \qquad \left(\text{Dauer der Umdrehung } \frac{2\pi}{\omega_1} = T\right)$$

folgt einerseits für die Drehgeschwindigkeit des Zylinders

$$\omega_1 = \frac{2\pi\,\mathsf{M}}{mg_0 \cdot d \cdot T},$$

andererseits ergibt sich unter Berücksichtigung von (76), wenn noch die zusätzliche Höhe h^* eingeführt wird,

$$\eta = \frac{\mathsf{M}}{4\pi\omega_1}\,\frac{r_2^2 - r_1^2}{r_1^2 \cdot r_2^2}\,\frac{1}{h + h^*},$$

oder in Verbindung mit dem gefundenen Ausdruck für ω_1

$$\eta = \mathsf{M}\,\frac{m\,T}{h + h^*}. \tag{82}$$

Die Umlaufzeit T wird bei konstanter Höhe und variabler Masse m bestimmt; demgemäß muß nach (82) das Produkt mT einen gleichbleibenden Wert haben. Bei veränderlichem h ist der funktionale Zusammenhang $mT = f(h)$ durch eine Gerade dargestellt, deren Schnittpunkt mit der h-Achse vom Anfangspunkt den Abstand h^* liefert.

Zahlenbeispiel: $d = 2$ cm, $r_1 = 1{,}9$ cm, $r_2 = 2{,}5$ cm, $h = 10$ cm, $h^* = 0{,}5$ cm, $m = 100$, $T = 9$ sec, $\eta = 247$ g cm^{-1} sec^{-1} (Poise).

Versuche haben jedoch gezeigt, daß für Flüssigkeiten sehr großer Viskosität diese entgegen der klassischen Theorie von NAVIER-STOKES von der Winkelgeschwindigkeit abhängig wird. Und zwar bleibt bei konstantem h das Produkt mT nur für größere m konstant, während es für kleinere m wächst und einer vertikalen Asymptote sich annähert, was bedeuten würde, daß die Zähigkeit mit abnehmender Drehgeschwindigkeit zunimmt (Strukturviskosität).

Zusammenfassend gilt also: das Verhältnis M/ω ist bei gleichbleibenden Zylinderabmessungen nur für kleine REYNOLDSsche Zahlen konstant. Beim Überschreiten der kritischen Winkelgeschwindigkeit steigt das Moment, und zwar parabolisch schneller an, während M/ω etwa linear mit ω zunimmt.

Der laminare Bewegungszustand wird sich um so länger erhalten, je vollendeter die Apparatkonstruktion ist und je gleichmäßiger die Rotation erfolgt. Wie sich diese Verhältnisse für einzelne Sonderfälle gestalten, haben COUETTE und MALLOCK an mehreren Versuchen gezeigt. Inwieweit theoretische Stabilitätsuntersuchungen mit hineinspielen, kann hier nicht gesagt werden.

Das Problem zweier exzentrischer, mit verschiedener Geschwindigkeit rotierender Zylinder und der Spezialfall des unendlich großen und in Ruhe befindlichen Zylinders, der das Bewegungsfeld einer durch eine feste ebene Wand begrenzten Flüssigkeit bestimmt, hat im vorliegenden Fall nur insofern Bedeutung, als einige bemerkenswerte Ergebnisse ihre

Bestätigung finden, und zwar: die Flüssigkeit übt keine bewegende Kraft auf den Kreiszylinder aus, wohl aber resultiert ein von den Tangentialspannungen herrührendes Reibungsmoment vom Betrage

$$\mathfrak{M} = 4\pi\eta\omega r^2 \cdot \frac{d}{\sqrt{d^2 - r^2}}, \tag{83}$$

r = Zylinderradius
d = Abstand des Kreismittelpunktes von der Wand.

In der unendlich ausgedehnten Flüssigkeit ($d = \infty$) wäre der Zylinder einem Reibungsmoment von der Größe $\mathfrak{M}_0 = 4\pi\eta\omega r^2$ ausgesetzt, was sich auch direkt aus Formel (76) ergeben hätte, für $r_1 = r$, $r_2 = \infty$, $\omega_1 = \omega$. Die Nähe der Wand vergrößert demnach das widerstehende Moment um einen zusätzlichen Betrag von

$$4\pi\eta\omega r^2 \left(\frac{d}{\sqrt{d^2 - r^2}} - 1\right).$$

Bei Wandberührung ($d = r$) wird $\mathfrak{M} = \infty$.

Die rotierende Kreisscheibe. Als weitere Anwendungen der allgemeinen Gleichungen für das Drehfeld in der Umgebung eines Rotationskörpers wären zu erwähnen: der Fall der rotierenden Kugel um einen Durchmesser und die langsame Drehung der Kreisscheibe als Grenzfall des rotierenden Ellipsoids. Diese Systeme lassen sich mit Vorteil zur Bestimmung des Reibungskoeffizienten benutzen.

Der Vorzug gebührt hierbei dem Fall einer Scheibe, die zwischen zwei parallelen Ebenen rotiert, was allerdings mathematisch exakt nicht zu lösen ist. Angenähert kann für die Stromfunktion Ψ gesetzt werden

$$\Psi = \frac{\omega}{2} r^2 \frac{(z + h)}{h},$$

wenn angenommen wird, daß die Scheibe (Scheibendurchmesser 2a) unendlich ausgedehnt und die Flüssigkeit außerdem von einer in der Nähe befindlichen festen Ebene $z = -h$ begrenzt ist. Das elementare, auf die untere Scheibenfläche bezogene Reibungsmoment ist dann

$$d\,\mathsf{M} = 2\pi\eta\omega \frac{r^3}{h} d r,$$

oder unter der Annahme, daß die Bewegung und die Reibung bis zum Scheibenrand durch obige Beziehungen gekennzeichnet sind,

$$\mathsf{M} = \frac{\pi\eta\omega}{2} \frac{a^4}{h}. \tag{84}$$

Dieser Ausdruck gilt bis $r = a$ für jede Seite der Scheibe. Ist der Durchmesser der Scheibe groß gegenüber der Dicke, so wird sich das Gebiet der Störungsbewegung nur bis zu einem mit h vergleichbaren Abstand erstrecken. Da die Vergrößerung der Reibung infolge des Randeinflusses äquivalent ist einer Verlängerung l_1, so vergrößert sich M noch zusätzlich um einen Betrag

$$\mathsf{M}' = 2\pi\eta\omega \frac{a^3 \cdot l_1}{h},$$

der sich aber als etwas zu groß erweist, weil der Umfang eines inneren, aus der Scheibe ausgeschnittenen Ringes $2\pi(a-x)$, längs dessen die Reibung wirkt, kleiner ist, als der Umfang $2\pi a$ am Rand, und weil außerdem der Hebelarm der Kraft sich in demselben Maße verringert. Es ist also genauer das Korrekturglied

$$\mathsf{M}'' = 2\pi\eta\omega\frac{(a-l_1)^3\cdot l_1}{h} = \mathsf{M}'\left(1-\frac{3l_1}{a}-\cdots\right),$$

was den kreissymmetrischen Verhältnissen besser entspricht.

Behandlung des Problems nach v. Kármán. Das Problem der rotierenden Scheibe hat v. Kármán strenger behandelt, indem er die Zentrifugalkraft mitberücksichtigte. In Wirklichkeit steht nämlich die Flüssigkeit in der Nähe der Wand, die ihr infolge des Haftens eine Drehbewegung erteilt, unter dem Einfluß der radialen Trägheitskraft, die einen ständigen Abstrom nach außen zur Folge hat, während gleichzeitig infolge der Kontinuität ein axialer Zustrom die abgehende Menge ersetzt.

Bei Vernachlässigung des Einflusses der Randzone, der bei kleinen Geschwindigkeiten gering ausfällt, ermittelte v. Kármán das Widerstandsmoment der Scheibe zu

$$\mathsf{M} = -0{,}92\, a^4 \varrho \mu^{1/2} \omega^{3/2},$$

oder nach Einführung der Umfangsgeschwindigkeit $a\omega = U$ und der Reynoldsschen Zahl $\mathfrak{Re}$

$$\mathsf{M} = -\frac{1{,}84}{\sqrt{\mathfrak{Re}}}\, a^3 \frac{\varrho}{2} U^2. \tag{85}$$

Dieser Ausdruck wäre für eine beiderseits von Flüssigkeit umgebene Scheibe zu verdoppeln. Das Gesetz für das Reibungsmoment weicht also von dem für kleine Drehgeschwindigkeiten gefundenen erheblich ab. Das Moment ist der Dichte, der Wurzel aus der Zähigkeitszahl und der $^3/_2$-Potenz der tangentialen Winkelgeschwindigkeit proportional.

Die Beobachtung zeigt, daß bei höheren Drehzahlen das Moment viel rascher anwächst, als nach der Gl. (85). Es ist daher notwendig das Turbulenzgesetz der Reibung auf den vorliegenden Fall anzuwenden und eine angenäherte Ergänzungsrechnung für die Grenzschicht und den Reibungswiderstand durchzuführen.

Nach den Entwicklungen von v. Kármán berechnet sich das entsprechende Widerstandsmoment aus dem Drehimpuls zu

$$\mathsf{M} = 0{,}0364\, a^5 \omega^2 \varrho \left(\frac{\mu}{a^2\omega}\right)^{\frac{1}{5}},$$

oder bei Berücksichtigung doppelseitiger Reibung

$$\mathsf{M} = 0{,}0728\, a^5 \omega^2 \varrho \left(\frac{\mu}{a^2\omega}\right)^{\frac{1}{5}}. \tag{86}$$

Mit Einführung der Zirkulargeschwindigkeit wird dann auch

$$M = 0{,}146\,\frac{\varrho}{2}\,U^2 a^3 \left(\frac{\mu}{U a}\right)^{\frac{1}{5}} \tag{86a}$$

und der Widerstandsbeiwert

$$c_w = 0{,}146\,\mathfrak{Re}^{-1/5}. \tag{87}$$

Das Reibungsmoment ist also nach der v. KÁRMÁNschen Theorie der $^9/_5$-Potenz der Umfangsgeschwindigkeit, die Widerstandszahl der fünften Wurzel aus dem reziproken Wert der REYNOLDS-Zahl proportional.

Eine der Arbeit von G. KEMPF entnommene graphische Darstellung der laminaren und der turbulenten Widerstandsziffer sowie verschiedene Versuchswerte von G. KEMPF und W. SCHMIDT zeigen die gute Übereinstimmung von Theorie und Praxis. Der Schnitt beider Kurven, d. h. die Gleichsetzung der entsprechenden Beizahlen

$$(c_w)_l = \frac{3{,}68}{\sqrt{\mathfrak{Re}}} = (c_w)_t = 0{,}146\,\frac{1}{\sqrt[5]{\mathfrak{Re}}}$$

liefert (Abb. 41)

$$\mathfrak{Re} \approx 4{,}7 \cdot 10^4.$$

Tatsächlich ist zu ersehen, daß die auf kleinere REYNOLDSsche Zahlen sich beziehenden Werte gerade in das Übergangsgebiet zwischen laminar- und turbulenter Strömung fallen.

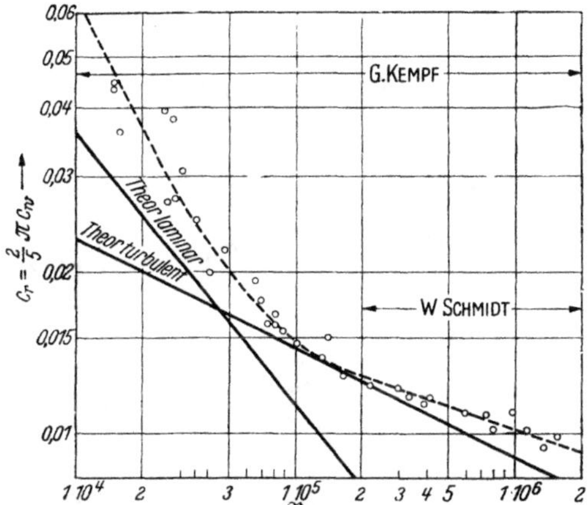

Abb. 41.
Widerstand einer rotierenden Scheibe als Funktion der REYNOLDS-Zahl

5. Zur instationären Drehbewegung von Rotationskörpern in zähen Flüssigkeiten.

Die Drehschwingungen einer Kugel um einen Durchmesser oder einer mit Flüssigkeit gefüllten Hohlkugel sollen hier nicht erörtert werden. Desgleichen mögen auch die Drehbewegungen eines Zylinders nicht in den Kreis unserer Betrachtungen gezogen werden, obschon die abgeleiteten Formeln durchaus geeignet wären, um aus den Schwingungsdaten des betreffenden Rotationskörpers die Reibungszahl der verwendeten Flüssigkeit zu bestimmen und auch sonst wertvolle Schlüsse hinsichtlich des Verhaltens der Flüssigkeit bei Haften an der Oberfläche zulassen.

a) Drehschwingungen einer Scheibe.

Es sollen lediglich nur die Schwingungen einer Scheibe besprochen und die Grundformeln hergeleitet werden, die eine genauere Ermittlung der inneren Reibung gestatten.

Unter der Annahme, daß die unendliche Scheibenebene eine Drehung um die z-Achse mit der veränderlichen Drehgeschwindigkeit

$$\omega = \omega_0 \cos \vartheta t$$

ausführt, ω also von r unabhängig ist, reduziert sich die allgemeine Gleichung (71 a) auf

$$\frac{\partial^2 \omega}{\partial z^2} = \frac{1}{\mu} \frac{\partial \omega}{\partial t}. \tag{88}$$

Vgl. Gl. (88) mit I, (32).

Die partikuläre Lösung von (88) lautet

$$\left.\begin{aligned} \omega &= \omega_0 e^{-kz} \cos(\vartheta t - kz), \\ \varphi &= \frac{\omega_0}{\vartheta} e^{-kz} \sin(\vartheta t - kz), \end{aligned}\right\} \tag{88 a, b}$$

wobei

$$k = \sqrt{\frac{\vartheta}{2\mu}} = \sqrt{\frac{\varrho \pi}{\eta T}} \qquad \begin{aligned} \varphi &= \text{Elongationswinkel}, \\ T &= \text{Schwingungsdauer} \end{aligned}$$

zu setzen ist.

Mit Hilfe der Grundformel (73 b) erhält man

$$\frac{d\mathsf{M}}{dr} = 4\pi r^3 \eta \left(\frac{\partial \omega}{\partial z}\right)_{z=0} = 4\pi r^3 \eta k \omega_0 (\cos \vartheta t - \sin \vartheta t)$$

und damit

$$\left.\begin{aligned} \mathsf{M} &= \int_0^R \frac{d\mathsf{M}}{dr} dr = -\pi \eta k R^4 \omega_0 (\cos \vartheta t - \sin \vartheta t) \\ &= -\omega_0 \sqrt{\frac{2\pi^3 \eta \varrho}{T}} R^4 \cos 2\pi \left(\frac{t}{T} + \frac{1}{8}\right). \end{aligned}\right\} \tag{89}$$

Wegen $dA/dt = \mathsf{M}\omega = \mathsf{M}\omega_0 \cos \vartheta t$ folgt dann für die während einer Periode geleistete Arbeit

$$A = \int_0^{2\pi/\vartheta} \frac{dA}{dt} dt = \pi^2 R^4 \omega_0^2 \vartheta^{-1/2} \sqrt{\frac{\eta \varrho}{2}}. \tag{90}$$

Dieser Ausdruck ist in erster Näherung anwendbar auf die erstmalig von Coulomb untersuchte Bewegung einer bifilar aufgehängten Scheibe, die in eine Flüssigkeit hineintaucht. Bedeutet J das Trägheitsmoment der Scheibe, $f^2 \varphi$ das der Winkelamplitude φ proportionale Torsionsmoment und $\mathfrak{D}$ einen Dämpfungsfaktor, dann lautet die Differentialgleichung der Drehschwingung

$$J \ddot{\varphi} + \mathfrak{D} \dot{\varphi} + f^2 \varphi = 0$$

mit der Lösung

$$\varphi = \varphi_0 e^{-\vartheta_1 t} \sin \vartheta_2 t,$$

wo

$$\vartheta_1 = \frac{\mathfrak{D}}{2J}, \quad \vartheta_2 = \frac{2\pi}{T}$$

Versuchsgrößen sind.

Mit der Schwingungsdauer $T = \frac{2\pi}{f}\sqrt{J}$ folgt für das Verhältnis zweier phasengleicher Amplituden und das logarithmische Dekrement δ

$$\frac{\varphi_1}{\varphi_2} = e^{\vartheta_1 T}, \quad \delta = \lg\frac{\varphi_1}{\varphi_2} = \vartheta_1 T = \frac{\mathfrak{D}\cdot T}{2J}.$$

Für sehr kleine Werte von ϑ_1 ist aber

$$\varphi \approx \varphi_0 \sin\vartheta_2 t = \frac{\omega_0}{\vartheta_2}\sin\vartheta_2 t$$

und damit die während einer Periode geleistete Dämpfungsarbeit

$$\int_0^T \mathfrak{D}\frac{d\varphi}{dt}\,dt = \frac{2\pi^2\mathfrak{D}\cdot\varphi_0^2}{T}. \tag{91}$$

Die Gleichsetzung der Arbeitsbeträge nach Gl. (90) und (91) führt dann, wenn man vom Einfluß der Scheibenbegrenzung und der Gefäßwände absieht, auf folgende Näherungsgrößen

$$\mathfrak{D} = R^4\sqrt{\frac{\pi^3\eta\varrho}{T}}, \quad \delta = \frac{R^4}{2J}\sqrt{\pi^3\eta\varrho T}\,. \tag{92a, b}$$

W. König und O. E. Meyer haben, da die Gl. (92a, b) etwas zu große Reibungswerte liefern, eine Korrektur angebracht, indem sie die vom Scheibenrand und den äußeren Grenzen des Gefäßes übertragene Reibung mit berücksichtigten. Auf die Wiedergabe des Gedankenganges der Meyerschen Theorie und der Rechnung sei jedoch verzichtet. Der rechnerisch gefundene Wert nach Gl. (92b) für das Dekrement wird bei Berücksichtigung kleiner η zusätzlich vergrößert um einen Betrag

$$\pi\frac{R^3}{J}\eta T,$$

so daß der verbesserte Wert von δ lautet

$$\delta' = \left(1 + \frac{2}{R}\sqrt{\frac{\mu T}{\pi}}\right)\cdot\delta. \tag{93}$$

Die Viskositätsbestimmung nach dem Verfahren von Meyer ergibt, daß die Berechnungen mit den experimentellen Resultaten in Einklang sind.

Mit den vorstehenden Ergebnissen ist, wie unschwer zu übersehen, die Widerstandstheorie keineswegs erschöpft. Ohne Zweifel liegt die Bedeutung der Theorie in einer physikalisch richtigen Erkenntnis, die durch zahllose Einzelversuche gestützt wird. Wenn auch die unter einschränkenden Voraussetzungen erzielten analytischen Resultate mit der Erfahrung im wesentlichen übereinstimmen, so sind sie, weil im Grunde genommen nur Aussagen über die Vorgänge in der ungestörten laminaren Schicht gemacht werden, auch nicht restlos befriedigend. Die exakte Widerstandsbestimmung müßte auf der Grundlage der vollstandigen Randwertaufgabe behandelt werden, mit anderen Worten die Druckverteilung am Rande eines geschlossenen Körpers wäre organisch aus den allgemeinen ungekürzten hydrodynamischen Differentialgleichungen herzuleiten, was mathematisch auf einige Schwierigkeiten stößt (vgl. z. B. die Arbeiten von C. W. Oseen, W. Tollmien, A. Betz, Fr. Noether, Fr. Eisner u. a. m.).

Wohl das größte Verdienst gebührt L. PRANDTL, der durch die Begründung der Theorie der „Reibungsschicht" die Strömungsmechanik in neue Bahnen lenkte. Bis etwa um die Jahrhundertwende waren die ausschließlich empirisch ausgerichtete Hydraulik der Ingenieure und die von den Mathematikern entwickelte theoretische Hydrodynamik der reibungslosen Flüssigkeit völlig getrennte Wege gegangen. Erst durch Einführung seiner Grenzschichttheorie gelang die Synthese dieser beiden Disziplinen, die heute nicht nur allein zur grundsätzlichen Klärung des technisch wichtigen Widerstandsproblems beigetragen, sondern auch für die Probleme des Wärmeüberganges zwischen einem Körper und der strömenden Flüssigkeit weitgehende Bedeutung erlangt hat.

PRANDTL zeigte, daß zwar im normalen Strömungsverlauf die Wirkung der Zähigkeit vernachlässigbar gering ist, daß aber beim Strömen entlang einer Körperoberfläche die Geschwindigkeit in einer vielfach sehr dünnen Schicht von ihrem ungestörten Wert auf Null an der Körperoberfläche abfällt. Bei diesem starken Geschwindigkeitsabfall treten nun durch eine — selbst noch so kleine — Zähigkeit Schubspannungen auf, deren Kraftwirkungen mit denen der Drücke in der Flüssigkeit vergleichbar sind und deswegen die Flüssigkeitsbewegung beeinflussen können. Hier bildet sich eine Schicht verzögerter und sich drehender Flüssigkeitsteilchen aus, die trotz ihrer meist geringen Dicke beträchtliche Wirkungen zur Folge hat.

Eine ausführliche Darlegung der Problematik dieses umfangreichen Teilgebietes der modernen Strömungslehre, insbesondere aber jener der Grenzschichtablösung, der Oberflächenreibung wie auch der Änderung der Druckverteilung sind neben zusammenfassenden Handbuchbeiträgen von W. TOLLMIEN, 1931, und L. PRANDTL 1935, in der „Grenzschichttheorie" von H. SCHLICHTING gegeben.

Die Ursache der Entstehung dieser Grenzschichten war aber bisher trotz größter Bemühungen auf kontinuumsmechanischer Grundlage nicht aufzuklären; über die Beziehung dieser Grenzschichten zu den Ausbreitungserscheinungen und zur Dispersion siehe Teil I. S. 13 u. 26.

Dritter Teil.

Die absoluten Viskosimeter.

Unter absoluten Viskosimetern sollen hier solche Zähigkeitsmesser verstanden werden, bei denen ein quantitativer Zusammenhang zwischen den Abmessungen und Versuchsbedingungen einerseits und der Zähigkeit andererseits hergeleitet werden kann, so daß die Viskosität der untersuchten Flüssigkeit nur aus diesen Daten ermittelt werden kann, ohne daß hierzu eine besondere Eichflüssigkeit von bekannter Viskosität erforderlich ist.

Es ist nicht wesentlich, daß alle Teile des Viskosimeters auch der Messung zugänglich sind, so daß diese Ermittlung an jedem einzelnen Exemplar möglich ist; es genügt, wenn im Prinzip an einem einzigen Gerät dieser Zusammenhang nachgeprüft werden kann. Diese Geräte sollen zum Unterschied von den übrigen als *Fundamentalviskosimeter* bezeichnet werden. Solche Geräte wird man in der Regel nur in den Eichämtern gebrauchen, um die Viskosität der Eichflüssigkeiten nachzumessen.

Alle Viskosimeter, die auf einem Prinzip aufgebaut sind, das in einem der Abschnitte des zweiten Teiles dieses Buches diskutiert wird, sind *absolute Viskosimeter*. Praktisch wird man dem Fundamentalviskosimeter stets das genaueste Prinzip als Grundlage geben. Dieses ist zur Zeit das Transpirationsprinzip, auf dem die Kapillarviskosimeter beruhen.

1. Das Bandviskosimeter von Wachholtz und Asbeck.

Dieses Gerät ist darum von Bedeutung, weil hier versucht wurde, die Newtonsche Definitionsgleichung als Meßgrundlage zu verwenden. Es sollten also zwei ebene Flächen, zwischen denen die Flüssigkeit liegt, mit konstanter Geschwindigkeit oder konstanter Kraft gegeneinander verschoben werden.

Es sind zwei Ausführungsformen gebaut worden, von denen eine in der Abbildung 42 dargestellt ist.

Bei der einen wird ein elastisches Filmband C mittels Gewicht G, Seil und Rolle zwischen zwei parallelen und ebenen Metallbacken A hindurchgezogen. Dazwischen befindet sich die zu prüfende Flüssigkeit. Beilagscheiben B, B genau bekannter Dicke halten den Abstand ein. Eine Klemmvorrichtung K fixiert die ganze Anordnung. Die Viskosität ist dann proportional dem Gewicht und der Falldauer. Backenfläche und Schichtdicke sind Gerätekonstanten. Das Filmband zentriert sich bei hinreichender Elastizität und Dynamik von selbst. Würde das Band nämlich schief zwischen den Backen liegen, wie bei a unten, dann würde eine unsymmetrische Verteilung des hydrodynamischen Druckes entstehen, wie in b unten gezeigt, und es würden Kräfte auftreten, die ein Gleichgewicht, wie in b oben, erstreben. Das ist dann erreicht, wenn das Band justiert ist, wie in a oben gezeigt. Praktisch ist es leider so, daß dies nur bei völlig ebenen und spannungsfreien Filmbändern möglich ist.

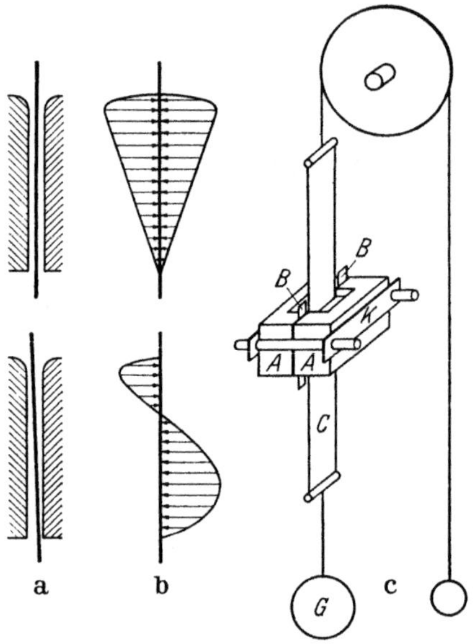

Abb. 42.
Das Bandviskosimeter
von F. Wachholtz u. W. K. Asbeck

Es gibt eine zweite Ausführung, bei der das Filmband endlos wie ein Treibriemen, von einem Synchronmotor angetrieben, durch die Backen gezogen wird. Es wird dann die Kraft gemessen, die auf die ruhenden Backen übertragen wird. So sauber diese Anordnung auch durchdacht ist, bietet die praktische Ausführung des Gerätes doch mancherlei Schwierigkeiten, die seine allgemeine Einführung behindern.

2. Die Kapillarviskosimeter.

Diese Gruppe von Viskosimetern vereinigt die zwei wichtigsten Voraussetzungen für eine Messung in sich, nämlich klare, bis in alle Einzelheiten quantitativ übersehbare hydrodynamische Verhältnisse und denkbar einfache, praktisch leicht konstant zu haltende Versuchsbedingungen. Darum ist dieses Meßprinzip von den ersten Anfängen bis auf den heutigen Tag das fundamentale Meßprinzip geblieben, nach dem die Eichflüssigkeiten, z. B. Wasser, vermessen werden. Es beruht auf dem Hagen-Poiseuilleschen Gesetz, das im II. Teil „Mathematische Grundlagen der Viskosimetrie" hergeleitet wurde.

a) Das Fundamentalviskosimeter nach S. Erk.

Die Ausführung als Fundamentalviskosimeter der PTR stammt von S. Erk.

Erk benutzte zwei horizontale Kapillaren in einem wohltemperierten Wasserbad, bei dem die Druckdifferenz zwischen dem Ein- und dem Austritt gemessen werden konnte. Den Einfluß der Hagenbach-Korrektur schaltete er aus durch Verwendung verschieden langer Kapillaren. Die Hagenbach-Korrektur ist nämlich außer von Naturkonstanten nur noch von den meßbaren Größen Q (Volumen) der Kapillarlänge l und einer empirisch zu bestimmenden Korrekturkonstante abhängig. Hat man zwei voneinander unabhängig gewonnene Werte der Gleichung, so kann neben der Viskosität der Eichflüssigkeit auch diese Korrekturkonstante bestimmt werden.

Für praktische Zwecke, d. h. den laufenden Gebrauch in der Industrie, ist dieses Gerät nicht ohne weiteres geeignet.

b) Das Wi.-Ostwald-Viskosimeter.

Dieses Gerät ist das einfachste Viskosimeter und hat wohl auch die weiteste Verbreitung gefunden. Es ist heute noch britischer Standard.

Es besteht aus einer U-Röhre, deren einer Schenkel kapillar ist und

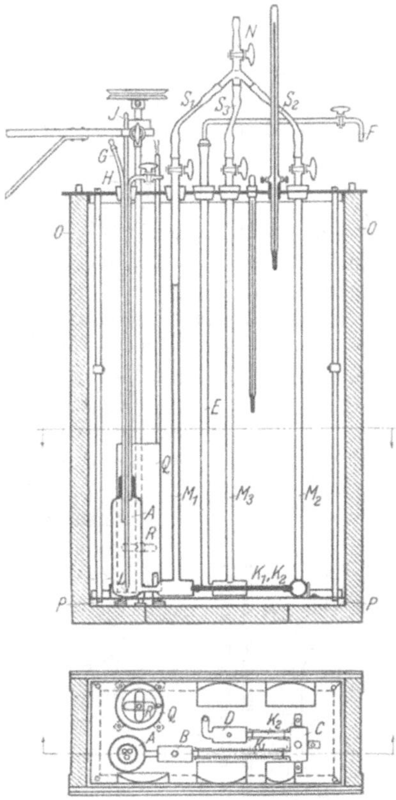

Abb. 43.
Das Fundamentalviskosimeter nach S. Erk.
A Vorratsgefäß, B, C, D Druckmeßkammer, E Steigrohr, F, G Schlauchanschluß, H, I Glashähne, K_1, K_2 Kapillaren, L Glasrohrspitze, M_1, M_2, M_3 Manometerrohren, N Glashahn, O Wärmeisolation, P Temperiergefaß, Q Heizkorper, R Ruhrer, S_1, S_2, S_3 Schlauchverbindungen.

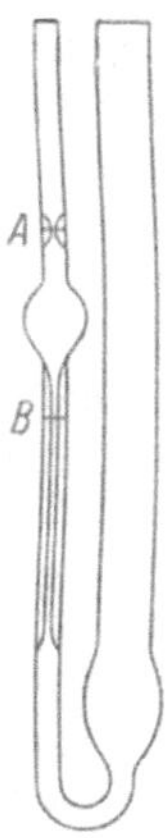

Abb. 44.
Das Wi.-Ostwald-Viskosimeter.

oberhalb der Kugel zwei Marken A und B über einer Einschnürung des Zu- und Ablaufrohres trägt. Die Flüssigkeit wird mittels Pipette eingefüllt, so daß alle Geräteabmessungen mit in die Konstante einbezogen werden können. Das Rohr kann in ein Wasserbad eingestellt werden, und man hat nur die Zeit zu stoppen, die vergeht, bis der Meniskus von der oberen bis zur unteren Marke gesunken ist, und die Sekunden mit der Gerätekonstante zu multiplizieren, um die kinematische Viskosität in c St zu erhalten. Will man dynamische Viskosität in c P als Ergebnis messen, so sind die c St mit der Dichte zu multiplizieren, und zwar mit der Dichte bei *der* Temperatur, bei der man die Messung ausgeführt hat. Das bedeutet, daß man auch die Dichte unter Umständen bei erhöhter Temperatur messen oder durch dilatometrische Versuche korrigieren muß. Für Mineralöle sind fertige Korrekturtabellen ausgearbeitet worden, die für die Praxis meist ausreichen. Man muß jedoch bedenken, daß die Flüssigkeiten sich in der Wärme ausdehnen; dadurch steigt das Niveau in dem weiten Schenkel, wodurch sich die wirksame hydrostatische Druckdifferenz verringert. Für die Aufnahme genauer Viskosität-Temperatur-Kurven ist dieses Viskosimeter daher ungeeignet.

c) Das Vogel-Ossag-Viskosimeter (DIN 51550).

Um auch Viskosität-Temperaturfunktionen aufnehmen zu können, wurde von H. Vogel bei der früheren Rhenania-Ossag, Hamburg das Vorratsgefäß als Überlaufgefäß ausgebildet. Es ist in Abb. 45 dargestellt.

Es besteht im wesentlichen aus der auswechselbaren Meßkapillare *C*, der bei *c* verschraubbaren Metallkapsel *a* zur Aufnahme des Öles *b* und dem eingeschliffenen Thermometer *f*. Die aus der Zeichnung ersichtlichen Maße sind durch Normen vorgeschrieben.

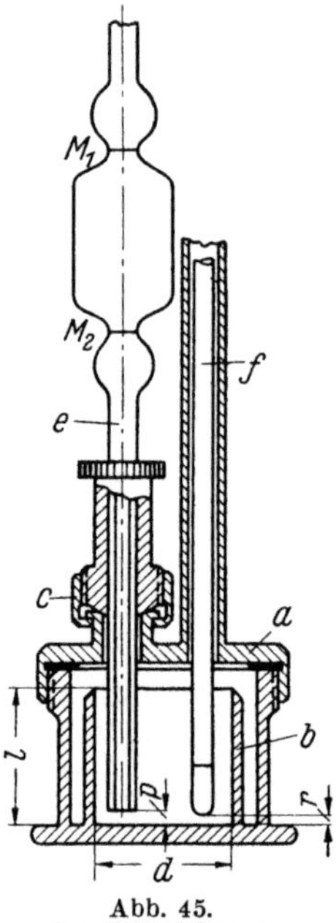

Abb. 45. Das Vogel-Ossag-Viskosimeter.

Das ganze Gerät kann in einen gasbeheizten und wasserisolierten Messingzylinder eingehängt werden. Besser sind automatisch regulierbare Sammelbehälter, in die bis zu sieben Geräte eingehängt werden können. Der Vorteil dieser Geräte ist die robuste Bauart (wenig Glas) und die automatische Niveaueinstellung durch Überlauf des infolge Wärmeausdehnung vergrößerten Flüssigkeitsvolumens. Zu beachten ist, daß man aus diesem Grunde nur bei steigender Temperatur arbeiten kann, weil das einmal übergelaufene Öl nicht wieder zurückfließt. Daher muß das Gerät auch wieder neu gefüllt werden, wenn aus irgendeiner unbeabsichtigten Veranlassung die Temperatur wesentlich über die Meßtemperatur gestiegen ist oder beim Füllen zu stark geneigt wurde. Das bringt gewisse Unsicherheiten, weil man dies von außen nicht erkennen kann. Es ist ferner darauf zu achten, daß die Thermometer nur trocken eingeführt werden, weil sonst der enge Zwischenraum zwischen dem Thermometerschaft und dem Entlüftungsrohr *f* leicht verstopft und so der Durchfluß behindert wird, was unter Umständen zu erheblichen Fehlern führen kann. Nachteilig ist ferner der Austauschbau, wodurch die Toleranzen in die Eichkonstante eingehen ($\pm 1\%$)

d) Die Ubbelohde-Viskosimeter (DIN 51550).

Es gibt zwei Ubbelohde-Viskosimeter, und zwar: das ältere mit zwei symmetrisch angebrachten Kugeln (Abb. 46), aus dem die Flüssigkeit nur bis zur Hälfte unter dem Einfluß des eigenen Gewichtes ausfließt, so daß das Gerät nur mit künstlichem Überdruck verwendbar ist. Es hat den Vorteil, daß bei ihm der Einfluß der Dichte ausgeschaltet ist, weil die Flüssigkeit in der zweiten Kugelhälfte entgegen der Schwere fließt. Man kann auf diese Weise direkt dynamische Viskosität in cP messen. Es wurde u. a. von W. Philipoff auch zur Strukturviskosimetrie verwendet.

Seit 1936 empfiehlt Ubbelohde jedoch ein Viskosimeter mit hängendem Niveau.

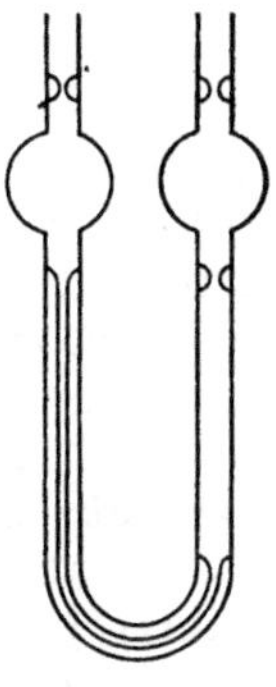

Abb. 46. Das Ubbelohde-Viskosimeter (altere Bauart).

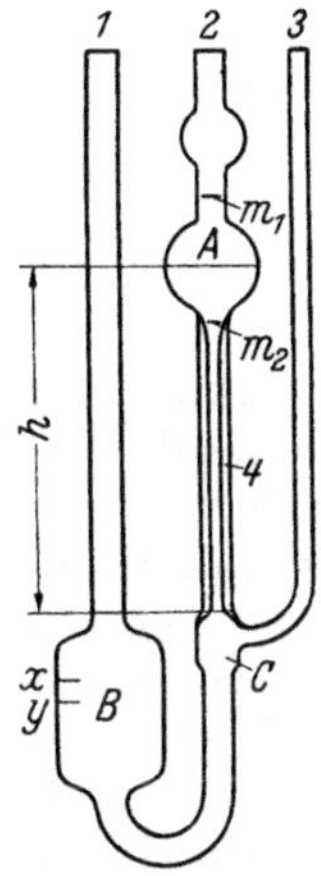

Abb. 47. Das Ubbelohde-Viskosimeter mit hängendem Niveau.

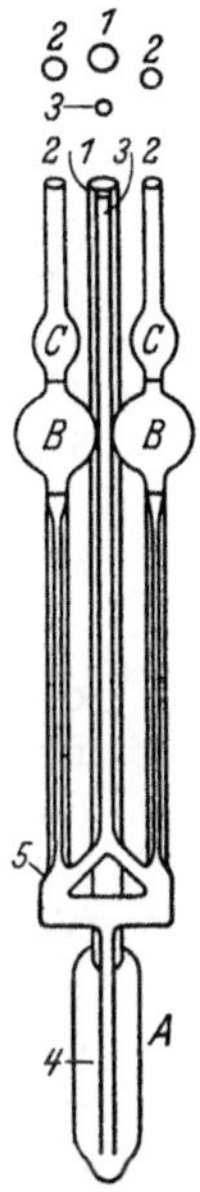

Abb. 48. Das Fitz-Simons-Viskosimeter.

Es stellt ein Wi.-Ostwald-Viskosimeter dar, an dem noch ein dritter Schenkel 3 so angebracht ist, daß Luft in die ausfließende Flüssigkeit eingelassen werden kann. Dadurch reißt die Flüssigkeitssäule bei *c* ab, und das Öl fließt bis auf einen geringen, an der Wand haftenden Rest aus. Dieses sog. hängende Niveau ist unabhängig von der Temperatur und sonstigen Einflüssen. Auf diese Weise konnten die Fehler des Wi.-Ostwald-Viskosimeters bei der Aufnahme von V.-T.-Kurven ausgeschaltet werden. Dieses Niveau hat ferner den Vorteil, daß es ebenso gewölbt ist wie das Niveau in der Meßkugel *A* (Kugelniveau); die Oberflächenkräfte sind daher einander entgegengesetzt gerichtet und heben sich bei richtiger Bemessung auf. Man kann dieses Viskosimeter daher auch für Flüssigkeiten mit sehr verschiedener Oberflächenspannung verwenden oder mit solchen eichen, ohne daß nennenswerte Steighöhenkorrekturen erforderlich werden. Das ist von Bedeutung, wenn ein höherer Grad der Genauigkeit (max 0,5% Fehler) erstrebt wird.

Es gibt bereits mehrere Abarten dieser Viskosimeter, z. B. das Fitz-Simons-Viskosimeter (Abb. 48), welches zwei Kapillaren *C* mit einem gemeinsamen Entlüftungsrohr 3 und einer Flüssigkeitsfalle *A* aufweist.

e) Das GRÜNEISEN-FENSKE-Viskosimeter.

Von GRÜNEISEN stammt der Gedanke, die Kapillare des Viskosimeters schräg anzuordnen, so daß die Achse des Vorratsgefäßes mit der der Meßkugeln zusammenfällt, wie in Abb. 49 gezeigt. Damit soll ein Teil der Fehler, die durch kinetische Energie der ausfließenden Flüssigkeit entstehen, verringert werden, indem der fallenden Flüssigkeit dieselbe Richtung gegeben wird wie der steigenden. Auch dieses Viskosimeter ist in die ASTM-Normen aufgenommen worden. Es hat praktisch keine HAGENBACH-Korrektur, wenn man die richtigen Kapillaren auswählt. Es ist jedoch schwerer zu säubern als das WI.-OSTWALD-Viskosimeter

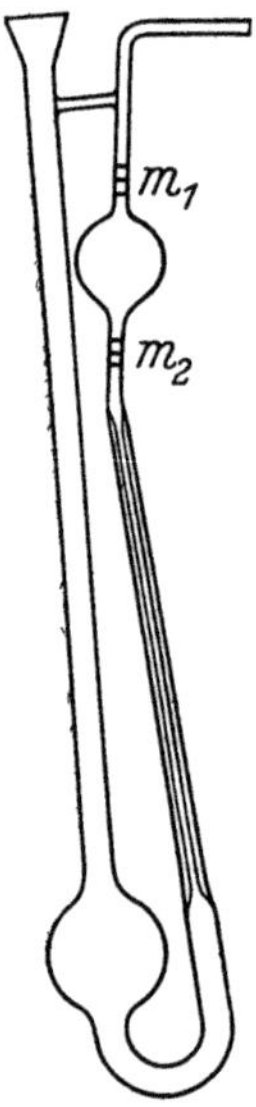

Abb. 49. Das GRÜNEISEN-FENSKE-Viskosimeter.

f) Das Freiflußviskosimeter von H. UMSTÄTTER.

Ein Gerät, das sowohl die Dilatationsfehler als auch die Steighöhen- und HAGENBACH-Korrektur vermeidet, ist das Freiflußviskosimeter, das in nachstehender Abb. 50 dargestellt ist. Es besteht im wesentlichen aus einer Kapillare von 40 cm Länge, die koaxial in einen LIEBIGschen Temperiermantel eingeschlossen ist. Das Ausflußrohr ist auf mindestens das 15fache erweitert, so daß darin der Stromwiderstand rund 50000mal kleiner ist als auf der gleichen Länge der Kapillare und, da diese doppelt so lang ist, um rund 5 Größenordnungen niedriger liegt als in der Kapillare. Das heißt, es ist praktisch bedeutungslos, welche Viskosität bzw. Temperatur die Flüssigkeit in dieser Fließzone aufweist. Man braucht also diesen Teil der Röhre nicht zu temperieren, sondern kann die Flüssigkeit frei ausfließen lassen. Daher auch die Bezeichnung Freiflußviskosimeter. Die Flüssigkeit fließt in ein DEWAR-WEINHOLD-Gefäß, um die Temperaturschwankungen in den Grenzen zu halten, die mit den Genauigkeitsansprüchen, die dieses Gerät zu erfüllen vermag, verträglich sind (max 0,2% Fehler). Wegen der hohen hydrostatischen Niveaudifferenz – 600 mm WS. gegenüber den üblichen Geräten (100 mm) – sind kleine Niveaudifferenzen durch Wärmeausdehnung oder veränderte kapillare Steighöhe praktisch bedeutungslos geworden. Das Verhältnis Meßraum zu Kapillarlänge ist um fast eine Größenordnung geringer als bei allen bislang verwendeten Kapillarviskosimetern, so daß auch die HAGENBACH-Korrektur überflüssig wird. Da die Relaxationskorrektur (s. S. 48) von dem gleichen Verhältnis abhängt, ist auch diese Korrektur um rund eine Größenordnung geringer als bei den üblichen Viskosimetern.

Das Gerät hat drei Meßkugeln, die nacheinander zu Kontrollmessungen dienen können, jedoch vorwiegend dafür gedacht sind, Messungen bei hoher und bei tiefer Temperatur praktisch mit den gleichen Kapillaren bei annähernd gleicher Ausflußzeit ausführen zu können. Der Temperiermantel ist noch von einem Wärmeschutzmantel umgeben, um die Temperaturdifferenz zwischen Ein- und Auslauf unter die Schwankungen der üblichen Umlaufthermostate zu drücken. Um zu enge Einschnürungen zu umgehen, die leicht zu hydraulischen Verschlüssen führen und bei Flüssigkeiten mit hoher Oberflächenspannung mitunter zu groben Meßfehlern Anlaß geben, ist Lupenablesung vorgesehen. Die Thermometer

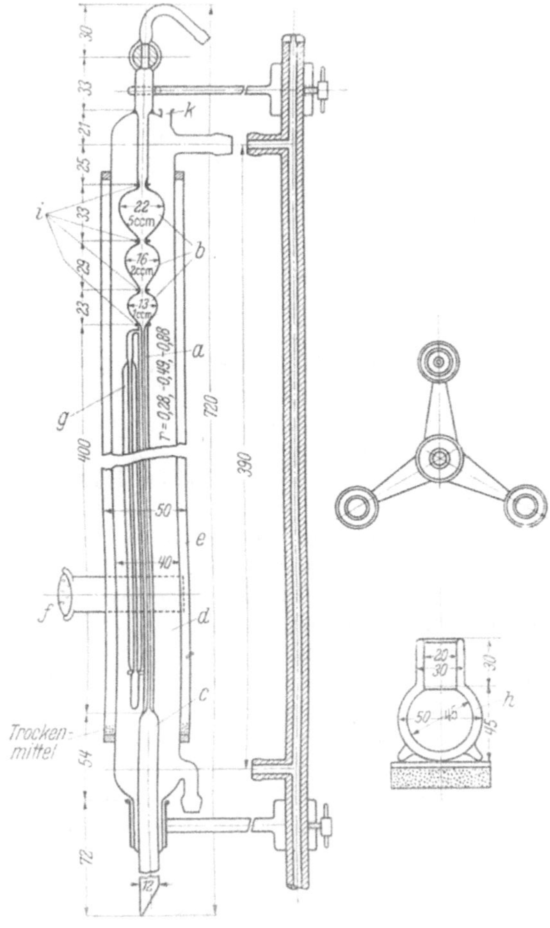

Abb. 50.
Das Freiflußviskosimeter nach H. Umstätter.
a Kapillare, *b* Vorratsgefäße, *c* Auslaufrohre, *d* Temperiermantel, *e* Wärmeschutzmantel, *f* Lupe, *g* Thermometer, *h* Dewar-Weinhold-Gefäß, *i* Marken, *k* Normschliff.

werden normalerweise eingeschmolzen, um Fehler durch unzweckmäßige Verwendung (allzu plötzliches Abkühlen oder Erwärmen) einzuschränken. Um die zur Zeit noch geltenden formalen Eichbedingungen zu erfüllen, können die Thermometer auch mit Normschliffen eingesetzt werden.

Auch dieses Viskosimeter kann vorteilhaft mit hängendem Niveau verwendet werden. Man braucht nur das Kölbchen zu entfernen, wodurch

Mit freundlicher Genehmigung von Herrn Professor Ubbelohde (1952).

die Flüssigkeit ausläuft und das hängende Niveau sich einstellt. Ein Gewinn an Genauigkeit ($\pm$ 0,2 %) ist aber beim Freiflußviskosimeter damit nicht verbunden. Lediglich die Eichkonstanten werden verändert, und zwar unabhängig vom Volumen der Kölbchen. Dieser Vorteil fällt aber nicht ins Gewicht, da die Kölbchen in Preßformen geblasen werden, so daß nicht nur ihr Volumen, sondern auch ihre Form konstant ist. Geht ein solches Kölbchen daher zu Bruch, dann kann es nachbestellt oder aus dem Vorrat ergänzt werden, ohne daß die Eichkonstante sich verändert. Das Gerät braucht zur Reinigung nicht aus dem Stativ genommen zu werden, so daß die Bruchgefahr auf ein Minimum reduziert ist. Es vereinigt daher die Vorteile eines Glasgerätes (Durchsichtigkeit und chemische Widerstandsfähigkeit) mit dem eines Metallgerätes (leichte Reinigung und geringe Bruchgefahr).

Für Flüssigkeiten, die nicht mit der Luft in Berührung kommen sollen, ist eine Glasallonge vorgesehen, die mit einem Gummiballon und einem Manometer verbunden werden kann, so daß der ganze Gasraum mit Stickstoff oder sonst einem Inertgas füllbar ist.

Für kleine Flüssigkeitsmengen sind Mikroausführungen in Gebrauch mit Kölbchen von nur 2 ml Inhalt. Für höchste Genauigkeiten, wie etwa bei der Messung der Grundviskosität extrem verdünnter Lösungen, sind Geräte in Gebrauch, bei denen statt der Marken Bürettenteilungen vorgesehen sind. Diese Geräte haben dann keinen Eichwert, sondern eine Eichkurve, d. h. jedem Teilstrich entspricht eine besondere Gerätekonstante. Bei der Messung wird dann die Stellung des Meniskus und die Stellung des Zeigers einer Millisekundenuhr luminographisch registriert; man löst also einen Elektronenblitz von 0,2 Millisekunden Dauer in dem Augenblick aus, in dem der Meniskus sich gerade in dem kalibrierten und graduierten Teil der Bürette befindet. Die Verweilzeit ist so bemessen, daß dieser Augenblick noch bequem zu erfassen ist. Derselbe Blitz, der das Zifferblatt der Uhr anstrahlt und dadurch die Zeigerstellung als Schattenbild markiert, durchstrahlt zugleich die Bürette des Viskosimeters und bildet so den Meniskus mit einer lichtstarken Kamera (z. B. Ernemann mit Ernostar 1 :1,8) auf einem nachleuchtenden Schirm ab. Das Bild bleibt dann 20—30 Sekunden in einem halbverdunkelten Raum lesbar, so daß die Meßwerte bequem notiert und kontrolliert werden können. Jede folgende Messung löscht das Bild der vorangegangenen, weswegen eine Verwechslung ausgeschlossen ist. Da bei diesem Meßprinzip weder in das Gehwerk noch in den Fließvorgang eingegriffen wird, können die Zeiten summiert werden, so daß auch die Gesamtdauer meßbar bleibt. Die Kehrwerte der Gerätekonstanten der Multikapillare sind additiv. (Wichtig für den Fall, daß man einen Durchgang zu stoppen versäumt hat.)

g) Das Hess-Viskosimeter.

Dieses Gerät, das für Biokolloide in größerem Umfange verwendet wurde, ist aus Abb. 51 ersichtlich.

In zwei parallelen Kapillaren wird Lösung und Lösungsmittel gleichzeitig hindurchgedrückt. Die relative Viskosität ergibt sich dann als Verhältnis der Laufstrecke des Lösungsmittels zu jener der Lösung in einer Bürettenteilung. Der hydrostatische Druck bleibt während der Messung konstant, da die Kapillaren waagerecht angeordnet sind. In diesem Ge-

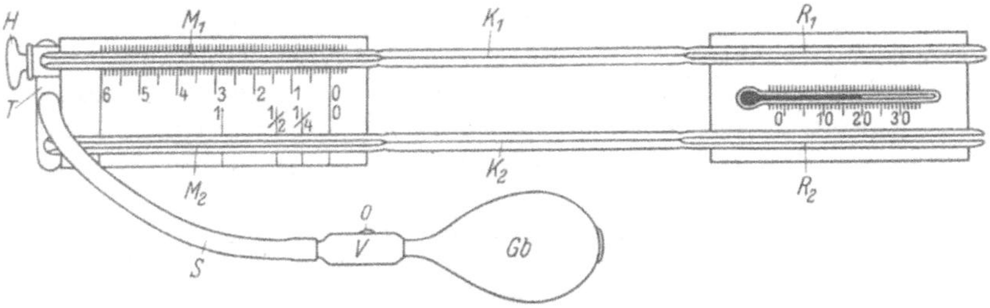

Abb. 51.
Das HESS-Viskosimeter.

rät sind die HAGENBACH-Korrekturen zwar gering, aber nur schwer zu ermitteln, da die Auslaufbedingungen nicht scharf definiert sind; sie müssen daher empirisch bestimmt und berücksichtigt werden. Der Druck wird durch einen Gummiballon über einen Puffer erzeugt.

h) Das TSUDA-Viskosimeter

Ein Gerät, mit dem Viskositätsmessungen bei sehr kleinen Transpirationsdruckunterschieden ausgeführt werden können, hat S. TSUDA angegeben. Es besteht im wesentlichen aus einer waagerechten Kapillare von 20–30 cm Länge, durch *die* Flüssigkeit mit Fremddruck bis 1 cm WS. hindurchgedrückt wird. Das Volumen wird an einer in 0,01 ml geteilten Bürette abgelesen.

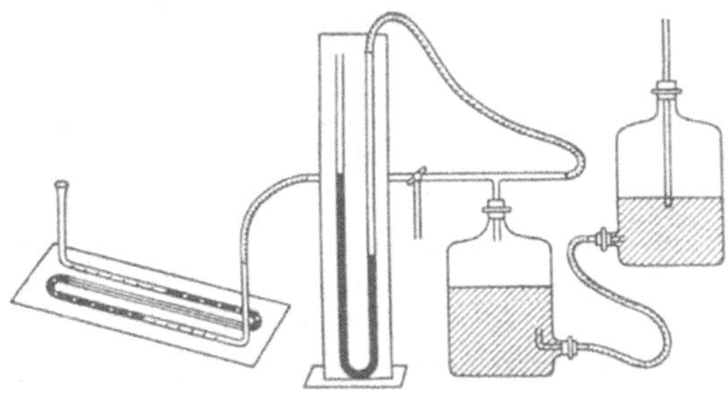

Abb. 52.
Das TSUDA-Viskosimeter.

Das Gerät ist von Wo. OSTWALD und ROEDERER dahingehend verbessert worden, daß die Kapillaren auswechselbar angebracht wurden. Der Fremddruck wird durch eine MARIOTTEsche Flasche mit Puffer erzeugt. Der Druck wird manometrisch abgelesen, so daß die Meßgenauigkeit bei kleinen Druckdifferenzen im wesentlichen von der Präzision der Druckmessung abhängt. Bei kleinen Drücken spielen auch die kapillaren Steighöhendifferenzen eine Rolle. Bei strukturviskosen Stoffen ist zu beachten, daß auch die Reibungsverluste in den Bürettenschenkeln schon ins Gewicht fallen.

i) Das Ostwald-Auerbach-Viskosimeter.

Im Ostwald-Auerbach-Viskosimeter sind sehr zahlreiche Viskositätsmessungen an strukturviskosen und thixotropen Stoffen ausgeführt worden. Es besteht aus einer Bürette A und einem Überlaufrohr C sowie dem Überlaufgefäß D. Mit diesem Gerät kann durch eine einzige Ablesung sowohl das Volumen als auch der hydrostatische Druck ermittelt werden, weil durch den Überlauf ein annähernd konstantes Nullniveau geschaffen wird, auf das man den hydrostatischen Druck beziehen kann. Das hindurchgeflossene Volumen ist gegeben durch

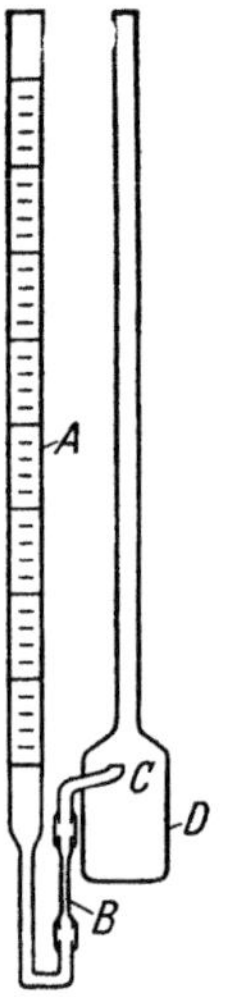

Abb. 53. Das Ostwald-Auerbach-Viskosimeter.

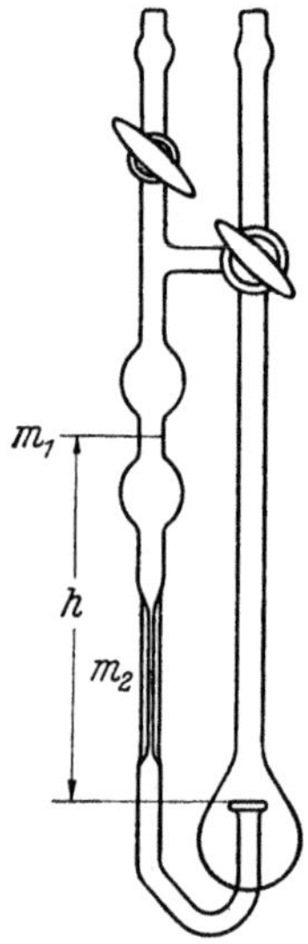

Abb. 54. Das Überlaufviskosimeter von K Hess u. W. Philipoff.

$$q = R^2 \pi (a - e),$$

worin R Bürettenradius
a die Höhe der Flüssigkeitssäule in der Bürette und
e die Endhöhe, d. h. den tiefsten Flüssigkeitsstand bedeuten.

Der wirksame Druck (WS.) während der Zeit ist veränderlich und im Mittel gegeben durch

$$H_m = \frac{(a - e)}{\ln a/e}.$$

Daraus folgt nach dem Einsetzen in das Hagen-Poiseuillesche Gesetz die Viskosität zu

$$\eta = \frac{r^4 \cdot \varrho \cdot t}{8 \cdot L \cdot R^2 \ln a/e}. \quad \text{Vgl. Gl. (46.)}$$

Bei diesem Gerät ist zu beachten, daß die Nullstellung e nicht mit Bingham-schen Flüssigkeiten bestimmt werden darf, weil durch die endliche Fließfestigkeit die Flüssigkeit nicht wie in kommunizierenden Röhren ausfließt, sondern höher stehenbleibt. Auch hat das Gerät eine ziemlich hohe Steighöhenkorrektur, die durch ein hängendes Niveau restlos beseitigt werden kann.

Das Gerät ist von Vl. Z. Danes dadurch verbessert worden, daß die Flüssigkeitsmenge gewogen und der Transpirationsdruck manometrisch gemessen wird, wodurch sich aber die Bedienung umständlicher gestaltet.

j) Das Überlaufviskosimeter von K. Hess und W. Philipoff.

Ein Überlaufviskosimeter von der Form des Wi.-Ostwald-Viskosimeters haben K. Hess und W. Phillipoff benutzt, das mit zwei Hähnen versehen ist, so daß auch in Inertgas-Atmosphäre gearbeitet werden kann.

k) Das FARROW-Viskosimeter.

Das erste Kapillarviskosimeter war ein Pipettenviskosimeter und wurde bereits von J. L. M. POISEUILLE verwendet, und zwar mit waagerechter Kapillare. Ein später abgewandeltes Pipettenviskosimeter ist das von F. D. FARROW. Es hat inzwischen die verschiedensten Abwandlungen erfahren und ist von der BESA 188 (1923) genormt worden für das Charakterisieren von Zellstoff in Kupferoxydammoniak (Merkblatt 12).

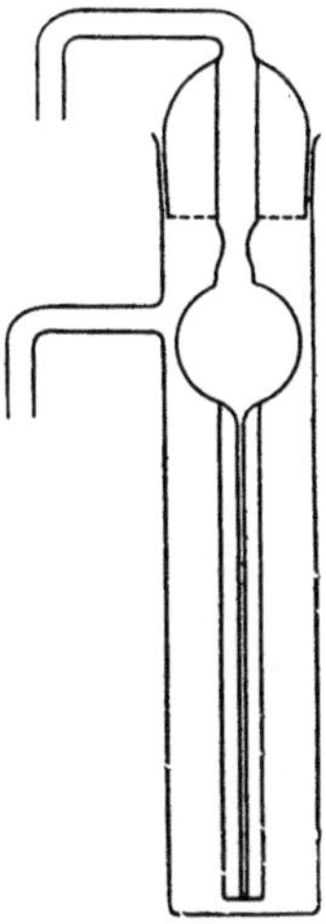

Abb. 55. Das Viskosimeter nach F. D. FARROW.

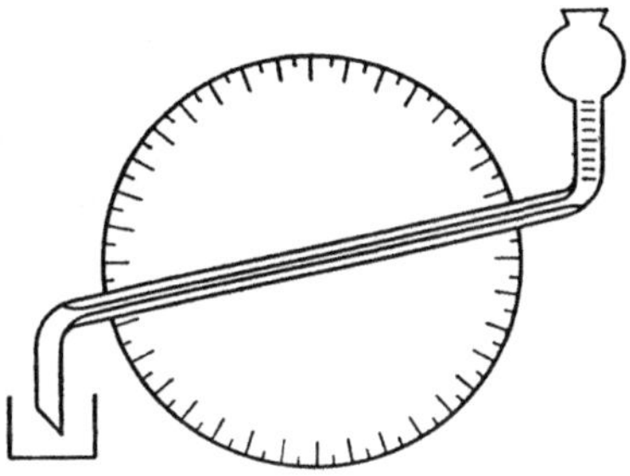

Abb. 56. Das TRAUBE-MAGASANIK-Viskosimeter.

l) Das TRAUBE-MAGASANIK-Viskosimeter.

Viskositätsmessungen bei extrem kleinen Druckdifferenzen wurden von I. TRAUBE und I. MAGASANIK ausgeführt.

Das Gerät besteht aus zwei kugeligen Gefäßen, die mit einer Kapillare verbunden sind. Die hydrostatische Druckdifferenz wird durch Neigen der Kapillare erzeugt. In diesem Gerät können erhebliche Steighöhenkorrekturen entstehen, die das Meßergebnis fälschen, worauf I. TAUSZ und F. V. KÖRÖSSY hingewiesen haben.

m) Das Mikroviskosimeter nach H. UMSTÄTTER.

H. UMSTÄTTER hat dieses Gerät dadurch verbessert, daß er die Vorratsgefäße wegließ und statt dessen die Verschiebung eines Flüssigkeitsfadens in einer kalibrierten Präzisionsglasröhre mißt.

Für den Fall, daß $r_1 = r_2$ ist, sind die beiden Kapillarkräfte

$$\frac{2\,\Omega}{r_1} = \frac{2\,\Omega}{r_2}$$

gleich und entgegengerichtet, so daß ihre Wirkungen sich aufheben. Da die Kapillare mit der Wasserwaage horizontal ausgerichtet werden kann und auf einem vertikal gestellten Mikroskoptisch justierbar ist (Abb. 57), können noch äußerst kleine Druckdifferenzen durch Neigung hergestellt werden. Mit einem langbrennweitigen Objektiv und einem kurzbrennweitigen Okular können die Meniskusverschiebungen beobachtet und mit der Uhr gestoppt werden, so daß noch sehr kleine Geschwindigkeitsgefälle bis 10^{-3} sec^{-1} gemessen werden.

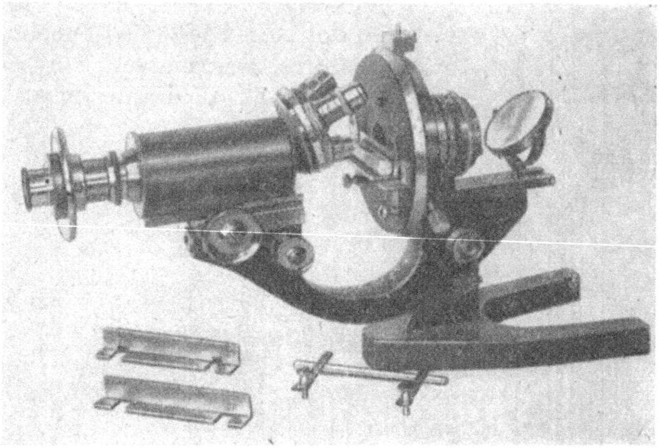

Abb. 57.
Das Mikroviskosimeter nach H. UMSTATTER.

Das Gerät wurde hauptsächlich dazu verwendet, um bei Uhren- und Zählerölen eine Fließgrenze nachzuweisen. Diese ist nämlich wichtig für die Haltbarkeit eines Öltropfens, der trotz guter Benetzung nicht zerfließen darf, weil sonst die Laufwerke trockengehen und durch Haftreibung blockiert werden. Da zu einer solchen Messung nur 0,2 ml Öl benötigt werden, wird das Gerät als Mikroviskosimeter bezeichnet. Ähnliche Versuche sind auch von Y. CONSEILLER an mikroskopischen Objektträgern und Deckglasplättchen gemacht worden, wobei die Flüssigkeit dazwischengepreßt wurde; hierbei wurden sogar Geschwindigkeitsgefälle von 10^{-5} sec^{-1} erreicht.

n) Das ARVESON-Viskosimeter.

Ein Kapillarviskosimeter für hohe Transpirationsdrücke hat M. H. ARVESON angegeben, das hauptsächlich für Starrfette angewendet wurde. Es beruht darauf, daß ein Stahlkolben das Fett mit konstanter Geschwindigkeit aus einem starkwandigen Zylinder durch eine Kapillare preßt und der hierbei sich einstellende Druckunterschied gemessen wird. Es ist ein Tangentialdruckbereich von 30- bis 50000 Dyn/cm^2 und ein Geschwindigkeitsgefällebereich von 0,1 bis 100000 sec^{-1} bestreichbar.

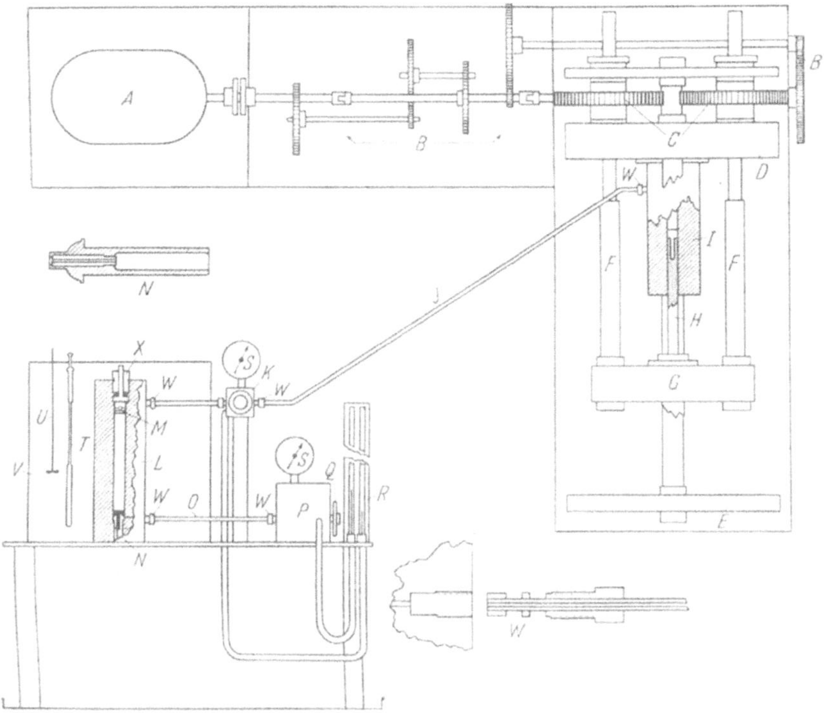

Abb. 58.
Das ARVESON-Viskosimeter.
A Motor, *B* Getriebe, *C* Zahnräder, *D* Backen, *E* Handrad, *F* Abstützsäulen, *G* Querhaupt, *H* Pumpenkolben, *I* Pumpenzylinder, *J* Druckleitung, *K* Reduziermuffe, *L* Temperiergefäß, *M*, *N* Ventile, *O* Kapillare, *P* Auffangbehälter, *Q* Verschlußschraube, *R* Volumenanzeigevorrichtung, *S* Manometer, *T* Kontaktthermometer, *U* Rührer, *V* Temperiergefäß, *W* Überwurfmutter.

o) Das KOPPERS-Viskosimeter.

Dem VOGEL-OSSAG-Viskosimeter ähnlich ist das KOPPERS-Viskosimeter, bei dem auch die Kapsel und das Schutzrohr aus Glas gefertigt sind und die Flüssigkeit mittels Vakuumpumpe hochgesaugt wird. Die Formel zur Berechnung der Viskosität ist folgende:

$$\eta = \frac{g r^2 \varrho t}{8\left(\frac{H}{\varrho} + \lambda\right) \ln \frac{(H/\varrho + \lambda - l_1)}{(H/\varrho + \lambda - l_2)} - (l_2 - l_1)},$$

worin bedeuten

g = Fallbeschleunigung,
r = Kapillarradius,
ϱ = Dichte,
t = Steigzeit,
H = Vakuum in cm H_2O,
λ = Eintauchtiefe der Kapillare,
l_1 = Ursprungshöhe der Flüssigkeit in der Kapillare in cm,
l_2 = Endhöhe der Flüssigkeit in der Kapillare in cm.

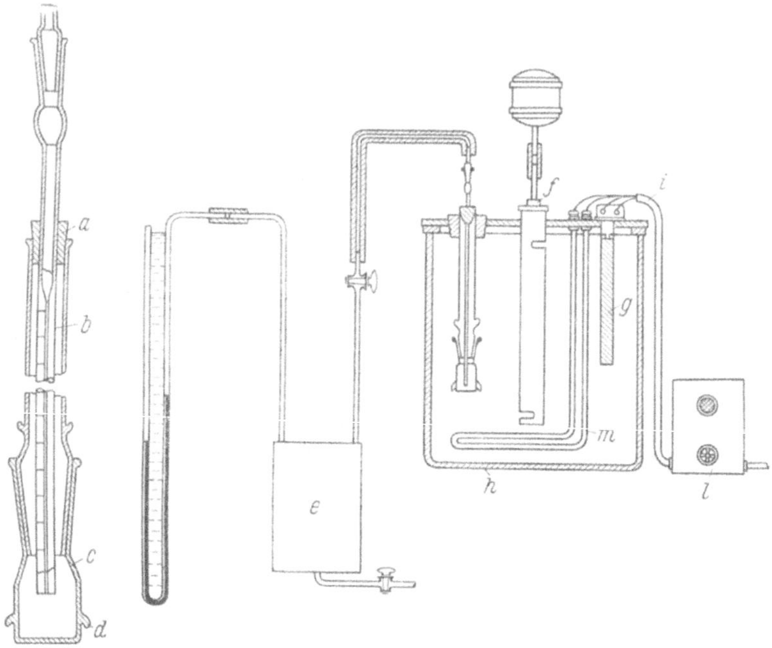

Abb. 59.
Das KOPPERS-Viskosimeter.
a Geschlitzter Stopfen, *b* Kapillare, *c* Prufling-Behälter, *d* Glasnocken für Gummibandhalterung, *e* Vakuumbehälter, *f* Turbinenruhrer, *g* Thermostat-(Fühler), *h* Glasbecher, *i* Kabel, *l* Relais, *m* Heizspirale.

p) Die PHILIPOFF-Viskosimeter.

Zur Untersuchung strukturviskoser Flüssigkeiten hat W. PHILIPOFF zwei Viskosimeter, eines für hohe und das andere für niedrige Transpirationsdrücke, angegeben.

Das Viskosimeter für höhere Transpirationsdrücke besteht aus einem Stahlzylinder (Abb. 60), in dessen Innerem sich eine auswechselbare Glaskapillare befindet. Diese taucht in die zu untersuchende Flüssigkeit, auf der der Transpirationsdruck lastet. Die austretende Flüssigkeitsmenge verdrängt ein äquivalentes Luftvolumen, das über einen Dreiwegehahn einen Petroleumtropfen in einer horizontalen Kapillarbürette verschiebt. Diese Anordnung dient also der Volumenmessung. Die Apparatur für niedrige Drücke (Abb. 61) besteht aus einer horizontalen Kapillare mit zwei aufgeschliffenen Glasbehältern, die mit der zu untersuchenden Flüssigkeit gefüllt sind. Auch hier wird das verdrängte Luftvolumen mittels eines Tropfenmessers wie beim Hochdruckgerät gemessen.

Mit diesen beiden Geräten und dem UBBELOHDE-Viskosimeter können Geschwindigkeitsgefälle von 10^{-2} bis 10^{+6} sec^{-1} realisiert werden, während die Tangentialdrücke von 1 bis 50000 Dyn/cm^2 reichen.

q) Das Willenberg-Fritz-Viskosimeter.

Ein Gerät, mit dem Strukturviskositätsmessungen leicht wiederholbar sind, haben W. Willenberg und W. Fritz beschrieben. Es besteht, wie Abb. 62 zeigt, aus zwei Pumpenzylindern *A* mit je einem Kolben *B*, die durch Kolbenstangen *D* mittels Gewichten, die auf zwei Teller *F* aufgelegt werden, zu betätigen sind. Die Kapillare *C* bildet die Verbindung zwischen diesen beiden Pumpen. Die Kolbenbewegungen können an einer Teilung *T* abgelesen werden. Auf diese Weise ist die Volumenmessung möglich, während die Druckbestimmung aus den aufgelegten Gewichten und der Kolbenfläche erfolgt. Das Gerät ist durch Eintauchen in ein Temperierbad leicht auf konstanter Temperatur zu halten. Die Reibungen in den Stopfbuchsen *E* sind bei genaueren Messungen gesondert zu bestimmen. Der Druckbereich, der hiermit bestrichen werden kann, ist daher auch beschränkt.

r) Das Strukturviskosimeter von H. Umstätter.

Ein Gerät, mit dem strukturviskose Schmieröle untersucht werden, ist von H. Umstätter beschrieben worden. Es besteht im wesentlichen aus einem ela-

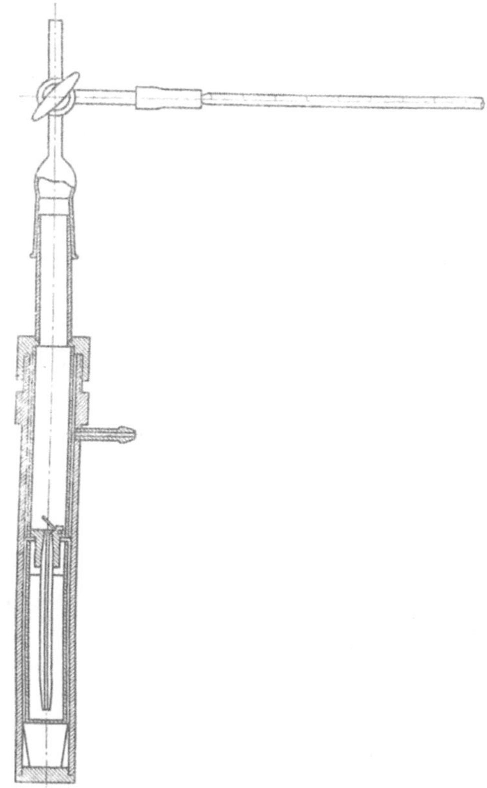

Abb. 60.
Das Philipoff-Viskosimeter für hohere Transpirationsdrucke

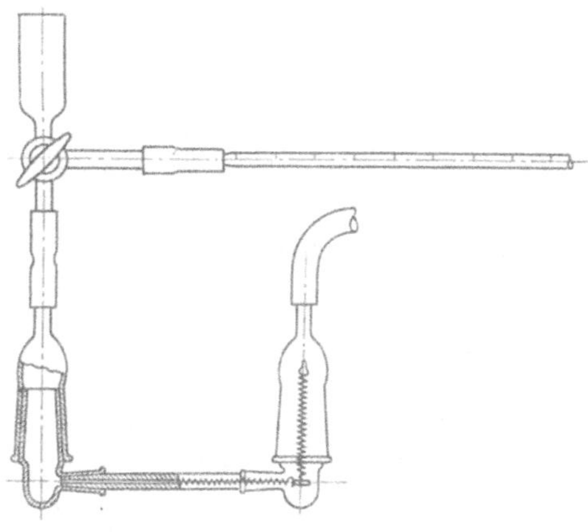

Abb. 61.
Das Philipoff-Viskosimeter für niedrige Transpirationsdrucke.

stischen Tombackbalgen g (Abb. 63), dessen Inhalt pneumatisch zusammengepreßt und durch die Kapillare c gedrückt werden kann. Letztere wird mittels Überwurfmutter f lose befestigt und erst bei Einwirkung des Druckes gegen den Dichtungsring h gedrückt. Das Ganze steht in einer starkwandigen Stahlbombe a und ist an deren

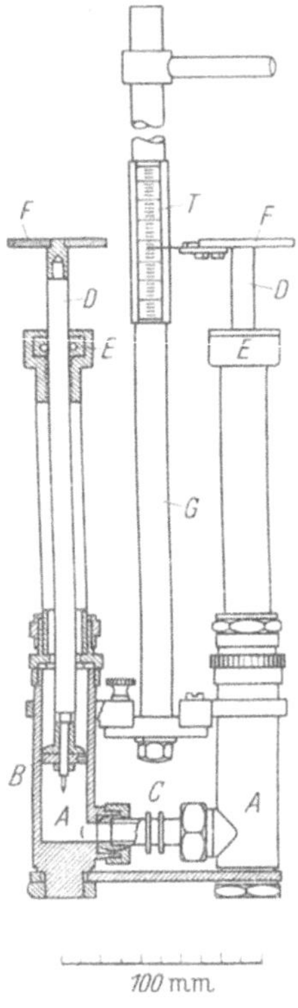

Abb. 62.
Das Viskosimeter nach
W. WILLENBERG u. W. FRITZ.

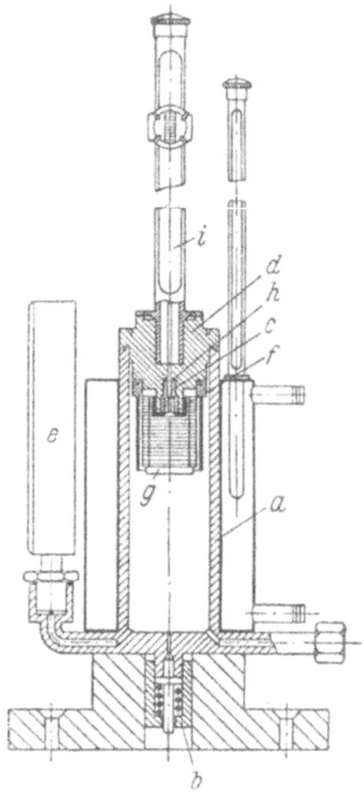

Abb. 63.
Das Strukturviskosimeter
von H. UMSTATTER.

Deckel d festgeschraubt. Das Volumen wird durch freien Auslauf der Flüssigkeit in eine Mikrobürette gemessen. Zur Konstanthaltung des Druckes dient ein Regelventil (nicht gezeichnet, weil normalerweise an den Preßluftflaschen selbst angebracht). Ein Feinmeßmanometer e erlaubt die genaue Ablesung des Druckes. Ein Sicherheitsventil b schützt das Manometer vor Beschädigung. Es sind 1 cm und 10 cm lange Kapillaren vorgesehen, um auch den Einfluß der Verweilzeit untersuchen zu können (s. auch Relaxationskorrektur). Druckregler und Manometer für die drei Meßbereiche sind vorgesehen

$$\left.\begin{array}{r} 0-\ \ 1 \\ 1-\ 10 \\ 10-100 \end{array}\right\} \text{atü}$$

sind vorgesehen. Der Balgen wird nur für den Bereich von 10 bis 100 atü verwendet, weil nur dort der Einfluß auf die Öloxydation so groß ist, daß die Öle von der Preßluft getrennt werden müssen. Dort ist auch die Korrektur für die Steifigkeit des Balgens $\pm 0{,}15$ atü vernachlässigbar. Im Bereich 1 bis 10 atü verwendet man statt des Balgens einen einfachen Zylinder, der durch enge Bohrungen am oberen Rand der Preßluft Zutritt zur Öloberfläche gestattet. Die Überwurfmutter trägt dann ein Steigrohr, das bis auf 3 mm Entfernung vom Boden des Zylinders reicht und die Flüssigkeit in die Kapillare leitet, falls sie mit Druck belastet wird. Bei diesem Druck – 2 atü Partialdruck des Luftsauerstoffes – sind Oxydationen noch nicht zu befürchten. Auch ist die Druckkorrektur in der Bürette – max 0,05 atü – noch vernachlässigbar. Im Bereich 0 bis 1 atü muß das horizontal gebogene Bürettenrohr verwendet werden, bei dem die Korrektur dann nur noch 0,005 atü beträgt und auch vernachlässigbar ist. Dieser Bereich schließt dann schon eng an den Meßbereich des Freiflußviskosimeters. Temperiert wird mittels eines Temperiermantels. Diese bürgern sich trotz der weniger guten Wärmeübertragung immer mehr ein, weil sie ein sehr sauberes Arbeiten ermöglichen. Will man in der Kälte oder bei erhöhter Temperatur arbeiten, so ist unter die Bombe und über die Bombe je eine Korkhaube zu legen, um zu großen Wärmeaustausch zu verhindern. Thermometer und Bürette werden mit der Lupe abgelesen.

Mit dem Mikroviskosimeter, dem Freiflußviskosimeter und dem Strukturviskosimeter kann ein Geschwindigkeitsgefällebereich von 10^{-3} bis 10^{-6} $\sec^{-1}$ beschrieben werden. Neuere Geräte von W. Philipoff und Kingsbury in den ASTM-Methoden.

s) Das Sauerwald-Viskosimeter.

Besondere Schwierigkeiten bereitet – nach F. Sauerwald – die Messung der Viskosität geschmolzener Metalle. Das Sauerwald-Viskosimeter besteht aus einer Quarzkapillare, die in die zu untersuchende Metallschmelze taucht. Letztere ist in einem feuerfesten Tiegel untergebracht, der in einem Schutzrohr steht. Da man die Menisken nicht sehen kann, wird die gute Leitfähigkeit der Metalle ausgenutzt, um einen elektrischen Kontakt *c*

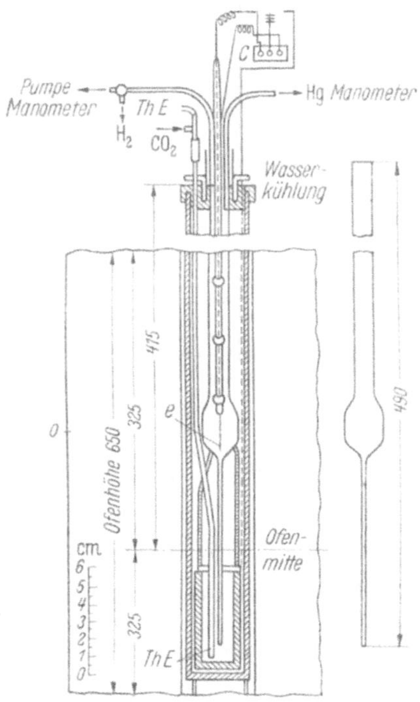

Abb. 64.
Das Sauerwald-Viskosimeter.
e Kontaktspitze, *c* Relais, *ThE* Thermoelement.

für den Chronographen vorzusehen. Ein Quecksilbermanometer dient der Druckmessung. Der Kopf des Gerätes ist durch eine Wasserkühlung gegen zu starke Wärmeeinstrahlung geschützt. Mit CO_2 wird gerührt. Die Maße gehen aus der Zeichnung hervor.

t) Das Rankine-Viskosimeter.

Ein anderes Extrem ist das Problem der Gasviskosimetrie. Das Gasviskosimeter von Rankine (Abb. 65) besteht aus einer Ringröhre, deren einer Schenkel kapillar ist. Der zweite Schenkel enthält einen Quecksilbertropfen als treibende Kraftquelle, der durch sein Gewicht die darunter liegende Gassäule durch die Kapillare treibt. Zwei Marken m_1 und m_2 grenzen ein bestimmtes Volumen ab. Ein Liebigscher Temperiermantel hält den Gasinhalt auf konstanter Temperatur.

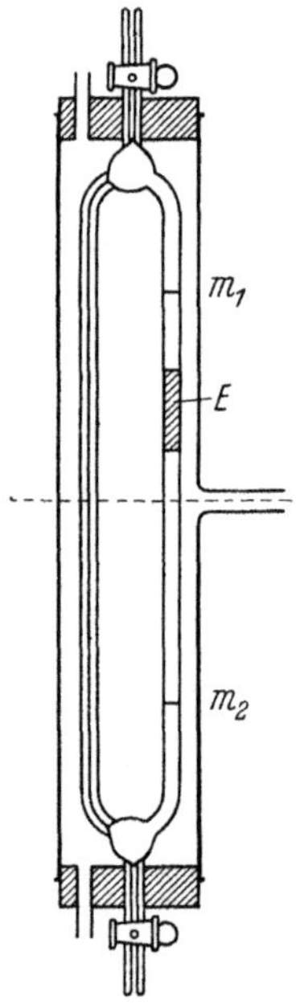

Abb. 65.
Das Rankine-Viskosimeter.

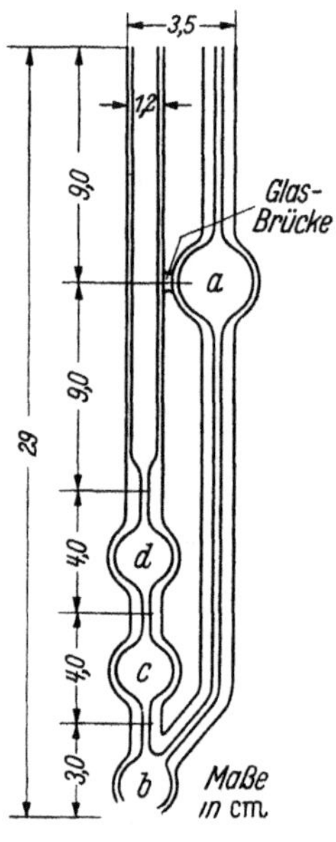

Abb. 66.
Das Cannon- und Fenske-Viskosimeter.

u) Das Cannon- und Fenske-Viskosimeter.

Eine Abart des Grieneisen-Fenske-Gerätes mit drei unter dem Niveau liegenden Kugeln wurde von Cannon und Fenske für opake Flüssigkeiten benutzt (Abb. 66).

v) Die Bingham-Viskosimeter.

Ähnliche Geräte mit horizontaler Kapillare benutzten auch Bingham und Thorpe und Rodgers, ferner Bingham und Murray.

Auch das ARVESON-Viskosimeter (Abb. 58) geht schon auf BINGHAM zurück (s. Abb. 67 b).

Die Zahl der Kapillarviskosimeter könnte beinahe beliebig fortgesetzt werden. Allein diese Tatsache beweist die vielseitige Anwendbarkeit des Transpirationsprinzips. Hier sollten nur *die* Konstruktionen beschrieben

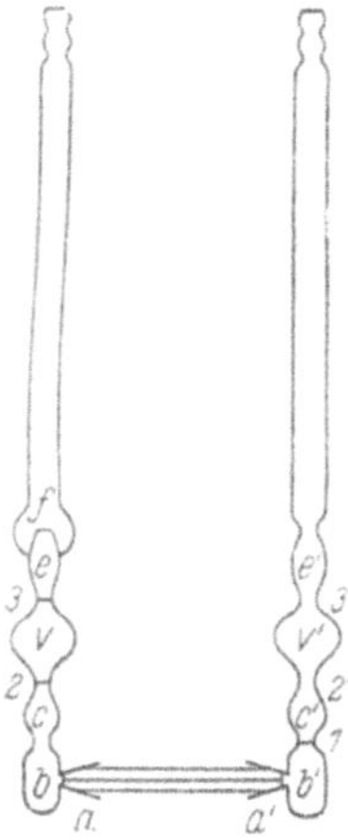

Abb. 67 a.
Das BINGHAM-Viskosimeter.
a Schliffe, *b* Flüssigkeitsbehälter, *c* Auslaufbehälter, *e* Einlaufbehälter, *f* Niveaubegrenzung, *V* Vorratskugeln, 2 u. 3 Marken.

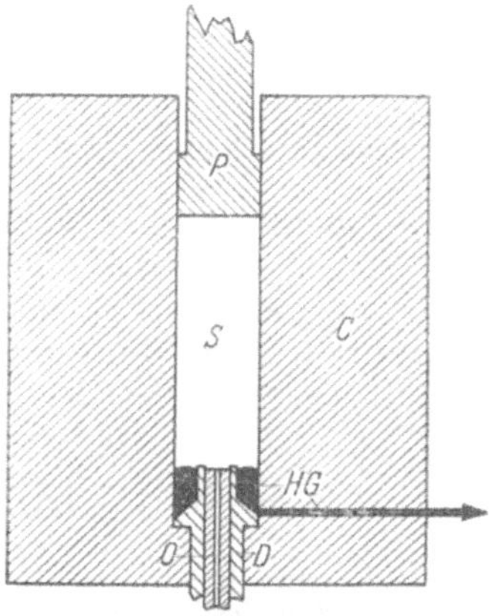

Abb. 67 b.
Das BINGHAM-Viskosimeter.
P Pumpenkolben, *S* Pumpenzylinder, *C* Metallblock. *Hb* Verschraubung, *O* Kapillare mit Hulse *D*.

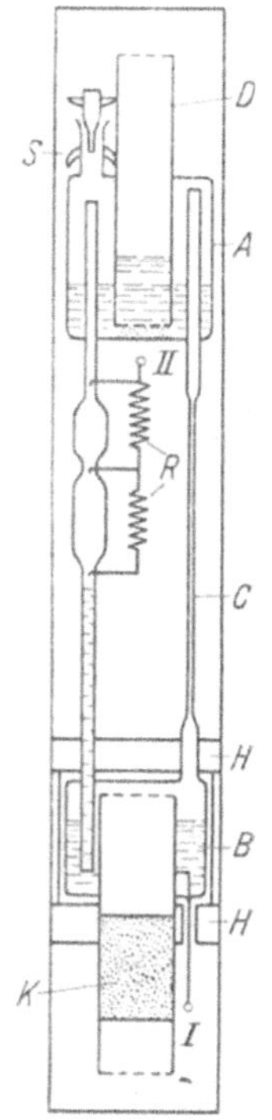

Abb. 68.
Das Viskosimeter von E. KUSS.

werden, die wirkliche Absolutmessungen erlauben und in großem Umfange verwendet werden. Die Konventionalgeräte wie das ENGLER-, SAYBOLT-, REDWOOD-Viskosimeter und BARBEY-Ixometer sind in den einschlägigen Normblättern beschrieben. Genaue Gebrauchsanweisung geben die Lieferfirmen für alle handelsüblichen Geräte.

w) Das Hochdruck-Kapillarviskosimeter von E. KUSS.

Die Schwierigkeiten, die mit dem Wiederhochheben der Flüssigkeit unter Druck verbunden sind, hat E. KUSS dadurch überwunden, daß mittels eines elektromagnetisch betätigten Kolbens *K* (in Abb. 68) Quecksilber aus einem Vorratsbehälter *B* in zwei Meßkugeln gepumpt wird, das dann die Flüssigkeit durch die Kapillare *C* hindurchdrückt. Zwei elektrische Kontakte *I* (geerdet) und *II* (isoliert herausgeführt) begrenzen über einen Widerstand *R* die Meßstrecke. Das Quecksilber im Behälter *A* dient zur Übertragung des hydrostatischen Druckes (über das Rohr *D*) auf die Flüssigkeit. Das Gerät eignet sich besonders für verflüssigte Gase bis 2000 atü. ORBAHN mißt die Zeit auch beim UBBELOHDE-Viskosimeter elektrisch.

3. Die Fallkörperviskosimeter.

Die Grundlage für diese Geräte bildet das STOKESsche Fallgesetz

$$\eta = \frac{2\,g_0\,(\varrho_1 - \varrho)}{9\,v}\,r^2,$$

worin bedeuten

η = Viskosität in Poise, r = Radius der Kugel,
g_0 = Fallbeschleunigung, v = Fallgeschwindigkeit.
$(\varrho_1 - \varrho)$ = Dichtedifferenz zwischen Fallkörper (Kugel) und der Prüfflüssigkeit.

Da dieses Fallgesetz nur für den Fall einer Kugel in einer unendlich ausgedehnten Flüssigkeit gilt und tatsächlich der Fall einer Kugel in einer von Gefäßwänden umgrenzten Flüssigkeit beobachtet wird, muß eine Korrektur angebracht werden, die LADENBURG-Korrektur. Sie ist gegeben als Faktor (vgl. auch S. 66, Gl. 69)

$$\frac{1}{(1 + 2{,}4\,r/R)\,(1 + 3{,}3\,r/H)},$$

worin wieder

r = Kugelradius,
R = Radius des zylindrischen Gefäßes und
H = Fallstrecke bedeuten.

In der Regel kann H groß genug gemacht werden (ALTRICHTER und LUSTIG), so daß dann nur noch der Faktor $\frac{1}{1 + 2{,}4\,r/R}$ in Anwendung kommt. Mit diesem ist die rechte Seite der vorhergegangenen Gleichung zu multiplizieren, um Werte für η zu erhalten. Für größere Kugeln $r/R > 0{,}1$ gilt diese theoretisch fundierte Korrektur nicht mehr, sie muß empirisch bestimmt werden. Geräte, die auf diesem Prinzip (z. B. exzentrischem Kugelfall) beruhen, sind daher keine Absolutviskosimeter mehr, bei denen die Gerätekonstanten aus den Abmessungen hergeleitet sind; diese müssen vielmehr ebenso wie die Konventionalviskosimeter empirisch geeicht werden. Da sie sehr verbreitet sind, liest man ihre Handhabung am besten in den Firmenprospekten nach.

Das Kugelfallprinzip hat sich besonders für Stoffe, die erst bei erhöhter Temperatur flüssig werden, bewährt, weil man dann nur sehr temperaturbeständige Stoffe verwenden kann, die sich nur schlecht verarbeiten lassen, so daß die einfachen Kugeln sehr günstig sind.

a) Das Viskosimeter nach W. H. COHN.

Ein Gerät, das sich für die Untersuchung von Glasschmelzen eignet, ist von W. H. COHN beschrieben worden. Eine Stahlkugel fällt in Flüssigkeit durch zwei Spulen, deren elektrischer Scheinwiderstand dadurch verändert und in einer bestimmten Röhrenanordnung hörbar gemacht werden kann, wie bei dem nachstehend beschriebenen Viskosimeter von W. FRITZ und W. WEBER. Bemberg verwendet eine Kugel, die an einem

Stab befestigt und geführt ist, zu Viskositätsmessungen an Spinnstofflösungen. Auf dem gleichen Prinzip beruht auch das Konsistometer von HÖPPLER, welches jedoch für höhere Zähigkeitsbereiche bestimmt ist (bis zur Zähigkeit von Gletschereis).

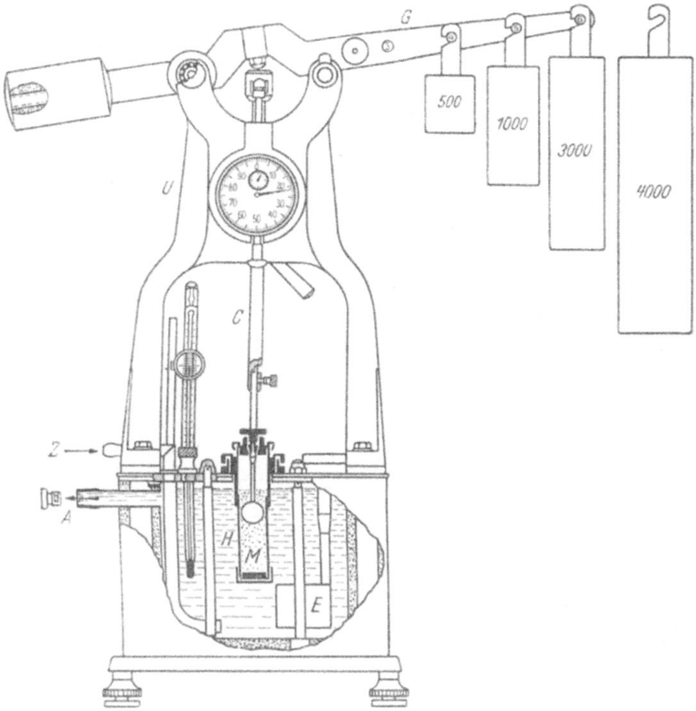

Abb. 69.
Das Konsistometer nach F. HÖPPLER.
A Temperierwasserabfluß, *Z* Temperierwasserzufluß, *U* Tragbügel, *C* Druckbolzen, *E* Heizkörper, *G* Waagebalken, *H* Meßrohre, *M* zu untersuchende Masse.

b) Das Viskosimeter von W. FRITZ und W. WEBER.

Praktisch auf dem gleichen Prinzip beruht das Hochdruckviskosimeter von W. FRITZ und W. WEBER. Es besteht aus einer Druckkammer *a*, die mit dem Flansch *b* und Deckel *c* verschließbar ist. Auf diesem Deckel sind die Stutzen *e* für die Druckleitung und *f* für die Stromzuführung sowie *g* für die Thermoelemente mit dem Schutzröhrchen *h* angebracht. Im Innern der Druckkammer befindet sich das Fallrohr aus Glas *g* mit den beiden Verschlußplatten *K* und *O* mit dem Traggestänge *p*. Darüber sind zwei Meßspulen *r* gezogen, deren Zuleitungen an das Klemmenbrett *s* führen. Auch hier mißt man die Fallzeit auf der Strecke $r - r$ elektrisch. Wegen der geringen Zähigkeit der hier verwendeten Flüssigkeiten (Öle) konnte die Kugel gegenüber dem Röhrendurchmesser nicht mehr klein gewählt werden, weshalb auch dieses Gerät kein Absolutviskosimeter in *dem* Sinne ist, wie es eingangs definiert wurde. Indessen wird aber bei der Druckviskosimetrie die Viskosität unter Druck stets auf die Viskosität bei Atmosphärendruck bezogen. Man mißt also nur Fallzeiten unter Druck und vergleicht mit Fallzeiten unter atmosphärischem Druck, so daß die Viskosität bei atmosphärischem Druck an derselben Flüssigkeit mit einem Absolutviskosimeter kontrollierbar ist.

c) Das Cochius-Viskosimeter.

Wenn man in dem Stokesschen Fallgesetz statt der Dichte der Fallkugel die Dichte einer Gasblase setzt, bekommt man negative Werte, d. h. der

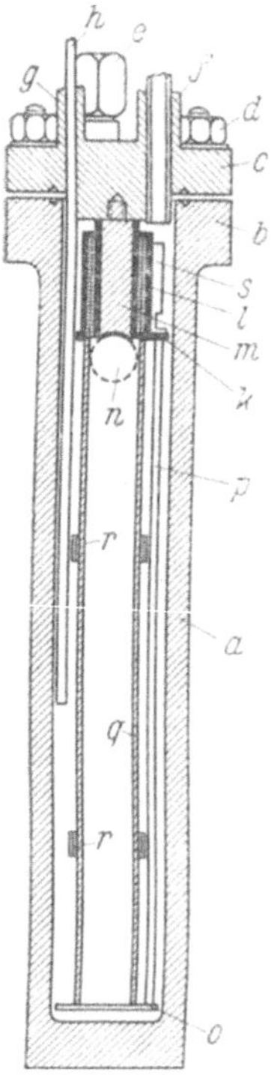

Abb. 70. Das Viskosimeter von W. Fritz u. W. Weber

Abb. 71. Das Viskoskop nach Umstatter

Geschwindigkeitsvektor ist entgegengesetzt gerichtet, die Blasen steigen auf. Man kann auch nach diesem Prinzip Viskositäten messen, wenn die Blasen so klein sind, daß sie eine genügende Starrheit aufweisen. Leider wird diesem Umstand nur selten Rechnung getragen, so daß die Luftblasen sich eng an die Wand anschmiegen und der ganze Fließvorgang recht undurchsichtig wird. Dies ist auch beim Cochius-Viskosimeter der Fall.

Man kann aber diese Unsicherheit umgehen, indem man nicht eine, sondern eine ganze Serie von gleich großen Röhren mit Ölen verschiedener Viskosität füllt und gleich große Luftblasen darin abgrenzt. Dann werden beim Kippen der Röhren die Blasen steigen. Man vergleicht dann gleiche Blasen im gleichen Rohr mit gleich zähem Öl bei gleicher Steigzeit, so daß sich auch die Verzerrungen der Blasen ausgleichen. Auf diese Weise ist die Konsistenzskala von Gardner und Holdt aufgebaut. Umstätter hat dieses Gerät verbessert, indem er kalibriertes Präzisionsglasrohr in einen eng anliegenden, Wärme gut leitenden Metallblock einbaute. Auf diese Weise nehmen die dünnen Röhren rasch die Temperatur des Metallblockes an und werden auf die gleiche Temperatur gebracht. Man kann dann Viskositätseinstufungen ohne Uhr und Thermometer vornehmen, ein Vorzug, der sich auch auf Kosten der Genauigkeit noch lohnen kann, wenn in Lagern eine schnelle Inhaltskontrolle von Gebinden vorgenommen werden soll.

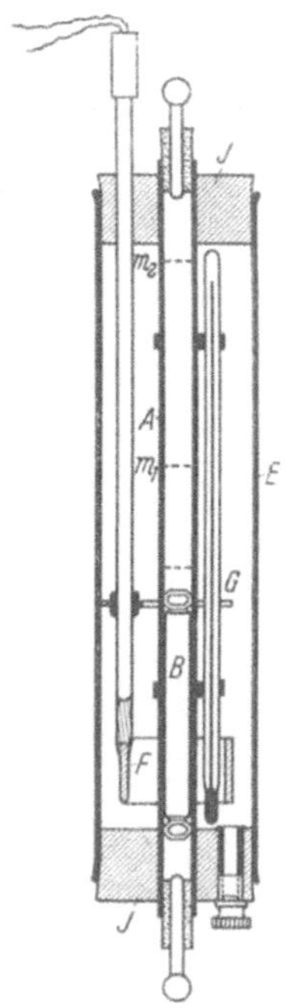

Abb. 72. Das LAWACZEK-Viskosimeter.
A Meßrohre, *B* Fallkorper, *F* Heizkörper, *G* Rührer, *E* Temperiermantel, *J* Verschlußstopfen, m_1, m_2 Meßstrecke.

d) Das Lawaczek-Viskosimeter.

Äußerlich sehr ähnlich aufgebaut, doch auf einem anderen Prinzip beruhen die Gleitkörperviskosimeter. Das bekannteste ist das LAWACZEK-Viskosimeter (DRP 351 890). Zwei konzentrische Zylinderflächen mit dazwischen liegender Ölschicht gleiten gegeneinander, so daß entsprechend der NEWTONschen Definitionsgleichung die Viskosität

$$\eta = \frac{Q/2\pi L R_i}{v/R_i \ln R_a/R_i} = \frac{Q}{2\pi L v} \ln \frac{R_a}{R_i} \quad \text{ist.}$$

Q = Gewicht, R_a = Radius der Röhre
L = Länge des Gleitkörpers, v = Gleitgeschwindigkeit.
R_i = Radius des Gleitkörpers,

Der Nenner des mittleren Gliedes der oberen Gleichung ist das Geschwindigkeitsgefälle und der Zähler der Tangentialdruck. Es handelt sich also hier um ein Absolutviskosimeter, bei dem die Konstanten aus den Abmessungen des Gerätes herleitbar sind. Die Zentrierung erfolgt in der gleichen Weise, wie bei dem WACHHOLTZ- und ASBECK-Gerät durch die hydrodynamische Druckdifferenz bei exzentrischer Lage, oder durch Führungsstifte. Eine Weiterentwicklung dieses Gerätes ist das Fallnadel-Viskosimeter von SEEDER.

e) Das Kiesskalt-Hochdruckviskosimeter.

Ebenfalls ein Gleitkörperviskosimeter ist das Viskosimeter von S. KIESSKALT. Der zylindrische Gleitkörper *a* bewegt sich in einem glatten Messingrohr *b*, das sich in einem starkwandigen, auf einem Fuß *c* montierten Stahlzylinder *d* befindet. Verschlossen wird das Ganze oben durch einen Kopf *e* und einen Stössel *g*, der mittels eines Exzenterhebels angedrückt wird. Geheizt wird durch den Widerstand *m*, und die Temperatur wird mit dem Thermometer *n* gemessen. Der Druck wird hydraulisch erzeugt und durch Quecksilber auf das Öl übertragen (Sperrverschluß). Die Fallstrecke wird durch elektrische Kontakte *i* und *e* markiert. Das Gerät ist für einen Meßdruck von 1500 atü berechnet. Der

Gleitkörper wird mechanisch ausgelöst. Gemessen wird die Zeit, die vom Auslösen bis zum Ertönen der Klingel vergeht, woraus die Gleitgeschwindigkeit berechnet werden kann.

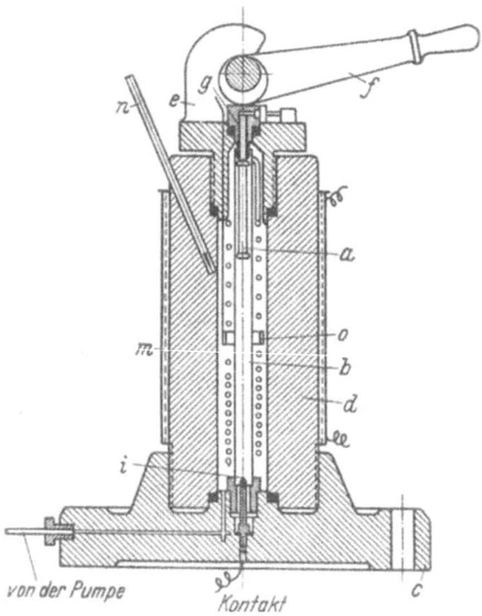

Abb. 73.
Das Hochdruckviskosimeter nach S. KIESSKALT.
a zylindrischer Fallkorper, *b* Messingrohr, *c* Fuß, *d* Stahlzylinder, *e* Verschlußkopf, *f* Exzenterhebel, *g* Deckel, *h* Auslösevorrichtung zum Freigeben des Fallkörpers, *i* Kontaktstift, *m* Widerstand für Wechselstromheizung, *n* Thermometer, *o* Rührer.

f) Das Fallkörperviskosimeter von A. JOBLING und A. S. C. LAWRENCE.

Dieses Gerät ist zur Entscheidung der Frage nach dem Zusammenhang zwischen Viskosität und Volumen gebaut worden. Es erlaubt Messungen bei konstantem Volumen und erhöhter Temperatur. In einem Hochdruckgefäß (Abb. 74) aus Invarstahl wird die zu untersuchende Flüssigkeit bei konstantem Volumen erwärmt. Man läßt einen beschwerbaren Gleitkörper durch die Flüssigkeit fallen und mißt die Fallzeit mittels einiger Induktionsspulen. Wesentlich ist hierbei, daß kein toter Raum übrigbleibt, in dem sich die Flüssigkeit ausdehnen kann. Ein Nadelventil sorgt für vollkommene Füllung ohne toten Raum.

Bei diesen Versuchen ergab sich, daß die Viskosität mit der Erwärmung auch bei konstantem Volumen noch absinkt. Somit ist die Viskosität nicht *nur* eine Funktion des „freien Raumes“ zwischen den Molekülen.

g) Das HÖPPLER-Viskosimeter.

Weite Verbreitung hat auch das HÖPPLERsche Kugelfallviskosimeter gefunden. Da der exzentrische Kugelfall auf geneigter Bahn ein hydrodynamisch noch ungelöstes Problem ist, gilt es nicht als Absolutviskosimeter in dem eingangs gekennzeichneten Sinne. Es wird daher auf die Prospekte der Firma verwiesen. Eine Angabe des maximalen Geschwindigkeitsgefälles ist nicht möglich. Das Gerät muß empirisch geeicht werden. Bemerkenswert ist jedoch der ungeheure Meßbereich von 10^{-4} bis 10^{+4} Poise.

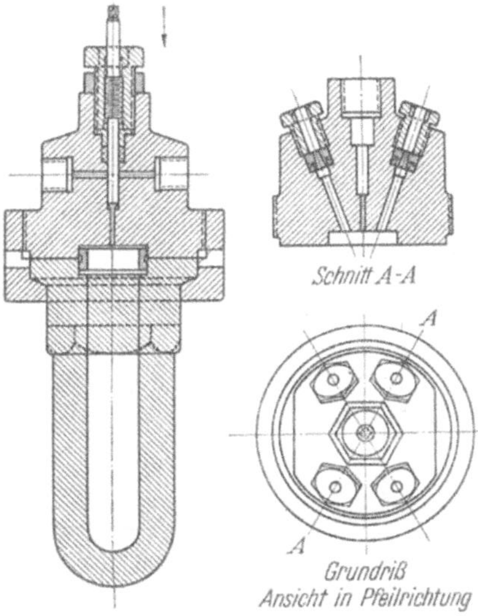

Abb. 74.
Das Fallkorperviskosimeter von A. JOBLING u. A. S. C. LAWRENCE.

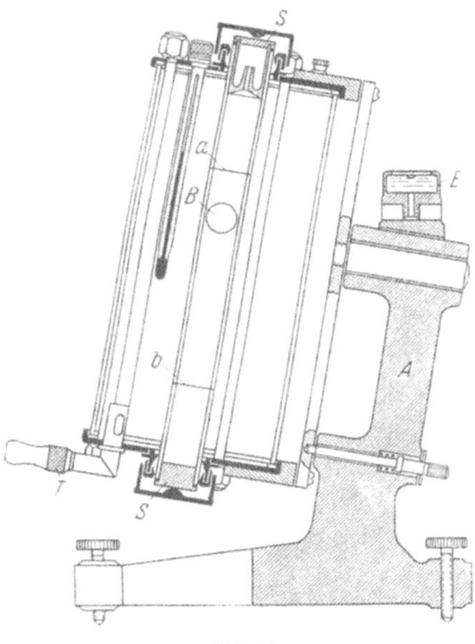

Abb. 75.
Das HOPPLER-Viskosimeter.
a, *b* Meßstrecke, *A* Stativ, *B* Fallkugel, *S* Verschlüsse, *T* Temperierwasseranschluß, *E* Libelle.

h) Das Parallelplattenplastometer von Williams.

Verwandt mit dem Höppler-Konsistometer, jedoch mathematisch genauer berechenbar ist das Parallelplattenplastometer von Williams (Abb. 76). Hier wird die Substanz zwischen zwei parallelen Platten *1* und

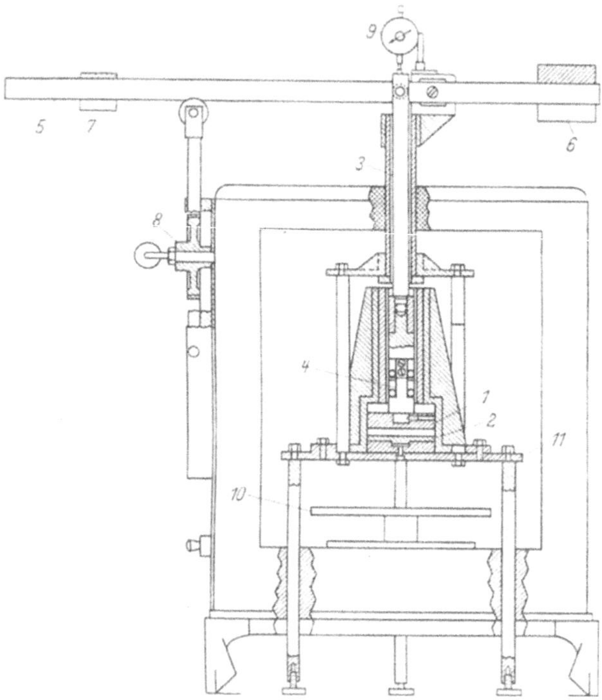

Abb. 76.
Parallelplattenplastometer von Williams.

2 mit einem senkrechten Stab *3* über ein Pleuel *4* mittels Hebel *5*, einem Laufgewicht *7* und einem Gegengewicht *6* belastet und die Stauchung mittels einer Meßuhr *9* gemessen. Arretiervorrichtung *8* und Zentriertische sind vorgesehen. Berechnet wird nach den Gleichungen von Stefan und Natanson.

i) Das Viskosimeter von Pochettino.

Für ganz zähe Flüssigkeiten wie Erdpech u. dgl. hat Pochettino ein koaxiales Zylinderviskosimeter gebraucht (Abb. 77), bei dem ein Messing- oder „Aluzylinder" *b* in einem Hohlzylinder *c* axial bewegt wird. Zu Beginn der Messung wird das System von der Grundplatte *e* abgehoben und auf die Raste f am Dreifuß d gesetzt. Das Ganze steht im Wasserbad. Zur Berechnung dient die folgende Gleichung

$$\eta = \frac{W \cdot g_0 \cdot t \ln R/r}{\pi L 2 h},$$

worin bedeuten

W = Gewicht in gr,
g_0 = Fallbeschleunigung,
R = Radius (1,905) der äußeren und
r = Radius (1,770) des inneren Zylinders in cm,
L = Länge (2,540) der Zylinder in cm,
h = Fallstrecke,
t = Falldauer,

so daß

$$\eta = 24{,}9 \frac{W t}{h}$$

wird.

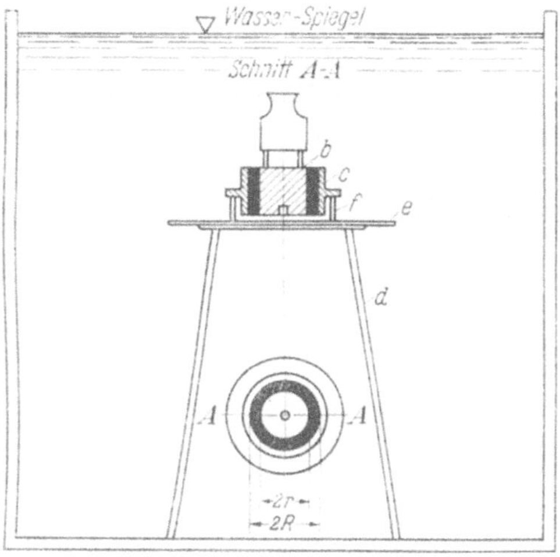

Abb. 77.
Das Viskosimeter von POCHETTINO.

4. Die Rotationsviskosimeter.

Bei den Rotationsviskosimetern wird das Drehmoment gemessen, das ein mit Flüssigkeit gefüllter Zylinder auf einen konzentrischen Innenzylinder durch Reibung überträgt. Vorwiegend werden die Geräte durch Synchronmotoren mit konstanter Geschwindigkeit angetrieben. Sie sind dann meist direkt anzeigend und eignen sich besonders zur Untersuchung nicht-stationärer Fließvorgänge, also bei zeitlich veränderlicher Viskosität (Thixotropie). Sie werden dann auch *Thixotrometer* genannt.

Vielfach wird der Antrieb aber auch mit konstanter Kraft, z. B. durch angehängte Gewichte, bewerkstelligt. Dann wird der Fallweg und die Fallzeit bzw. die Winkelgeschwindigkeit des rotierenden (hier meist des inneren) Zylinders gemessen.

Die Schubspannung ist gegeben (s. S. 74) durch

$$P = \frac{M}{2\pi R_i^2 L},$$

das Geschwindigkeitsgefälle durch

$$G = \frac{2\omega}{\left(1 - \frac{R_i}{R_a}\right)^2}$$

Daraus ergibt sich die Viskosität zu

$$\eta = \frac{P}{G} = \frac{M\,(R_a^2 - R_i^2)}{4\pi R_i^2 R_a^2 \omega L}.$$

M = Drehmoment,
R_i = Radius des inneren,
R_a = Radius des äußeren Zylinders,
L = Länge des Zylinders,
ω = Winkelgeschwindigkeit und
$M = T\varphi$, d. h. das Moment ist proportional der Torsionskonstante T und dem Ausschlag φ.

a) Das Couette-Hatschek-Viskosimeter.

Bei diesem Gerät wird der Innenzylinder A (Abb. 78) mit zwei Ringen E abgeschirmt, so daß unabhängig von der Füllung im Außenzylin-

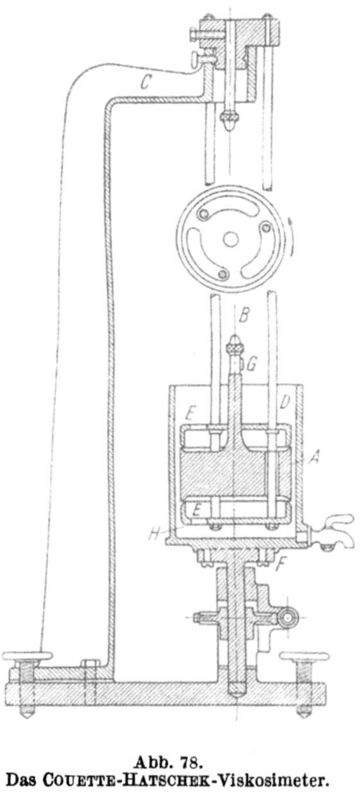

Abb. 78.
Das Couette-Hatschek-Viskosimeter.

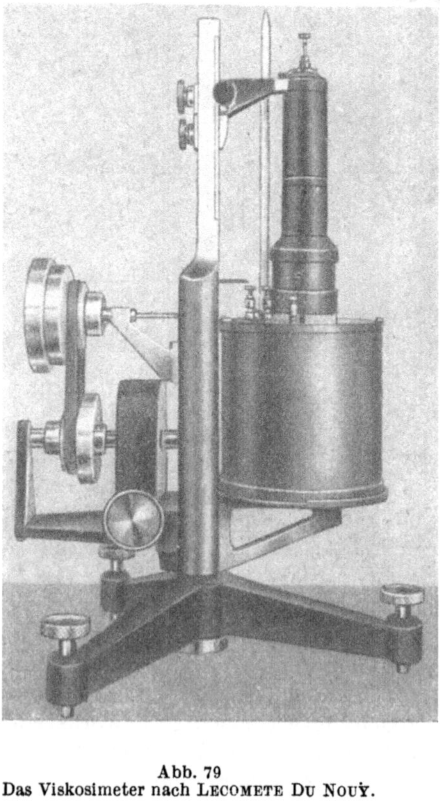

Abb. 79
Das Viskosimeter nach Lecomete Du Nouÿ.

der D eine definierte Länge in Rechnung gesetzt werden kann Der Winkel φ, um den der Torsionsfaden verdreht wird, kann an dem Spiegel G abgelesen werden. Angetrieben wird der äußere Zylinder durch einen Synchronmotor über das Schneckengetriebe f. Die Drehzahl ist veränderlich zwischen 180 und 0,06/min. Zweckmäßig wird ein Autokollimationsfernrohr verwendet. Die erforderliche Flüssigkeitsmenge beträgt etwa 400 ml; die Temperaturkonstanz ist nicht leicht einzuhalten.

Für sehr viel kleinere Mengen (für wenige Milliliter Substanz Blutserum) hat LECOMTE DU NOUY ein Rotationsviskosimeter aus Glas gebaut, bei dem auf die Abschirmringe verzichtet wurde. Die Torsionsschwingungen werden durch ein Flügelrad gedämpft, das in einen kleinen Wasserbehälter taucht.

b) Das DRAGE-Viskosimeter.

Dieses Gerät ist ein direkt anzeigendes Viskosimeter nach dem Rotationsprinzip. Es beruht darauf, daß der antreibende Synchronmotor an einer Feder aufgehängt ist, die der Viskosität proportional tordiert wird, wenn der Tauchkörper in die zu untersuchende viskose Flüssigkeit gebracht wird. Nur für zylindrische Tauchkörper und Gefäße definierter Form ist dieses Gerät ein Absolutviskosimeter in dem eingangs gekennzeichneten Sinne. Für viele praktische Zwecke werden aber auch rührwerkartige Einsätze benutzt, die empirisch geeicht werden müssen. Die Einzelheiten gehen aus Abb. 80 hervor. Das Gerät wird von den Firmen *Epprecht* in Zürich und *Leybold* in Köln hergestellt.

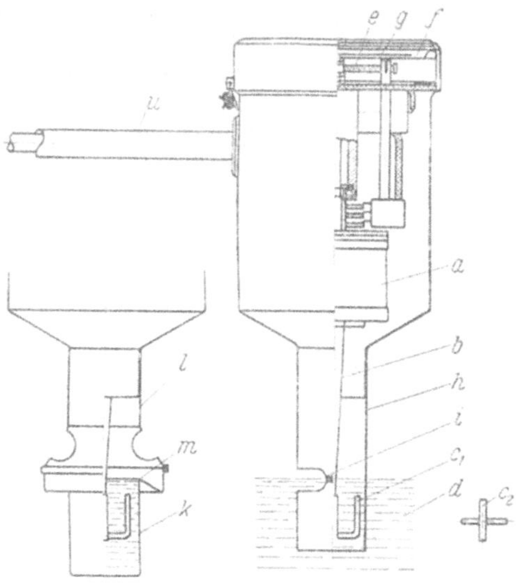

Abb. 80.
Das DRAGE-Viskosimeter.

a Synchronmotor, *b* Achse, c_1, c_2 Rühreinsätze, *d* zu untersuchende Flussigkeit, *e* Zahlwerk, *f* Zifferblatt, *g* Zeiger, *h* Schutzhulse, *i* Einlaufoffnung, *k* auswechselbarer Becher, *l* Schutzhülse, *m* Überlauf, *u* Tragbolzen

c) Fernviskosimeter.

Zur Fernmessung der Viskosität eignet sich das Fernviskosimeter Bauart MPA. Es besteht im wesentlichen aus einem (wassergekühlten) Gleichstrom-Meßmotor mit gerader Kennlinie Type ZA 11 und folgenden Kennwerten:

Spannungsbereich	0,1–24 Volt
Stromaufnahme	0,25–0,55 mAmp.
Ansprechleistung	0,025 mWatt
Reibungsmoment	0,2 cmg
stat. Drehmoment	3,6 cmg/Volt.

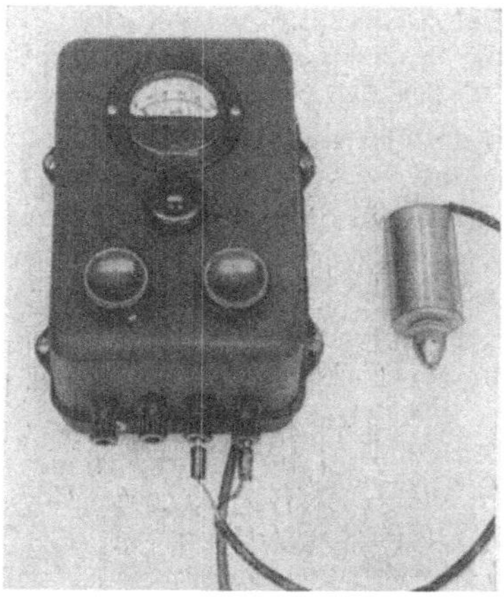

Abb. 81 a.
Das Fernviskosimeter.

Dieser Motor treibt einen Rotationskörper (Kugel) an, der sich in der zu untersuchenden Flüssigkeit befindet. Der Motor liegt im Zweig einer Meßbrücke, deren Nullgalvanometer durch das Brückenpotentiometer im Leerlauf stromlos gemacht werden kann, so daß auch eventuelle Verluste in den Zuleitungen auskompensiert werden können. Gespeist wird die ganze Meßanordnung über einen glimmstreckenstabilisierten Trokkengleichrichter von 15 Volt. Die näheren Daten gehen ohne weiteres aus dem Schaltschema hervor (Abb. 81 b). Das Brückengalvanometer ist durch Parallelwiderstände für fünf Meßbereiche umschaltbar, so daß ein

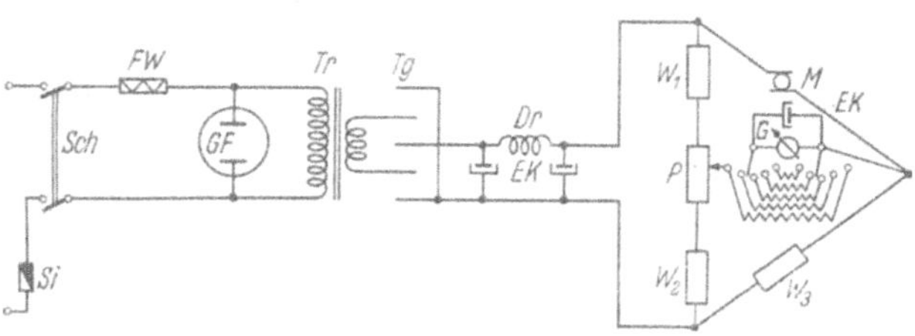

Abb. 81 b.
Schaltung des Fernviskosimeters.

Meßbereich von 2 bis 10^5 Einheiten zu erfassen ist. Die Ansicht des Gerätes zeigt Abb. 81 a. Der Temperiermantel ist weggelassen. Über Einbauvorschriften geben die Prospekte der Herstellerfirma (Sommer & Runge KG., Berlin-Friedenau) Auskunft.

d) Das Viskosimeter von C. L. Babcock.

Dieses Gerät ist für höhere Temperaturen bestimmt. Bei ihm wird das Drehmoment durch Gewichte ausbalanciert und dadurch gemessen. Die dazu erforderlichen Waagebalken W liegen an Bronzebändern und sind dadurch reibungsarm. Bemerkenswert ist der große Meßbereich; 3 bis 10^7 Poise im Geschwindigkeitsbereich von $1:55 \cdot 10^6$. Die Flüssigkeit befindet sich in einem Tiegel unterhalb des Waagetisches. Die Abbildung zeigt einen Spiegel S, der auf der Achse A sitzt. Der Tiegel wird von unten angetrieben und das Drehmoment über die Achse A auf ein Hebelsystem W übertragen. Die Ablenkung wird über den Spiegel S betrachtet. Die Reibungskraft wird durch Auflagen von Gewichten kompensiert.

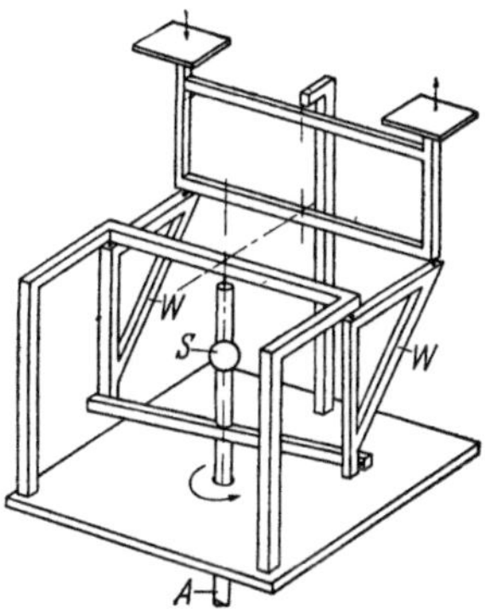

Abb. 82.
Das Viskosimeter von C. L. Babcock.

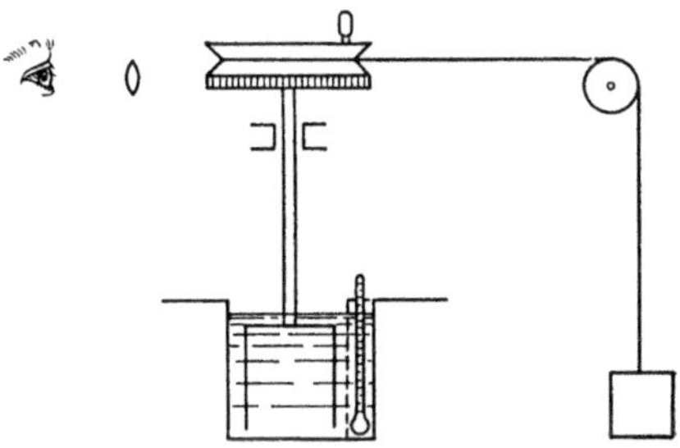

Abb. 83.
Das Stormer-Viskosimeter.

e) Das Stormer-Viskosimeter.

Dieses in der Farben- und Lackindustrie verbreitete Gerät ist ein Rotationsviskosimeter, das mit konstanter Kraft (Gewicht) angetrieben wird. Es besteht, wie Abb. 83 zeigt, aus einem Zylinder mit Achse und Kurbel, der über Seil und Rolle mittels Gewicht angetrieben wird. Der äußere Zylinder steht fest und kann temperiert werden. Es wird die Zeit gemessen, die vergeht, bis das Gewicht die Trommel um eine bestimmte Wegstrecke, in Umdrehungen gemessen, bewegt hat.

f) Das Searle-Viskosimeter.

Das Searle-Viskosimeter besteht, wie Abb. 40 S. 73 zeigt, aus einem inneren Zylinder Z_1 und einem äußeren Zylinder Z_2. Der dazwischenliegende konzentrische Ringspalt wird mit der zu prüfenden Flüssigkeit gefüllt. Angetrieben wird der innere Zylinder durch zwei Waagschalen mit Gewichten über die Fäden F und die Seilrollen S. Auch hier wird die Zeit gemessen, die vergeht, bis ein bestimmter Fallweg zurückgelegt wird.

g) Das Konsistometer von H. Umstätter.

Dieses Gerät ist ursprünglich für Asphaltbitumen entwickelt worden. Im Laufe der Jahre hat sich ergeben, daß es auch für andere konsistente Stoffe, z. B. Mehlteig, Druckpasten, Kunststoffe u. ä., verwendbar ist.

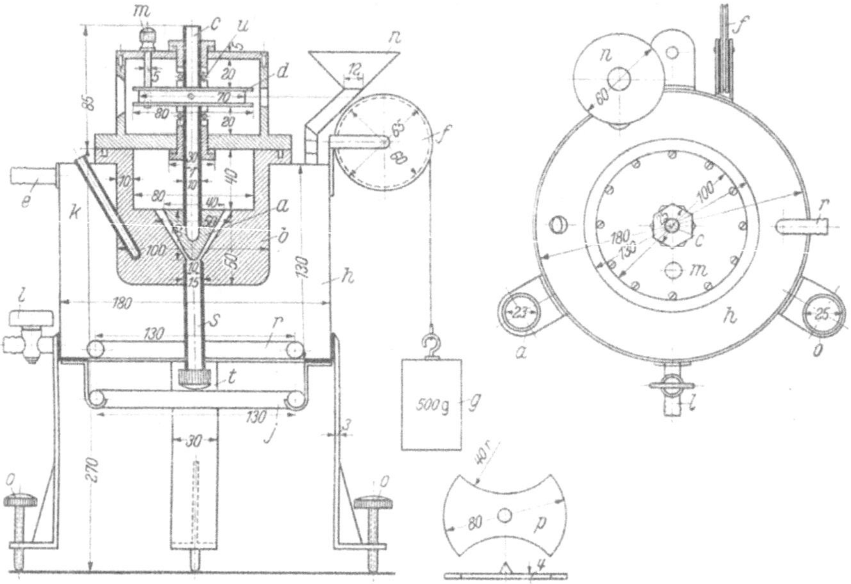

Abb. 84.
Das Konsistometer von H. Umstätter.

Es besteht im wesentlichen aus einem kegelförmigen Rotationskörper *a*, der sich in einem metallenen Muldenkörper *b* bewegt. Der Zwischenraum ist durch die zu untersuchende Substanz ausgefüllt. Angetrieben wird der Kegel über die hohle Achse *c* und die Triebrolle *d* mittels Seil, das in der Seilrolle *f* geführt ist, durch das Gewicht *g*. Temperiert wird durch den Temperiermantel *h*, der durch den Ringbrenner *k* heizbar ist. Die Temperatur wird durch Thermometer gemessen, die in die hohle Achse *c* und die Hülse *k* eingeführt werden. Bei höheren Anforderungen an die Meßgenauigkeit schließt man bei *l* und *e* einen Umlaufthermostaten an. Im anderen Falle muß das verdampfte Wasser von Zeit zu Zeit durch den Trichter *n* nachgefüllt werden. Der Meßvorgang wird durch Lüften der Sperrklinke *m* gestartet. Beim Einfüllen der geschmolzenen Substanz ist zu beachten, daß das ganze Gerät justiert ist, wozu die Nivellierschrauben *o* dienen. Die richtige Menge Prüfsubstanz ist dann enthalten, wenn der auf *b* aufgelegte Pegel *p* gerade mit seiner Spitze das Spiegelbild in der Flüssigkeit berührt. Dann füllt nach dem Einsetzen des Kegels die Flüssigkeit die Kegelmulde gerade bis zum Rand. Mit dem Luftrührer *r* läßt sich das Temperierbad durchmischen. Aus dem Ausflußrohr *s* fließt nach dem Lösen der Schraube *t* der Asphalt aus, wenn das Bad hinreichend warm ist, so daß eine leichte Reinigung möglich ist.

Gemessen wird die Zeit, die vergeht, bis die Trommel *d* sich um einen bestimmten Winkel weitergedreht hat, wenn man ein bestimmtes Gewicht Q anhängt. Berechnet wird die Viskosität nach folgender Gleichung:

$$\eta = \frac{K \cdot Q \cdot t}{l}$$

worin bedeuten

η = Viskosität in Poise
Q = angehängtes Gewicht in g,
t = Fallzeit in sec,
l = Trommelteile, die man unter einer Visolettlupe parallaxenfrei über ein Visier abliest.

K ist eine Gerätekonstante, die sich aus den Abmessungen des Gerätes herleiten läßt. Sie beträgt

$$K = \frac{3\, R_i\, R_a\, (r_1 - r_2)\, h}{2\, r_2^3\, s^2\, \pi} \cdot 981.$$

Darin sind R_i und R_a der innere und der äußere Radius der Treibrolle,
$r_1 - r_2$ die Spaltbreite zwischen Kegel und Mulde,
h die Höhe des Kegels und s dessen Seitenlänge.

Geeicht wird das Gerät mit sehr zähflüssigen Substanzen, deren Viskosität man auf einem Kapillarviskosimeter gemessen hat. Die Eichung ist jedoch nicht genauer als die Berechnung der Konstante aus den Abmessungen, weil diese Substanzen in der Regel strukturviskos sind. Es sind zwei Kegel vorgesehen: einer, der eine konstante Spaltbreite (r_1—r_2) freiläßt für Viskositätsmessungen und ein zweiter, bei dem der Spalt sich gegen die Kegelspitze verjüngt, so daß in allen Zonen das gleiche Geschwindigkeitsgefälle herrscht (für Messungen bei einem definierten Geschwindigkeitsgefälle). Bei konsistenten Fetten wird der Kegel durch einen Asynchronmotor angetrieben und das Absinken der Drehzahl gemessen.

h) Das Thixotrometer nach H. Umstätter.

Das Thixotrometer ist ein mittels Synchronmotor angetriebenes Rotationsviskosimeter. Es besteht aus einem rotierenden äußeren Zylinder *a* und einem abhebbaren inneren Zylinder *b*. Der konzentrische Zwischenraum wird durch die Prüfflüssigkeit ausgefüllt. Der Synchronmotor *c* ist in einem Schutzgehäuse *d* untergebracht. Temperiert wird mit einem Temperiermantel *e*. Die Temperatur wird mit einem Thermometer *f* gemessen. Um etwaige Schwingungen des inneren Zylinders *f* zu dämpfen, sind unter ihm Hülsen *g* angebracht, die darüber einen so engen Raum freilassen, daß die eindringende Flüssigkeit einen hinreichenden Dämpfungswiderstand ergibt. Gemessen wird der Torsionswinkel des Drahtes *h* im Schutzrohr *i*. An der Skala *j* unter der Visolettlupe wird der Winkel abgelesen. Bei kleineren Ablenkungswinkeln benutzt man den Spiegel *l* und ein Autokollimationsfernrohr. Justiert wird das Gerät mittels der Libelle *m* und der Nivellierschrauben *n*. Die richtige Menge Flüssigkeit wird mit drei verschiedenen Pegeln *p* kontrolliert, die jeweils zu den ver-

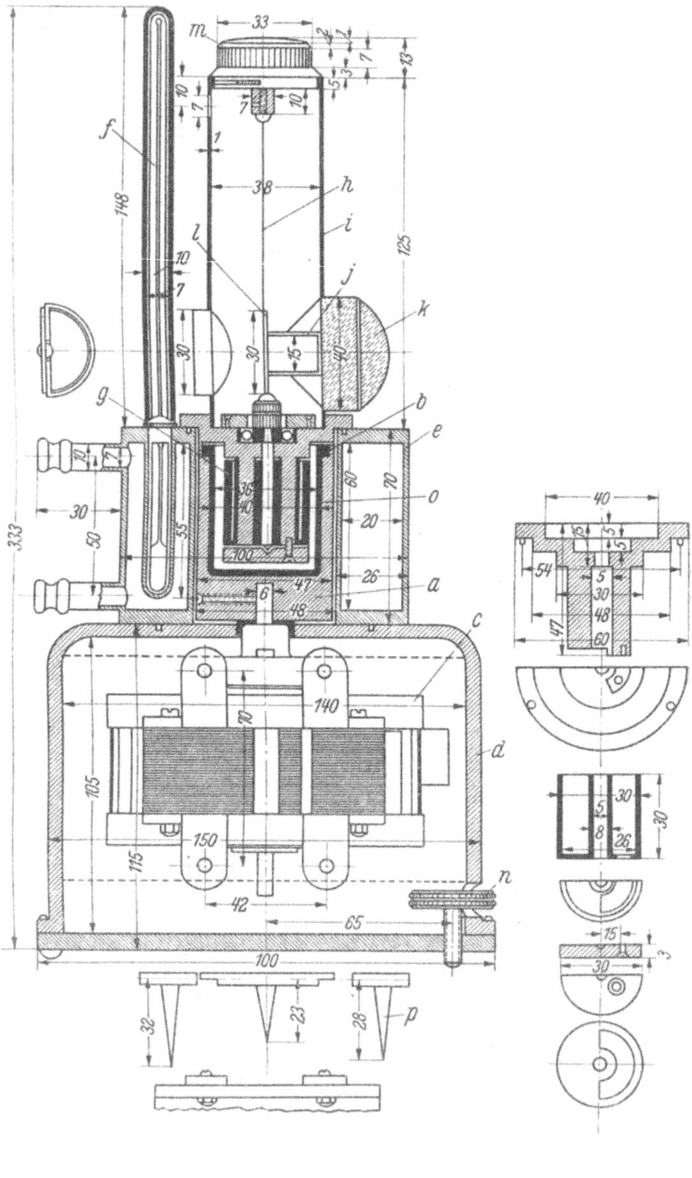

Abb. 85 a.
Das Thixotrometer nach H. UMSTATTER (Schnitt).

schiedenen auswechselbaren Einsätzen passen. Dieses Gerät wird jetzt auch mit zwei Mersmotoren und Differentialgetriebe für kontinuierlich veränderliche Drehzahl gebaut (Abb. 85b).

Thixotrometer dienen hauptsächlich dazu, die Zeitfunktion der Viskosität aufzunehmen. Dazu sind nur direkt anzeigende Geräte geeignet, die Momentanwerte ergeben.

Da bei Relaxationsversuchen an thixotropen Suspensionen stets nur Verhältniszahlen interessieren, müssen die Geräte nicht geeicht werden, obwohl die Gerätekonstante sich auch hier aus den Abmessungen herleiten läßt. Die Viskosität ist gegeben durch

$$\eta = \frac{T\alpha\,[1 - (R_i/R_a)^2]}{2\pi R_i^2 L \cdot 2\omega},$$

worin bedeuten

η = Viskosität in Poise,
$T\alpha$ = Torsionsmoment des Drahtes,
α = Ausschlag,
R_i = Innenradius,
R_a = Außenradius,
L = Länge des Zylinders zwischen den Abschirmringen,
ω = Winkelgeschwindigkeit des rotierenden Zylinders.

Abb. 85 b.
Das Thixotrometer nach H. UMSTÄTTER (Ansicht).

i) Der Viskograph von BRABENDER.

Ein direkt anzeigendes und registrierendes Gerät nach dem COUETTE-Prinzip zeigt Abb. 86. Die Einzelheiten sind den Prospekten der Firma zu entnehmen. Dieses Gerät muß ebenfalls empirisch geeicht werden.

j) Das KÄMPF-Viskosimeter.

Dieses Gerät hat in der Betriebskontrolle der Kunstseidenindustrie große Verbreitung gefunden. Es besteht ähnlich dem SEARLE-Viskosimeter aus einem zylindrischen Rotationskörper a, der über Seil und Rolle durch ein Gewicht b angetrieben wird. Das Besondere an diesem Gerät ist, daß der äußere Zylinder aus dem Becherglas selbst besteht, in das die Prüfflüssigkeit eingefüllt wird, so daß der Subtrahend $(R_i/R_a)^2$ im Zähler der MARGULESchen Gleichung (s. oben) praktisch gleich Null wird und die Gerätekonstante nur noch von dem Radius R_i des Rotationskörpers abhängt. Das hat den Vorteil, daß man beliebig geformte Gefäße hinreichender Größe, in denen man gerade die Proben nimmt, direkt unter

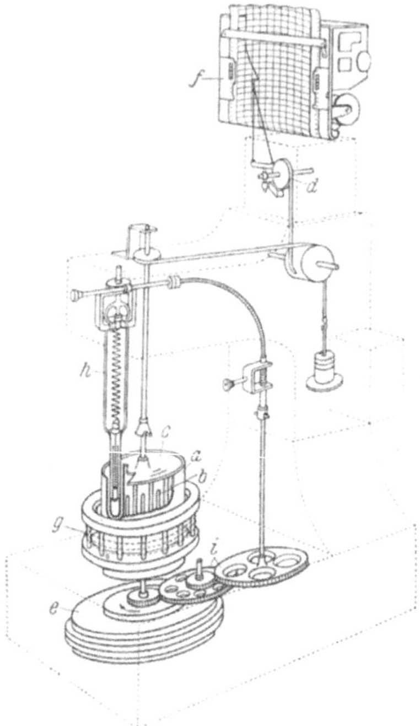

Abb. 86.
Der Viskograph von BRABENDER.
a äußerer Zylinder, *b* Stabeinsätze, *c* rotierender Innenteil, *d* Zeigerwerk, *e* Synchronmotor, *f* Schreibgerät, *g* Heizwicklung, *h* Kontaktthermometer. *i* Getriebe.

den Apparat stellen kann. Für gewöhnlich hat diese große Masse der Flüssigkeit dann auch so eine geringe Abkühlungskonstante, daß für die kurze Zeit der Messung eine besondere Temperiervorrichtung entbehrlich wird. Um die Meßzeit abzukürzen, wird neuerdings die Zeit fotoelektrisch festgestellt. Als Stoppuhr dient ein AEG-Synchronlaufwerk für 0,01 sec Ablesegenauigkeit. Um die Reibung in den Lagern *c* zu verringern, wurde früher ein leichter Luftstrom hindurchgesaugt, der die Gleitfläche wie beim Rotameter in Schwebe hält. Neuerdings wird der Gleitkörper elektromagnetisch angehoben und durch das Magnetfeld in Schwebe gehalten: dem dient der Arretierungsschalter *d* und ein Milliamperemeter. Justiert wird mit der Dosenlibelle *e* und den Fußschrauben *f*. Der Fallkörper fällt in ein Schutzrohr, das mit der Schraube *g* gehalten wird. Die Rotationskörper werden mit der Klemme *h* befestigt. Das Tischchen für die Probengefäße kann durch den Spindeltrieb *i* in der Höhe verstellt werden. Ein ähnliches Gerät ist von F. PATAT und G. SEYDEL beschrieben worden.

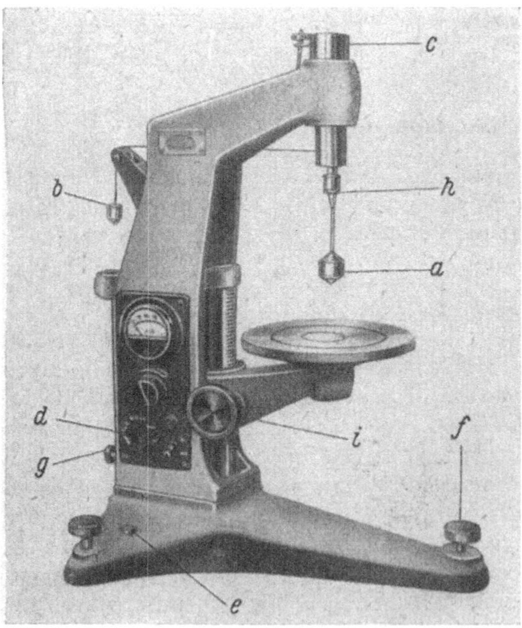

Abb. 87.
Das KAMPF-Viskosimeter.

k) Das Wolarowitsch-Viskosimeter.

Das Gerät hat fast die gleiche Form wie das Searle-Viskosimeter, d. h. es wird ein Rotationskörper aus Platin-Iridium von zwei Gewichten G über Seil und Rolle sowie von der Spindel S angetrieben. Die zu

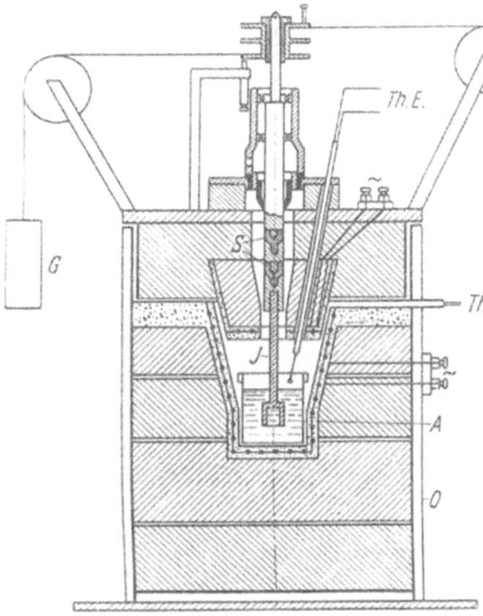

Abb. 88.
Das Wolarowitsch-Viskosimeter.

prüfende Schmelze befindet sich in dem Platintiegel a, der in der feuerfesten Ummantelung o steht. Geheizt wird mit Wechselstrom, der an die Klemmen ∼ gelegt wird; die Temperatur wird thermoelektrisch bei Th gemessen. Der Temperaturbereich erstreckt sich von 500 bis 1400° C.

l) Das Kompensationsviskosimeter von A. Wesp.

Ein direkt anzeigendes Viskosimeter nach dem Couette-Prinzip kann dadurch gewonnen werden, daß die Torsionskraft der Feder durch einen Fotozellenkompensator kompensiert wird. Der Anodenstrom ist dann proportional dem Drehmoment und damit der Viskosität, so daß das Galvanometer mit Viskositätskennwerten beschriftet werden kann. Der Aufbau geht aus der Abb. 89 hervor. In dem Temperiergefäß a befindet sich die zu untersuchende Flüssigkeit. Mittels des Antriebs b wird der äußere Zylinder in Rotation versetzt, wodurch das Drehmoment auf den inneren Zylinder übertragen wird. Ein astatisches Nadelpaar wird durch das Spulenpaar C so lange angezogen, bis der Spiegel d die Lichtstrahlen der Lampe h auf die Fotozelle e reflektiert und dadurch der Röhre f die Gitterspannung aufdrückt, die die Röhre braucht, um mittels des Stromes i aus der Spannungsquelle g über das RC-Glied k das Gleichgewicht herzustellen.

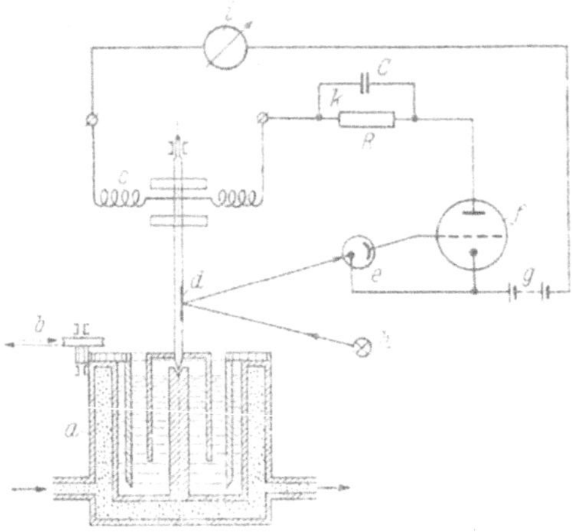

Abb. 89.
Das Kompensationsviskosimeter von A. WESP.

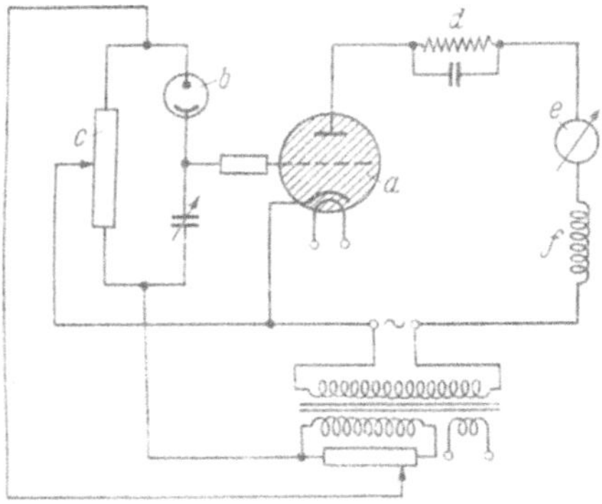

Abb. 90.
Schaltschema des Kompensationsviskosimeters von A. WESP.

Das ganze System ist in Steinen gelagert, so daß man auch mit relativ dünnen Spalten arbeiten und strukturviskose Stoffe untersuchen kann. Bei großen Drehmomenten verwendet man Thyratronröhren statt normaler Verstärkerröhren. Eine geeignete Schaltung ist in Abb. 90 zu sehen. Es bedeuten a ein Thyratron 4686, b die Fotozelle, c den Phasenschieber, d ein Dämpfungsglied (RC), e das Galvanometer, f die Spule des Momentengebers. Der Meßbereich einer solchen Anordnung soll 1 bis 100000 cP betragen ohne Auswechslung von irgendwelchen Teilen. Da das Gerät eine Fernanzeige ermöglicht, ist es besonders zur Kontrolle im Fließbetrieb geeignet.

m) Das GARRISON-Viskosimeter.

Für einen Bereich von 10^{-2} bis 10 Poise ist das GARRISON-Viskosimeter bestimmt, es kann die Schergeschwindigkeit in einem Bereich von 9:1 variieren. Es eignet sich für Bentonitsuspensionen und wird empirisch geeicht.

n) Das BROOKFIELD-Synchrolectric-Viskosimeter.

Das BROOKFIELD-Synchrolectric-Viskosimeter, von dem noch keine Ansicht im Schrifttum zu finden ist, wurde von D. V. LYTTLETON und R. N. TRAXLER beschrieben, dient vornehmlich zur Untersuchung von Asphaltemulsionen und wird ebenfalls von einem Synchronmotor angetrieben. Vier Spindeln für verschiedene Geschwindigkeitsgefälle sind vorgesehen. Sie sind geeicht zum Eintauchen in ein unendlich ausgedehntes fließfähiges System.

o) Das Viskosimeter von Ewart und Mooney.

Eine der neuesten Entwicklungen auf dem Gebiet der Konsistenzmessung im Bereich von 10^3 bis 10^9 Poise ist das Gerät von Ewart und Mooney. Die Duplizierbarkeit der Meßergebnisse wird zu $\pm 3\%$ bei der gleichen Probe und zu $\pm 10\%$ bei verschiedenen Proben angegeben. Der wichtigste Teil des Gerätes ist in Abb. 91 gezeigt. *b* ist der Rotor, *a* das Stativ und *c* der Deckel, *d* der Zwischenraum für den Prüfling.

p) Das Viskosimeter von Ford und Arabian.

Die Endkorrektur an Rotationsviskosimetern wird umgangen durch das offene Endviskosimeter von Ford und Arabian, bei dem das Bitumen in Form eines Ringes eingegossen wird (Abb. 92). Die verformende Kraft wird durch Gewichte erzeugt, die mittels Seil auf die Trommel vom Radius r_3 übertragen werden. Die Viskosität wird berechnet nach der Gleichung

$$\eta = \frac{360\, W \cdot g \cdot r_3 (r_2 - r_1)\, t}{4 \pi^2 r_0^3 L \alpha},$$

worin bedeuten

W = Antriebsgewicht in g,
r_2 äußerer, r_1 innerer Radius in cm,
r_3 Trommelradius in cm,
L = Ringtiefe in cm,
t = Fallzeit in sec,
α = Drehwinkel in Grad.

Für

$$r_0 = \sqrt{\frac{2 r_1^2 r_2^2}{r_1^2 + r_2^2}}$$

zu setzen.

Der Winkel α wird mittels Spiegel gemessen.

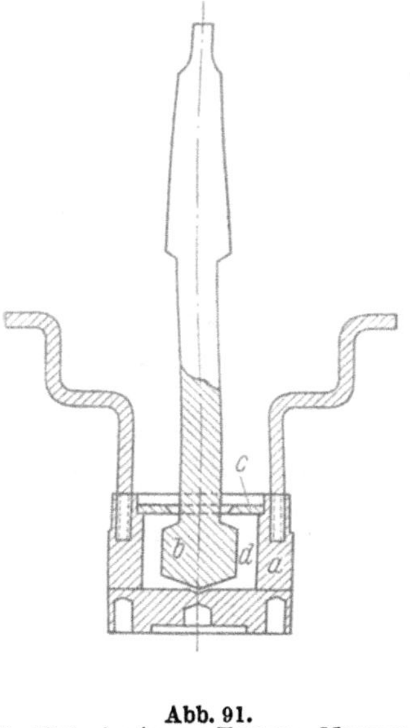

Abb. 91.
Das Viskosimeter von Ewart u. Mooney.

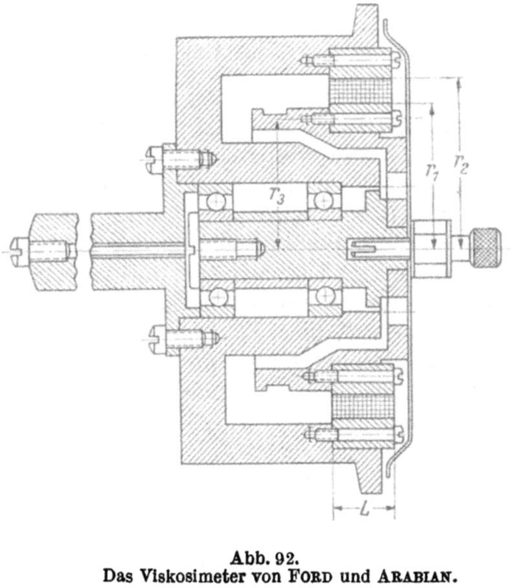

Abb. 92.
Das Viskosimeter von Ford und Arabian.

q) Das GREEN-Viskosimeter.

Ein Präzisions-Rotationsviskosimeter hat GREEN beschrieben, das für Viskositäten von 1 bis 2500 Poise und Fließfestigkeiten von 1000 bis 180000 Dyn/cm² bestimmt ist und vornehmlich für Druckpasten und Anstrichfarben, Firnisse, Tinten dient.

Die Viskositäten der Eichöle können mit einer Genauigkeit von $\pm 1\%$ und die der thixotropen Pasten mit einer solchen von $\pm 5\%$ vermessen werden. Die Spindel macht 10 bis 400 Umdr./Min. Gemessen werden die

„Plastische Viskosität" $= (T - T_2)\, S/W$ und die
Fließfestigkeit $= C \cdot T_2$,

worin bedeuten

T = Torsion, W = Kreisfrequenz,
T_2 = Schwellenwert der Torsion, S und C = Gerätekonstanten.

Ein Vorläufer dieser Geräte ist das MACMICHAEL-Viskosimeter.

5. Die Schwingungsviskosimeter.

Mit diesen Geräten können Messungen bei Strömungsgeschwindigkeiten mit periodisch wechselnder Richtung ausgeführt werden. Es ergeben sich hierbei Scheinviskositäten von der Größe

$$\tilde{\eta} = \eta_\infty + \frac{\eta_0 - \eta_\infty}{1 + \omega^2 \tau^2},$$

worin bedeuten

η_0 = Viskosität bei der Frequenz 0 und
η_∞ = Viskosität bei der Frequenz ∞.

a) Das PHILIPOFF-Viskosimeter.

Das Gerät besteht aus einer Nadel N, die in einer Kapillare K schwingt. Der zylindrische Spalt ist mit der zu untersuchenden Flüssigkeit ausgefüllt. Die Schwingungen werden durch eine Saite S erzeugt, die zwischen den Polen eines starken DUBOIS-Magneten P_1 und P_2 ausgespannt ist. Erregt werden diese Schwingungen durch die Wicklungen W_1 und W_2, die auf den Polschuhen der Magnete liegen. Die Frequenz dieser Schwingungen ist bestimmt durch die Spannung des Bandes. Ein Röhrengenerator R unterhält diese Schwingungen über die beiden Transformatoren T_1 und T_2. Die Amplituden werden durch die Mikrometerschraube M begrenzt. Die Batterie B und der Induktor F zeigen den Kontakt an. Das Tischchen mit der Kapillare ist durch den Zahntrieb Z verstellbar. Die Amplitude ist regelbar durch den Anodenstrom, der durch das Amperemeter A angezeigt wird. C ist ein Kondensator.

Berechnet wird die Viskosität nach der Gleichung

$$\eta = \left[A \frac{\ln \frac{R_i}{R_a} a}{2 \pi^2 \sqrt{2}\, x\, d\, L} \right] \frac{dI}{f} = K \cdot \frac{dI}{f},$$

worin bedeuten

A = Tragfähigkeit des Elektromagneten in Dyn/mA,
R_a = Radius der Kapillare,
R_i = Radius des Schwingers,
a = Länge des Bandes zwischen Einspannung und Masse,
dL = Eintauchtiefe,
dI = Stromänderung,
f = Frequenz,
x = Amplitude des Schwingers.

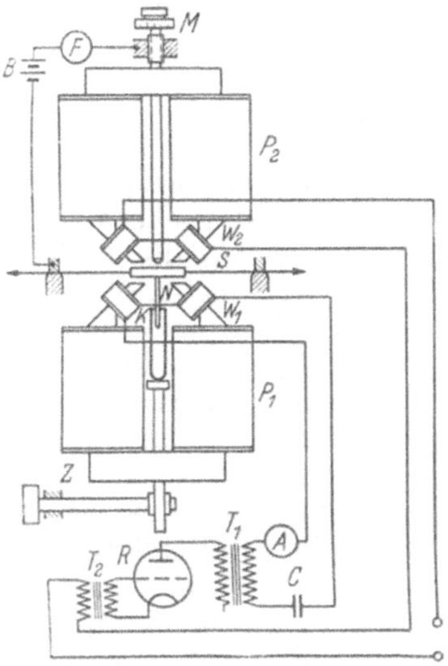

Abb. 93.
Das PHILIPOFF-Viskosimeter.

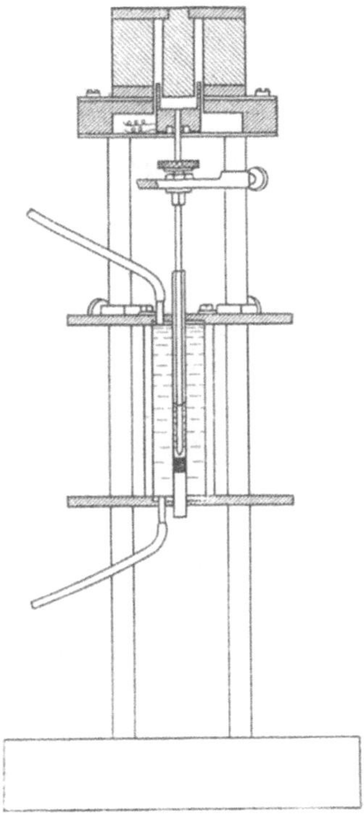

Abb. 94.
Das Schwingungsviskosimeter von SMITH.

b) Das Schwingungsviskosimeter von SMITH.

Ein absolutes Schwingungsviskosimeter mit einem Lautsprechermagnet ist von SMITH gebaut worden. Es wird elektromechanischer „Transducer" genannt und ist schematisch in Abb. 94 gezeichnet. Gemessen wird die Impedanz des Schwingkreises, so daß die Viskosität sich ergibt aus

$$\eta = \frac{(B\,l)^2 \cdot 10^{-9}\,(R - R_0)}{[(R - R_0)^2 + (x - x_0)^2]\,\alpha' L},$$

worin bedeuten

B = magnetische Induktion in Gauss,
l = Länge der Spule im Feld,
R = elektrischer Widerstand,
x = elektrische Reaktanz der Spule,
R_0 und x_0 = die gleichen Werte bei festem Stab,
L = Eintauchtiefe.

Die Größe α' ist gegeben durch

$$\alpha' = \frac{2\pi\left(\frac{r_a^2 + r_i^2}{r_a^2 - r_i^2}\right)}{\frac{r_a^2 + r_i^2}{r_a^2 - r_i^2}(\ln r_a/r_i) - l},$$

worin r_a und r_i die Radien der Prüfrohre bzw. des schwingenden Stabes bedeuten. Die Messungen sollen auf 5% genau sein.

c) Das Pryce-Jones-Thixotropometer.

Das Gerät, das besonders zur Untersuchung von Farbpigmenten verwendet wurde, beruht auf folgendem Prinzip: Ein astatisches Magnetnadelpaar A wird durch einen kräftigen Magneten NS aus seiner Ruhelage gebracht und hierbei die Torsionsfeder vorgespannt. Dadurch führt der innere Zylinder Zi Torsionsschwingungen in der zu untersuchenden Flüssigkeit aus, die in dem äußeren Zylinder Za untergebracht ist. Aus der Dämpfung dieser Torsionsschwingung, deren Amplituden durch den Spiegel Sp auf der Filmrolle RT registriert werden können, läßt sich die Viskosität berechnen.

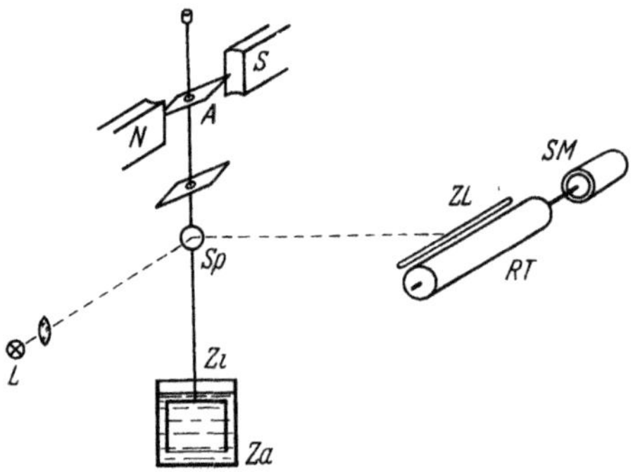

Abb. 95.
Das Thixotropometer nach Pryce-Jones

d) Das Kristallviskosimeter von P. Mason.

Dieses Gerät, das zur Untersuchung der Scheinviskosität mikromolekularer Substanzen bestimmt ist, deren Dispersionsbereich im Gebiet des Ultraschalls liegt, beruht auf der Ausnutzung der Torsionsschwingungen eines Phosphat- bzw. Quarzkristalles, der durch einen Röhrengenerator erregt wird. x, y, z bezeichnen die Kristallachsen, nach denen der Torsionskristall geschnitten ist.

e) Der Relaxationsmesser Bauart MPA-Dahlem.

Das Gerät, das zur Messung extrem hoher Zähigkeiten über 10^{18} Poise bestimmt ist, besteht aus einem Stahldraht a, der in einem massiven Stahlzylinder e zwischen zwei gegeneinander versetzten Telefonmagneten b ausgespannt ist. Versetzt müssen die Magnete darum sein, weil sonst eine gegenseitige magnetische Beeinflussung möglich ist. Das Ganze ist mit einem Temperiermantel d umgeben, der vom Temperierwasser eines Umlaufthermostaten bei g gespeist wird, um eine thermische Dehnung des Gehäuses zu verhindern. Geregelt wird die Spannung der Saiten durch die Spindel mit den gehärteten Klemmbacken *c*. Diese werden mit der Schraube *f* festgezogen und der Draht in einer zentrischen Bohrung

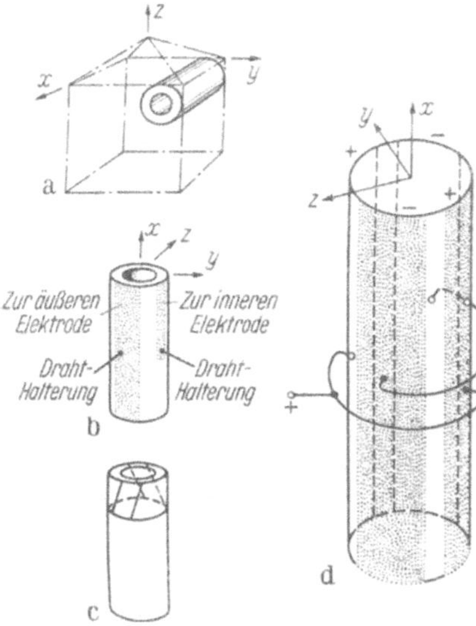

Abb. 96.
Kristallviskosimeter von P. MASON.

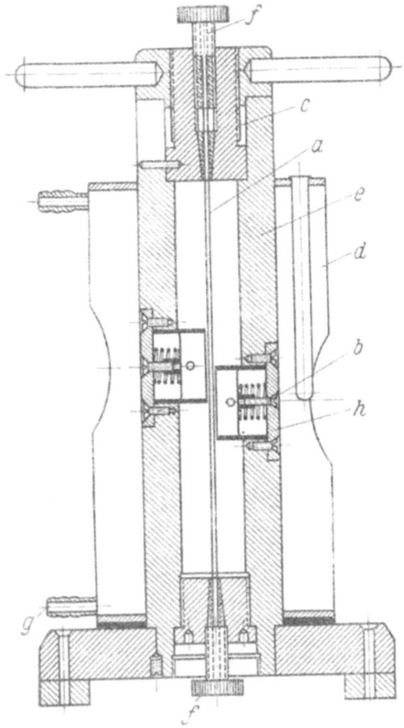

Abb. 97.
Der Relaxationsmesser nach H. UMSTATTER, Bauart MPA.

geführt. Die Amplitude kann mit der Stellschraube *h* geregelt werden. Da die Frequenz in geringem Maße amplitudenabhängig ist, darf eine einmal eingestellte Amplitude nicht mehr verändert werden. Der Draht wird mit einem Röhrengenerator (Abb. 98) in seiner Eigenfrequenz erregt und mit der konstanten Frequenz eines Stimmgabelgenerators verglichen. Der Vergleich auf akustischem Wege ist nicht empfindlich genug, weil zwei Töne mit einer Frequenzdifferenz von weniger als 1 Hz sich schon mitnehmen (synchronisieren). Schaltet man die durch den Ton bedingten Spannungsschwankungen auf die beiden Plattenpaare eines Kathodenstrahloszillographen, so erhält man bei völliger Frequenzgleichheit eine stehende LISSAJOUsche Figur, die sich schon bei einer Frequenzdifferenz von weniger als $^1/_{100}$ Hz zu drehen beginnt. Aus der Rotationsgeschwindigkeit kann man dann die Frequenzdifferenz und daraus den Spannungsabfall (Relaxation) verfolgen. Es ist dann

$$\nu = \frac{n}{2l}\sqrt{\frac{P}{\varrho}},$$

oder für kleine Frequenzdifferenzen

$$\frac{dP}{P} = \frac{2\,d\nu}{\nu},$$

worin bedeuten

ν = Frequenz, l = Länge der Saite,
P = Spannung, n = Ordnungszahl der Schwingung.
ϱ = Dichte,

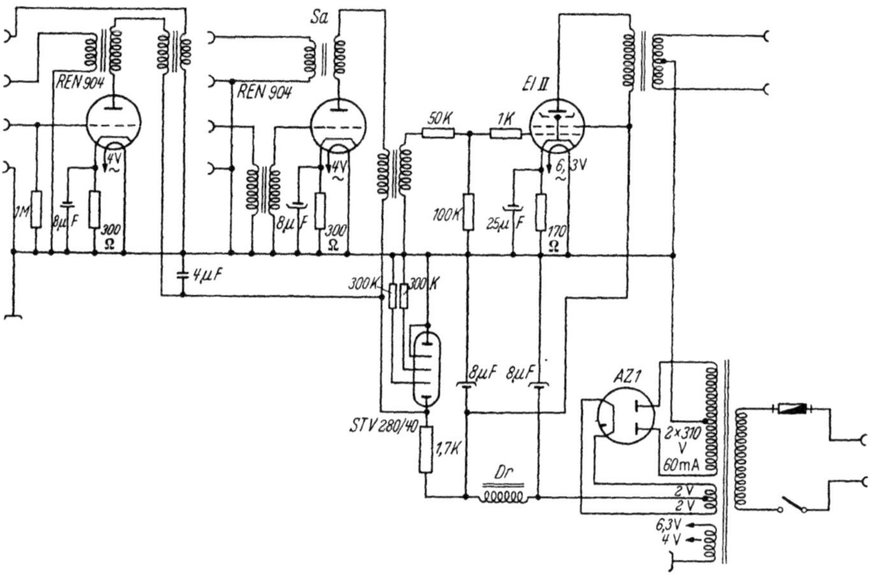

Abb. 98.
Röhrengenerator zum Relaxationsmesser, Bauart MPA-Dahlem.

Für genaue Messungen ist eine automatische Amplitudenregelung nötig. Dies erfolgt in der üblichen Weise, wie bei der Fadingregelung in der Radiotechnik, durch eine Duodiode (*EB* 11 in Abb. 101), mit der die erforderliche Regelspannung erzeugt wird, und der Regelpentode *EF* 11. Zur Vermeidung von Rückwirkungen legt man noch eine Trennstufe *EF* 14 vor die Endpentode *EL* 12. Das Netzanschlußgerät soll nach Möglichkeit durch einen Glimmspannungsteiler *STV* 280/40 mit Eisenwasserstoffwiderstand *W* 17 stabilisiert sein. Die Messungen streuen dann weniger als 0,003 %. Man kann auf diese Weise schon bei Stählen mit einer Bruchfestigkeit 280 kg/mm² bei Spannungen von nur 37 kg/mm² in 100 Stunden Relaxationserscheinungen nachweisen.

Stellt man die relaxierende Spannung stetig nach, indem man an dem Handrad der Spindel dreht, so kann man die erforderliche Dehnung an einer Mikrometerteilung ablesen und direkte Viskositätsmessungen nach dem Prinzip des gezogenen Stabes ausführen. Die Theorie hierzu ist schon von F. T. TROUTON entwickelt worden. Daraus ergibt sich die Zähigkeit zu

$$\eta = \frac{p}{F} \cdot \frac{L}{3\,d\,L/d\,t}\,.$$

Darin sind

η = Zähigkeit in Poise, L = Länge der Saite,

$\frac{p}{F}$ = Spannung (Belastung p durch Querschnitt F), t = Zeit.

Es ergeben sich auf diese Weise Werte von 10^{18} Poise und mehr.

Anhang.

1. Vorbereitung der Substanz.

Die zur Messung verwendeten Substanzen müssen rein sein, denn nur dann können reproduzierbare Werte mit verschiedenen Proben des gleichen Stoffes erhalten werden. Ist dies, wie bei allen technischen Erzeugnissen, nicht möglich, dann müssen genaue Angaben über die Art der Verunreinigungen, die Einfluß auf die Viskosität haben können, gemacht werden.

Bei Kapillarviskosimetern für niedrig-viskose Flüssigkeiten, wo dünne Kapillaren verwendet werden, muß man die Flüssigkeiten filtrieren. Sonst genügt ein Sieben durch engmaschige Siebe. Dazwischen liegen die Glasfrittenfilter, die den Vorteil haben, daß man die Flüssigkeiten auch unter Druck oder über Vakuum hindurchsaugen kann, wodurch Zeit gespart wird.

Man muß sich jedoch im klaren darüber sein, daß solche Maßnahmen nur sinnvoll sind bei NEWTONschen Flüssigkeiten, aus denen man Schwebekörper entfernen will, um eine Verstopfung der Kapillaren oder Spalte zu verhindern.

Dies ist nicht mehr zulässig bei thixotropen Substanzen, die im wesentlichen solche Suspensionen darstellen und gerade wegen dieser Beschaffenheit ein solches Verhalten zeigen. Würde man diese Nicht-NEWTONschen Flüssigkeiten filtrieren oder sieben, dann würden sie diese Eigenschaften ganz oder teilweise verlieren, und die wesentlichen Merkmale dieser Substanz blieben unmerkbar.

Es ist daher nicht sinnvoll, solche Flüssigkeiten zu „reinigen". Man muß vielmehr die genaue Beschreibung ihrer Beschaffenheit einschließlich ihrer Vergangenheit geben und darf höchstens mit freiem Auge sichtbare Fremdkörper entfernen.

In ein anderes Kapitel gehören Verunreinigungen durch Lösungsmittelreste, die bei der Reinigung der Viskosimeter zurückbleiben.

Viskosimeter müssen daher unbedingt trocken sein oder müssen so lange mit der Prüfsubstanz ausgespült werden, bis alle Reste fremder Substanzen entfernt sind. Es ist zu beachten, daß nicht die Viskositäten, sondern ihre Logarithmen additiv sind, so daß insbesondere leichtflüssige Komponenten die Viskosität schon in Spuren merklich herabsetzen.

2. Fehlerquellen in der Kapillarviskosimetrie.

Mit Rücksicht auf die Fundamentalviskosimeter, die auf dem Kapillarprinzip beruhen, ist eine genaue Kenntnis aller Fehlerquellen erforderlich, die bis zu einer Fehlergrenze von 0,2% von Belang sind. Diese Fehlergrenze erscheint darum erwähnenswert, weil die Schwankungen der Fallbeschleunigung in den verschiedenen geographischen Breitengraden in dieser Größenordnung liegen. (Näheres s. S. 128.)

Im einzelnen sind folgende Fehler zu beachten:

a) Temperaturfehler. Diese sind im allgemeinen die größten, weil die Viskosität der Flüssigkeiten außerordentlich temperaturabhängig ist (4 bis 6% pro Grad Celsius), d. h. man muß die Temperatur auf $\pm 0,03$ bis $0,05°$ C konstant halten, wenn man die Fehlergrenze von 0,2 % erreichen will.

b) Reibungsfehler. Diese Fehler spielen nur in der Strukturviskosimetrie eine merkliche Rolle, wo hohe Geschwindigkeitsgefälle angewendet werden und die entwickelte Reibungswärme die Zähigkeit verändert.

Das Temperaturgefälle, das in einer Flüssigkeit durch Reibungswärme entstehen kann, ist gegeben durch

$$\frac{dT}{dy} = \frac{dQ/dt \cdot p}{\Lambda \cdot W_e},$$

worin bedeuten

p = Transpirationsdruck in Dyn/cm², W_e = Wärmeäquivalent und
Λ = Wärmeleitfähigkeit, dQ/dt = Durchfluß.

Für genaue Messungen soll dQ/dt etwa $2 \cdot 10^{-2}$ ml/sec betragen, für $\Lambda = 0,003$ cal/grad u. min und $W_e = 4,186 \cdot 10^7$ erg/cal.

Der Transpirationsdruck p darf also höchstens auf $3 \cdot 10^6$ Dyn/cm² (≈ 3 atü) ansteigen, wenn das Temperaturgefälle unter 0,05° C/mm bleiben soll. Das ist praktisch bei den üblichen Kapillarviskosimetern der Fall. Bei Strukturviskosimetern, bei denen Fehler bis 2% zulässig sind und die Viskositätstemperaturkurven meist flacher verlaufen, kann mit dem zehnfachen Druck, d. h. 30 atü, gearbeitet werden, ehe die Fehler 2% übersteigen.

c) Kalibrierfehler. Durch thermische Dehnung ändern sich die Maße der Kapillare; bei einem Dehnungskoeffizienten von 0,000009 ergibt sich eine Dehnung von 0,36% bis 100° C, bei Gläsern von 0,000005 Dehnungskoeffizient eine solche von 0,2%, wenn man berücksichtigt, daß die Kapillarweite mit der 4. Potenz in die Rechnung eingeht. Es müssen daher Gläser von möglichst geringer Dehnung verwendet werden, wenn die Fehlergrenze von 0,2% wirklich erreicht werden soll. Die Längendehnung ist viermal kleiner und daher in der Regel vernachlässigbar.

d) Kapillaritätsfehler. Die zu untersuchenden Flüssigkeiten haben verschiedene Oberflächenspannung; Wasser etwa 72 Dyn/cm oder bei Lösungen bis zu 22 Dyn/cm. Außerdem schwankt diese mit der Temperatur. Somit wird die kapillare Steighöhe verschieden sein, je nach der Natur der Flüssigkeit. Sie ist gegeben durch

$$\frac{2\Omega}{\varrho r g_0} = h.$$

Daraus folgt, daß bei 0,5 cm Kugelradius und $72-22=50$ Dyn/cm Schwankungsbereich sich eine veränderliche Steighöhe von

$$\frac{2 \cdot 50}{1 \cdot 0{,}5 \cdot 981} \approx 0{,}204 \text{ cm}$$

ergibt, d. h. die Gesamthöhe der hydrostatischen Niveaudifferenz soll 50 cm nicht unterschreiten, wenn der Fehler unter $\pm$ 0,2% bleiben soll. Eine Ausnahme bildet das UBBELOHDE-Viskosimeter mit hängendem Niveau.

e) Ortsfehler. Die Fallbeschleunigung schwankt an den verschiedenen Orten der Erde wie folgt:

Geogr. Breite °		cm sec^{-1}	%
0	Niederländisch-Indien	978,0	− 0,23
10	Curaçao	978,2	− 0,21
20	Mexiko	978,6	− 0,14
30	Kairo	979,3	− 0,10
40	Angora	980,2	± 0,00
50	Prag	981,1	+ 0,09
60	Oslo	981,9	+ 0,17
70	Nordkap	982,6	+ 0,24
80	Spitzbergen	983,1	+ 0,29
90	Nord- und Südpol	983,3	+ 0,31

Die Fallbeschleunigung weicht also, wenn man von den unbewohnten Polargebieten absieht, von den Werten in den Eichorten um rund 0,2% ab.

Will man also amtlich geeichte Geräte in allen bewohnten Gebieten der Erde benutzen, ohne Korrekturen daran anzubringen, so kann man bestenfalls mit 0,2% Fehlergrenze rechnen.

f) Zeitfehler. Diese Fehler sind im allgemeinen klein, denn eine gewöhnliche Taschenuhr soll nach Möglichkeit nicht mehr als 1 Minute pro Tag abweichen. Da der Tag 1440 Minuten hat, so beträgt der Fehler nur 0,07 %. Der physiologische Zeitnahmefehler beträgt bei ungeübten Personen etwa 0,2 sec, so daß die Messungen nicht unter 100 sec dauern sollen, wenn die 0,2% Fehlergrenze erreicht werden soll. Sie sind jedoch für die gleiche Person bis auf 0,02 sec reproduzierbar.

g) Neigungsfehler. Der Tangens des Neigungswinkels der Kapillarachse gegen die Vertikale darf 0,2% nicht überschreiten. Libellen mit Nivellierschrauben und Stativ mit fixierbaren Klemmen sind daher zu empfehlen.

h) Volumenfehler. Der Vorrat beträgt im äußersten Falle 1 ml Flüssigkeit, so daß noch $^{2}/_{1000}$ ml gemessen werden müssen. Um Kapillarverschlüsse zu vermeiden, sollte man mit der Einschnürung nicht unter 0,1 cm Röhrenradius gehen. Das bedeutet, daß $h = \frac{0{,}002}{\pi \cdot 0{,}1^2} = 0{,}06$ cm noch gemessen werden müssen. Eine 2–5fache vergrößernde Lupe zur bequemen Ablesung ist daher erforderlich.

i) **Hagenbach-Korrektur.** Diese ist gegeben durch $\frac{\Lambda \cdot \varrho \cdot Q}{8\pi \cdot \mathsf{L} \cdot t}$, worin Q/t Durchfluß in ml und $\frac{\Lambda \varrho}{8\pi_i} \approx \frac{1{,}12 \cdot 0{,}9}{24} = 0{,}04$ bedeuten.

Für Q/t höchstens gleich 0,01 ml/sec wird die Korrektur $\frac{0{,}04 \cdot 0{,}01}{\mathsf{L}}$ $= 0{,}0004$ Poise oder 0,04 Centipoise für 1 cm Kapillarlänge. Da man mitunter mit Wasser von 1 Centipoise eichen muß, sollte kein größerer Fehler als $\frac{0{,}2 \cdot 1}{100} = 0{,}002$ Centipoise zugelassen werden. Dazu ist eine Kapillare von mindestens 20 cm Länge erforderlich.

j) **Turbulenzfehler.** Turbulente Strömung kann bei Newtonschen Flüssigkeiten eintreten, wenn die Reynolds-Zahl $\Re e = \frac{v\, r}{\mu}$ größer als 1160 wird. Setzt man bei dünnsten Flüssigkeiten wie z. B. Wasser ($\mu = 0{,}01$ Stokes) für $v \cdot r^2 \pi = dQ/dt$, so wird

$$r = \frac{d\,Q/d\,t}{\Re e\, \pi\, \mu};$$

für dQ/dt höchstens 0,01 ml/sec und Wasser 0,01 Stokes muß r mindestens $= 2{,}75 \cdot 10^{-4}$ cm oder 2,8 μ sein, wenn Turbulenz vermieden werden soll. Auch diese Forderung ist leicht zu erfüllen, wenn man keine Filterkapillaren verwendet (wie z. B. beim Filterkerzenviskosimeter von Duclaux und Ererra).

k) **Wandfehler.** Grenzphasen sind in der Regel zäher als die kompakte Masse der Substanz. Die Wirkung beruht auf der höheren Ordnung der Flüssigkeit, die sich jener der festen Wand angleicht. Die Reichweite beträgt bei Molekulargewichten von 300—600 etwa 10^{-4} cm, ist also von der gleichen Größenordnung wie bei j. Auch aus diesem Grunde dürfen keine dünneren Kapillaren verwendet werden als $^1/_{1000}$ mm.

l) **Nachlauffehler.** Bei genauen Volumenmessungen, wie z. B. Pipettieren, ist eine bestimmte Dränagezeit vorgeschrieben. Während dieser Zeit verringert sich die an der Wand haftende Menge Flüssigkeit so weit, daß sie über längere Zeit als konstant angesehen werden kann und daher eineichbar ist. Dies gilt jedoch nur für wässerige Lösungen von annähernd gleicher Viskosität. Ist die Viskosität sehr verschieden, dann ist die Nachlaufzeit der Viskosität proportional. Da man nach Möglichkeit bei einer Ausflußzeit von 100—500 sec arbeitet, ist die Menge der in der Kugel anhaftenden Flüssigkeit bei dickeren Kapillaren größer als bei dünnen. Darum ist es wichtig, die Kapillaren nur mit Flüssigkeiten ähnlicher Zähigkeit zu eichen wie die, deren Zähigkeit zu messen ist. (Wichtig nur bei strukturviskosen Flüssigkeiten.)

m) **Relaxationskorrektur.** (Siehe S. 48.)

3. Die Thermostate.

Konstante Temperatur ist die erste Voraussetzung für eine genaue Viskosimetrie. Die technisch wichtigsten Prüflinge sind wohl die Schmieröle. Sie zeigen in mittleren Temperaturbereichen 6% Viskositätsänderung pro Grad Celsius Temperaturschwankung. Das bedeutet, daß zur Erreichung einer Meßgenauigkeit von 0,2% eine Temperaturkonstanz von mindestens $\pm 0{,}03^\circ$ C erforderlich ist. Diese Konstanz ist durch die üblichen Umlaufthermostate nur über einen Wärmepuffer zu erreichen. Dieser verzögert jedoch den Temperaturausgleich unnötig lange.

Zu dem Zweck ist speziell für die Präzisionsviskosimetrie ein neues Heizprinzip entwickelt worden, das in dem Diathermostat verwirklicht ist. Dieser hat keine indirekte Heizung, weil die Wärmeabgabe nach dem Abschalten des Stromes noch wirkt, sondern bei ihm wird die Temperierflüssigkeit selbst vom Heizstrom durchflossen, so daß nach dem Abschalten des Stromes sofort auch die Wärmeentwicklung aufhört. Eine solche Heizung ist daher vollkommen frei von jeglicher Temperaturhysteresis. Eine Nachwirkung ist nur nach Maßgabe der sehr geringen Wärmekapazität des Kontaktthermometers möglich. Da diese aber um so größer wird, je empfindlicher das Thermometer ist, so muß das Relais schon bei der geringsten Bewegung der Quecksilberkuppe abschalten. Das ist nur erreichbar, wenn die Schaltströme so gering sind, daß keine Abreißfunken mehr entstehen. Diese Forderung läßt sich erfüllen durch Steuerung mittels Elektronenröhren. Die Gitterströme liegen in der Größenordnung „Mikroampere" und sind rund 1000mal kleiner als die Schaltströme eines Quecksilberschaltschützen. Das Kontaktthermometer drückt daher dem Gitter der Röhre eine negative Gitterspannung auf, wodurch diese den Anodenstrom so drosselt, daß der Schaltschütz den Hauptstrom abschaltet.

Auf diese Weise ergibt sich eine Temperaturkonstanz von 0,007° C, wenn man ein Kontaktthermometer von $^1/_5$° C verwendet. Bei in $^1/_{10}$° C geteilten Kontaktthermometern ist die Konstanz besser.

Legt man auf eine besonders kurze Anheizdauer Wert, dann muß der Heizstrom, der durch den Elektrolyten geht, erhöht und die umlaufende Wassermenge verringert werden. Dies würde eine Verschlechterung der Temperaturkonstanz bewirken.

Um diesem Übelstand abzuhelfen, wurde in den Gitterkreis der Röhre ein kleiner R C-Kreis gelegt, der an die Röhre alle $^1/_5$ sec kurze Stromstöße regelbarer Dauer abgibt und so den Heizstrom pulsieren läßt.

Auf diese Weise wird dem Kontaktthermometer Zeit gelassen, sich der erhöhten Temperatur anzupassen. Das Spiel wiederholt sich so lange, bis das Kontaktthermometer wieder abschaltet. Man kann durch diese Rückführung der Impulse erreichen, daß der Thermostat nicht mehr übersteuert wird und eine Temperaturkonstanz von 0,002° C im Umlauf ohne Wärmepuffer erreicht.

Diese Temperaturkonstanz reicht in der Regel auch für Grundviskositätsmessungen aus. Sie kann durch Führung des kalten Rückflusses über die Thermometerkugel noch verbessert werden. Die verdünnten Lösungen der Hochpolymeren haben eine relativ geringe Temperaturempfindlichkeit (nur 1% pro ° C), so daß die dafür gewünschte Genauigkeit $1 : 10^{-5}$ erreichbar ist.

Diese Heizungsart erfordert gewisse Vorsichtsmaßnahmen, damit nicht stromführende Teile Spannung gegen die Erde führen können. Beispielsweise müssen alle berührbaren Teile geerdet sein und die Temperierflüssigkeit durch einen geerdeten Faradaykäfig geschleust werden, bevor sie ihren Kreislauf antritt.

Diese Maßnahme ist nur dann sinnvoll, wenn auch dafür gesorgt ist, daß unvorhergesehene Unterbrechungen der Erdleitung (z. B. durch Installationsarbeiten, von denen man nicht verständigt wird) gefahrlos bleiben. Das wird dadurch erreicht, daß auch das Netzanschlußgerät des Elektronenrelais an die gleiche Erdleitung gelegt wird. Fällt die Erdleitung aus, dann fällt auch die ganze Stromversorgung aus, weil das Relais als Ruhestromrelais geschaltet ist, d. h. nur dann eingeschaltet werden kann, wenn es geerdet ist. Auf diese Weise ist ein gefahrloser Betrieb möglich. Selbstverständlich kann nur Wechselstrom verwendet werden, der die Temperierflüssigkeit nicht durch Elektrolyse zersetzt. Das ist nur bei hinreichend geringer Stromdichte möglich. Letztere beträgt bei diesem Gerät 10 mA/cm².

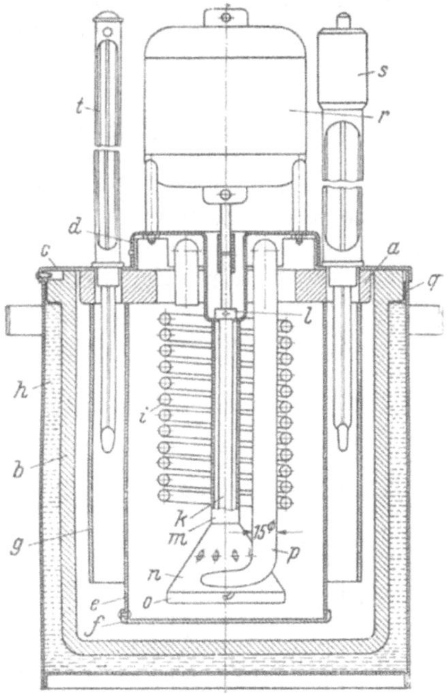

Abb. 99.
Diathermostat.

a Porzellanring, *b* Porzellantopf, *c* geerdeter Deckel, *d* abnehmbare Haube, *e* äußere Elektrode (Faradaykäfig), *f* durchlöcherte Bodenplatte, *g* innere Elektrode, nicht geerdet, *h* Isolationsmaterial (Iporkaschichten), *k* Rührerschaft, *l* Stellring mit Madenschraube, *m* Kunststofflager (für Wasserschmierung), *n* Pumpengehäuse, *o* Deckel, *p* Druckleitung, *q* Gummidichtungsring, *r* Synchronmotor mit Fliehkraftanlasser, *s* Kontaktthermometer, *t* Kontrollthermometer.

Bei derart hohen Ansprüchen an die Temperaturkonstanz, wie sie dieses Gerät zu erfüllen vermag, ist eine Konstante und hohe Umlaufgeschwindigkeit erforderlich, um die Wärmeverluste in den Umlaufleitungen konstant und möglichst gering zu halten. Darum wird die Pumpe mit einem selbstanlaufenden Synchronmotor betrieben, dessen Drehzahl entsprechend der Netzfrequenz weniger schwankt als bei Asynchronmotoren, deren Drehzahl von den Netzspannungsschwankungen abhängt, die bis zu 10% betragen können.

Die Förderleistung der Evolventenpumpe, die zugleich rührt, beträgt rund 20 l/min, bei einer Drehzahl von 1500/min. Sie kann bei entsprechend geringerer Fördermenge bis zu 3 m hoch fördern (bei einer Drehzahl von 3000/min). Bei dieser Förderleistung sind größere Temperaturgefälle innerhalb der zu temperierenden Gefäße so gut wie ausgeschlossen. Sie betragen bei hohen (50° C) Temperaturen 0,05° C zwischen Ein- und Austritt auf 65 cm Strecke im ungeschützten Rohr. Daher empfiehlt sich die Verwendung eines Wärmeschutzmantels um die zu temperierenden Gefäße. Da die extreme Temperaturkonstanz meist nur bei Normaltemperatur verlangt wird, ist bei wärmegeschützten Geräten kein Temperaturgefälle möglich.

Bei Temperaturen unter Zimmertemperatur ist künstliche Kühlung mit Leitungswasser üblich. Bei erhöhten Ansprüchen an die Temperaturkonstanz ist dann die automatische Kühlwasserregelung erforderlich. Das Gerät ist in Abb. 99 zu sehen und ohne weiteres verständlich. Ein Tombakbalgen drosselt die Stromstärke bei erhöhtem Druck in der Leitung und öffnet bei niederem Druck. Man erhält 0,5 l/min praktisch bei jeder Hahnstellung. Die Kühlschlange ist 10 m lang, so daß diese geringe Menge Kühlwasser ausreicht. Ohne Regler angeschlossen, ermöglicht sie kurze Abkühlung und schnelle Anpassung an den neuen Zustand.

Trotz seines hohen Anschlußwertes verbraucht der Thermostat dank seiner hervorragenden Wärmeisolation durch Iporkaschichten nur 50 W Dauerleistung.

4. Die Manometer.

Die Erzeugung und Messung mittlerer Drücke ist kein schwieriges Problem. So kann man mit einem Quecksilbermanometer 1 atm leicht auf 0,05% genau messen, wenn man noch $^1/_3$ Torr schätzt. Die höheren Drücke werden durch Feinmeßmanometer mit gut vorgealterten Röhrenfedern und feingeteilter Skala gemessen. In der Regel sind hier die Anforderungen auch nicht so groß wie bei den mittleren Drücken, und man wird sich in der Regel mit $^1/_2$% begnügen. Nach neueren Vorschriften sollen die Manometer aus Sicherheitsgründen zwar den üblichen Skalenumfang von über 300° haben, aber das letzte Viertel der Skala nicht geteilt sein, so daß man dort nicht messen kann. Solche Manometer sind für die Viskosimetrie nicht zu empfehlen, weil dies bei gleichem Skalenumfang nur auf Kosten der Meßgenauigkeit geht. Dagegen sollen an jedem Hochdruckgerät Sicherheitsventile angebracht werden, die bei 95% des Meßwertes abblasen, um eine Beschädigung des Manometers zu verhindern. In der Regel werden die Druckräume so klein sein, daß praktisch der ganze Druck zusammenbricht, wenn sich

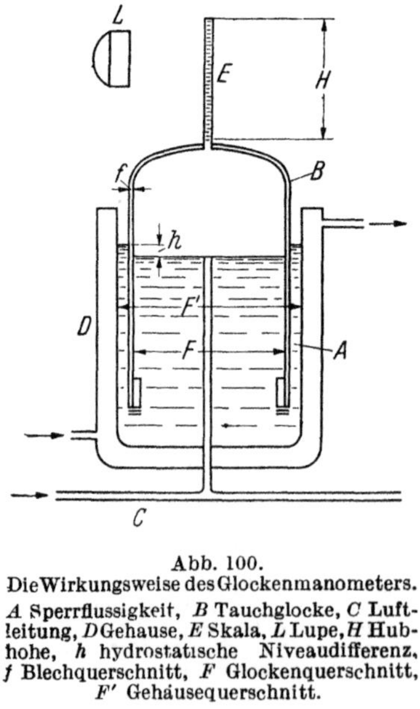

Abb. 100.
Die Wirkungsweise des Glockenmanometers.
A Sperrflüssigkeit, *B* Tauchglocke, *C* Luftleitung, *D* Gehäuse, *E* Skala, *L* Lupe, *H* Hubhöhe, *h* hydrostatische Niveaudifferenz, *f* Blechquerschnitt, *F* Glockenquerschnitt, *F'* Gehäusequerschnitt.

das Sicherheitsventil öffnet. Es liegen also völlig andere Verhältnisse vor als bei Großraumbehältern in der Technik.

Die Messung kleiner Drucke ist schon wesentlich schwieriger, da man auch mit geeigneten Manometern über die Ungenauigkeit der Meniskenbildung nicht hinwegkommt. (Für die Erzeugung kleiner konstanter Drucke eignen sich die von UBBELOHDE empfohlenen MARIOTTEschen Flaschen mit hängendem Niveau.)

Für diese Zwecke eignet sich daher das Glockenmanometer, dessen Wirkungsweise aus Abb. 100 hervorgeht.

Das Gewicht der Glocke ist gegeben durch folgende Beziehung:

$$\mathcal{G} = h \cdot F \cdot \varrho' + H_0 f \varrho' + \left(h \frac{F}{F' - f} - H\right) f \cdot \varrho'.$$

Daraus ergibt sich für $\mathcal{G} = H_0 \varrho' f$, d. h. für den Fall, daß die Glocke schwimmt, das Übersetzungsverhältnis $H/h = \frac{F}{f}\left(\frac{F}{F' - f}\right) \approx \frac{F}{f}$, d. h. die Glocke ist um so empfindlicher, je größer das Verhältnis $\frac{F}{f}$ ist. Man kann also durch Wahl eines großen Glockenquerschnittes F mit geringem Blechquerschnitt f leicht ein Übersetzungsverhältnis 1 :50 erzielen, so daß noch 0,002 Torr gemessen werden können. Der Meßbereich kann durch hydrostatischen Gegendruck in weiten Bereichen verändert werden. Das Gerät hält wegen seines großen Rauminhaltes den Druck auch zeitlich weitgehend konstant. Bei 1,5 l Inhalt macht die Volumenänderung beim Ausfließen von 5 ml nur 0,3% aus. Solche kleinen Schwankungen können auch bei Präzisionsviskosimetern noch ohne Bedenken mit in die Gerätekonstante eingeeicht werden. Dieses Manometer eignet sich besonders für Geräte wie z. B. das PHILIPOFF- oder das TSUDA-Viskosimeter.

5. Die Chronometer.

Eine der wichtigsten Grundlagen der Viskosimetrie ist die genaue Zeitmessung oder Chronometrie. Stimmgabeluhren ergeben im günstigsten Falle Genauigkeiten von $1:10^{-7}$. Es gibt Quarzuhren, die bei richtiger Temperierung (um 36° C) eine Genauigkeit von $1:10^{-8}$ erreichen. Die neueren Forschungsergebnisse in den USA mit der Ammoniakuhr, bei der die infrarote Eigenschwingung des Ammoniakmoleküls zur Steuerung der Quarze verwendet wird, lassen eine Steigerung der Meßgenauigkeit um eine weitere Größenordnung erwarten.

Indessen ist zu bedenken, daß es sich hier um mittlere Abweichungen über eine längere Meßdauer handelt. Die kurzzeitige erreichbare Genauigkeit kann wesentlich geringer sein, da sich kleinere Abweichungen in kurzen Meßzeiten nicht ausgleichen können. Vor allem aber ist das Problem der Zeitnahme bei höheren Ansprüchen an die Meßgenauigkeit von Bedeutung.

Inzwischen ist von der Radio Corporation of America (RCA) eine Mikrosekundenuhr in den Handel gebracht worden, die auf einem sechsstelligen Nummernschild hinter beleuchteten Zahlenschablonen von 0 bis 9, Meßzeiten von einer Sekunde Dauer auf Mikrosekunden Genauigkeit zu messen gestattet, ohne daß hierzu eine Interpolation nötig wäre. Das Gerät ist hauptsächlich für Explosivstoffe, Verbrennungsvorgänge, Projektilgeschwindigkeiten, Lichtblitze und Kameraverschlüsse gedacht. Es hat ein Frequenznormal eingebaut, mit dem die genauen Zeitmarken gegeben werden können.

Ein normaler, ungeübter Experimentator kann mit Sicherheit in der Regel noch $^1/_5$ sec genau stoppen. Um diesen Wert schwanken mitunter auch die Ungenauigkeiten der üblichen Stoppuhren. Bei einiger Übung kann man auch noch $^1/_{10}$ sec mit Sicherheit erfassen.

Will man genauere Zeiten stoppen, dann ist eine elektrische Auslösung der Sperrvorrichtung zu empfehlen. Es gibt Chronometer im Handel (AEG), mit denen man noch $^1/_{100}$ sec erfassen kann. Dies ist dann auch die Grenze, bei der man Gehwerke mit Sicherheit anhalten kann. Auch die Quarzuhren sind in der Regel nur mit in $^1/_{100}$ sec geteilten Zifferblättern versehen. Will man noch kürzere Zeiten messen, so sind mechanische Sperrwerke nicht mehr verwendbar. Auch ist dann das Anhalten des Gehwerkes nicht mehr zweckmäßig, weil die Beschleunigungen und Verzögerungen des Räder- und Zeigerwerkes sich kaum auf diese kurzen Zeiten beschränken lassen.

Von Emschermann und Umstätter wurde zu dem Zwecke das Millichronometer entwickelt. Es besteht im wesentlichen aus einer Synchronuhr mit einem Zifferblatt von 1 m Umfang, so daß jedes Millimeter einer Millisekunde entspricht. Zur Erzielung der für kleinste Zeiten erforderlichen Ganggleichmäßigkeit wird ein ausgewuchteter Zeiger verwendet, dessen Schwungmoment hinreichend groß ist, um das durch das Zahnraduntersetzungsgetriebe bedingte ungleichmäßige Vorrücken des Zeigers zu unterbinden. Die Uhr selbst wird mit einem indirekt gesteuerten und selbsterregten Stimmgabelgenerator von 1000 Hz mit automatischer Amplitudenregelung (Abb. 101) angetrieben. Die Ganggenauigkeit der Invar-Stimmgabel kann mit Sicherheit auf $1 : 10^{-5}$ gebracht werden, so daß man bei 100 sec Meßdauer noch die $^1/_{1000}$ sec genau erfassen kann.

Das Neuartige an diesem Chronometer ist nun die Zeitmarkierung, die auf dem Nachleuchten eines Lumineszenzschirmes beruht. Das Zifferblatt ist nämlich mit einem Lumineszenzschirm hinterlegt, vor dem der Zeiger kreist. Wird dieses Zifferblatt aus hinreichend großer Entfernung mit einer punktförmigen Blitzlichtquelle angestrahlt, so kann, je nach der Dauer des Lichtblitzes, ein mehr oder minder scharfes, nachleuchtendes Schattenbild des Zeigers auf dem Schirm abgebildet werden, das so lange nachleuchtet, bis eine einwandfreie Ablesung der Zeigerstellung im Moment der Zeitnahme erfolgt ist.

Als Blitzlichtquelle hat sich der Elektroblitz als zweckmäßig erwiesen, da er eine äußerst kurze ($^1/_{5000}$ sec währende) Leuchtdauer hat, so daß der Zeiger sich an seiner äußersten Spitze in dieser Zeit um nur $^1/_5$ mm weiter dreht. Dies ist eine Unschärfe, die das Auge kaum empfindet und die eine Ablesung der Zeigerstellung auf 1 mm ≡ 1 Millisekunde mit Sicherheit ermöglicht. Zudem ist die Lichtstromspitze (12 Millionen Lumen) groß genug, um ein auch bei gedämpftem Tageslicht noch gut sichtbares Schattenbild zu erzeugen. Je mehr das Zifferblatt vor der Einwirkung infraroter Strahlen geschützt wird, um so länger hält die Lumineszenz an. In der Dunkelkammer kann man das Bild noch 3 min lang gut beobachten, während es bei gedämpftem Tageslicht schon nach 30 sec so weit abgeklungen ist, daß es mit einem neuen Lichteindruck nicht mehr verwechselt werden kann. Eine Verwechslung ist ferner schon darum ausgeschlossen, weil jeder folgende Blitz das Schattenbild des vorangegangenen löscht. Es können daher mit einem solchen Chronometer bis zu 30 Zeitmessungen nebeneinander ausgeführt werden, ohne daß die Messungen sich gegenseitig stören. Ein solches Chronometer ersetzt daher bis zu 30 andere Stoppuhren, kann fernbedient werden und hat rund die 100fache Genauigkeit einer Stoppuhr.

Die elektrische Zeitnahme ist mittels Fotozelle über ein Thyratron grundsätzlich möglich, aber in der praktischen Ausführung komplizierter als die im folgenden beschriebene Methode.

Man kann nämlich mit dem gleichen Lichtblitz, der das Zifferblatt der Uhr bestrahlt, auch das Viskosimeter durchstrahlen und dieses Gegenlichtbild mit einer lichtstarken fotographischen Optik statt auf einer gewöhnlichen Fotoplatte auf einem Lumineszenzschirm abbilden. Es entsteht dann zu gleicher Zeit sowohl das Schattenbild auf dem Leuchtschirm als auch das Bild des Meniskus auf der Lumineszenzplatte. Verzögerungserscheinungen, die durch den Leuchtstoff oder den Schaltmechanismus bedingt sein können, lassen sich völlig ausschalten, wenn das Zifferblatt des Chronometers von der gleichen Leuchtquelle angestrahlt wird.

Die Zeigerstellung der Uhr und die Stellung des Meniskus kann sofort bei Tageslicht abgelesen werden. Das Viskosimeter darf dann allerdings nicht nur eine Ringmarke an einer Einschnürung tragen, weil man diesen Moment nicht auf Millisekunden genau erfassen kann, sondern es wird oberhalb und unterhalb der Kugel eine Kapillare mit Mikrobürettenteilung angebracht, die mindestens 20 Teilstriche tragen muß. Auf diese Weise

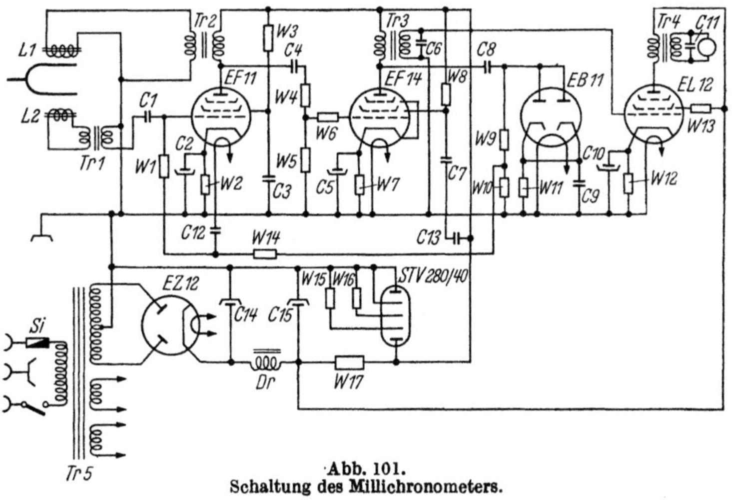

Abb. 101.
Schaltung des Millichronometers.

kann man mit einiger Übung den Blitz in dem Augenblick auslösen, in dem der Meniskus der Flüssigkeit in der Bürette weilt (Abb. 102). Ein solches Viskosimeter hat dann nicht eine Eichkonstante, sondern eine Eichkurve, denn jeder Meniskenstellung entspricht ein eigener Wert der Gerätekonstanten, die mit entsprechend höher viskosen Flüssigkeiten in einem einzigen Durchlaufversuch ermittelt werden können. Diese Eichkurve wird mit einer zäheren Flüssigkeit auf photographischem Wege ermittelt, indem man die Uhr und den Meniskus zugleich photographiert und so zugleich ein „Eich*dokument*" erhält.

Die Temperaturkonstanz der Anordnung muß entsprechend hoch sein, bei 10% Viskositätsänderung pro Grad C mindestens auf 0,001° C. Im übrigen sind die Fehlerquellen der Viskosimetrie genau zu beachten.

Die Schaltung der Uhr geht aus folgender Abb. 101 hervor. Sie besteht im wesentlichen aus einer Stimmgabel aus Invarstahl. Bei großen Temperaturschwankungen und großen Genauigkeitsansprüchen zugleich muß sie durch einen Umlaufthermostaten temperiert werden. Hierzu ist sie in einen Temperiermantel eingebaut. Die Luftdruckschwankungen werden durch eine Regelröhre in der üblichen Weise ausgeglichen, indem ein Teil des Anodenstromes durch eine Diode gleichgerichtet und dem Gitter der Regelröhre gegenphasig zugeführt wird. Diese hat eine nichtlineare Kennlinie und verringert die Verstärkung mit wachsender negativer Gittervorspannung. Dadurch wird die Schwingamplitude der Stimmgabel konstant gehalten, die damit auch die Frequenz unabhängig von der äußeren Dämpfung beibehält.

Gitter und Anodenkreis sind sowohl magnetisch als auch durch eine Verstärkerstufe von dem eigentlichen Uhrenmotor getrennt, so daß elektrische Rückwirkungen auf das Gerät ausgeschlossen sind.

Die Speisespannung wird aus einem mittels Glimmlichtröhren stabilisierten Netzanschlußgerät entnommen. Die zum Aufbau erforderlichen Daten sind aus dem Schaltschema ersichtlich.

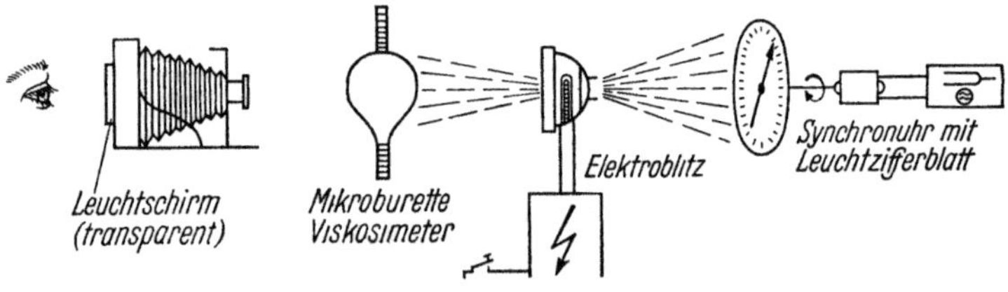

Abb. 102.
Anordnung des Millichronometers in der Viskosimetrie.

6. Kapillarkalibriergeräte.

Für die Errechnung der Gerätekonstanten aus der Theorie der Geräte ist die genaue Kenntnis der Radien der Kapillaren erforderlich. Von den in der Experimentalphysik üblichen Methoden zur Kalibrierung der Kapillaren reicht in der Regel nur die Auswägung mit Quecksilber aus. Messungen mit dem Meßmikroskop sollten nur zur Orientierung dienen.

Da in der Strukturviskosimetrie die Angabe des Geschwindigkeitsgradienten, bei dem die Strukturviskosität gemessen wurde, unerläßlich ist, hat sich das häufige Auswägen der Kapillaren mit Quecksilber als zu unbequem erwiesen.

Auf der Suche nach zweckmäßigen Meßprinzipien fanden wir das Solexprinzip geeignet, um in kurzer Zeit genauen Aufschluß über den Kapillarradius zu gewinnen. Es beruht auf folgendem Schema. Aus einer Preßluftflasche P wird über die Temperierschlange E und ein Reduzierventil V Druck auf eine MARIOTTEsche Flasche A gegeben. Der durch das Steigrohr B geregelte Druck wird durch eine Düse D in die Meßkammer K geleitet. An diese ist das Wassermanometer M angeschlossen. Die Kammer wird mittels Gummischlauchs an die zu prüfende Kapillare C angeschlossen. Wenn die Luft nach der Düse nicht anderweitig entweichen kann, muß die der Düse zufließende Menge gleich der nach der Kapillare abströmenden Menge Luft sein oder nach dem H.-P.-Gesetz

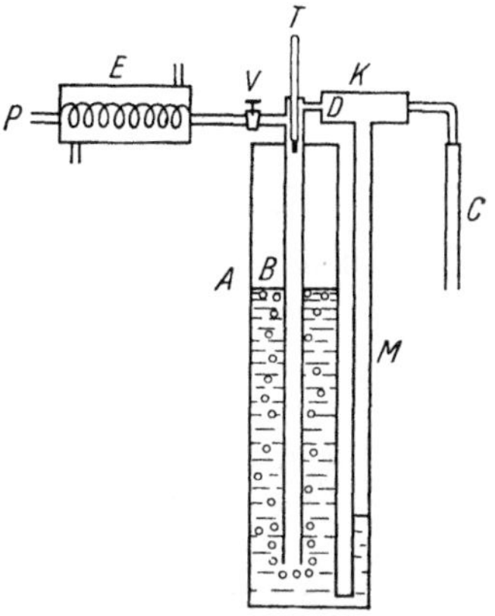

Abb. 103.
Kapillarkalibriergerat.

$$\frac{dQ}{dt} = \frac{R^4 \pi H \varrho g_0}{8 \cdot \eta \cdot \mathsf{L}} = \frac{R_x^4 \pi H_x \varrho g_0}{8 \cdot \eta \cdot \mathsf{L}_x} \qquad \text{gelten,}$$

worin bedeuten

R_x = Radius,

L_x = Länge der zu prüfenden Kapillare und

H_x = die am Manometer abgelesene hydrostatische Niveaudifferenz

R, H, L sind die entsprechenden Größen für die Düse.

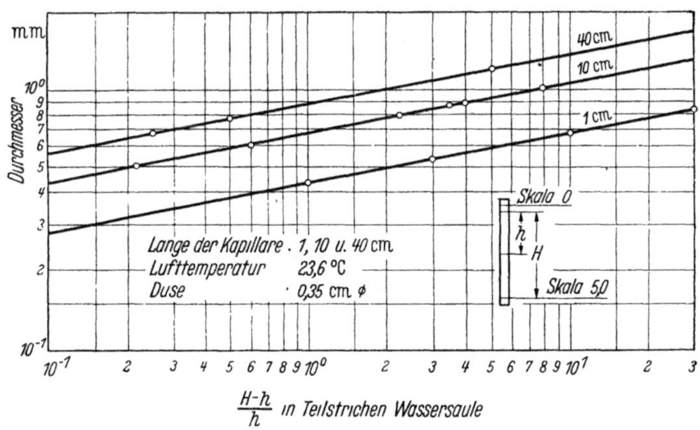

Abb. 104.
Eichkurven des Kapillarkalibriergerätes.

Unter der Voraussetzung, daß die Luft und das Wasser konstante Temperatur haben und mithin in der Düse, der Kapillare und der Mariotteschen Flasche die gleiche Viskosität η bzw. Dichte ϱ herrscht, wird

$$\frac{R^4 H}{\mathsf{L}} = \frac{R_x^4 H_x}{\mathsf{L}_x},$$

wobei zu berücksichtigen ist, daß der Druckabfall an der Düse in Abb. 104 $H - h$ ist. Man kann sich daher Eichkurven anlegen, aus denen man R als Funktion von $\frac{H-h}{h}$ ablesen kann, und zwar für jede Kapillarlänge.

7. Viskogramme.

Zur graphischen Darstellung der Viskosität als Funktion der Zustandsbedingungen, Druck, Temperatur usw., sind Viskogramme üblich. Das sind Koordinatensysteme geeigneter Abszissen- und Ordinatenteilung, in die man die gewonnenen Werte eintragen und durch Geraden verbinden kann. Dies vereinfacht den praktischen Gebrauch der Viskosimetrie außerordentlich, indem der mit der Theorie der Viskosimetrie weniger Vertraute unbeschwert arbeiten kann. Extrapolationen sind in beschränktem Maße, Interpolationen in der Regel schon aus zwei Meßwerten möglich. Eine Kontrolle vorliegender Messungen bei drei Werten, die auf einer Geraden liegen, ist leicht durchführbar.

Da in dieser Monographie nur die reine Meßtechnik behandelt werden sollte, sind nur die Fließkurven diskutiert worden, weil diese von prinzipieller Bedeutung für die Beurteilung der Frage waren, inwiefern die Viskosität eine Stoffkonstante ist.

Die Viskositätstemperatur- und -druckfunktionen sind Gegenstand der Strukturmechanik. Ihre erschöpfende Behandlung würde den Umfang dieses Buches weit überschritten haben.

Die Ausführungen dieses Abschnittes beschränken sich daher auf die Gebrauchsanweisung. Wegen der Begründung wird auf die Originalliteratur verwiesen.

Die zum Verständnis der Meßtechnik erforderliche Grundlage, wie Hagenbach-Korrektur, Geschwindigkeitsgefälle, ist in diesem Buche enthalten und ohne weiteres klar, wenn sich der Leser bemüht hat, die betreffenden Kapitel zu verstehen.

Das Viskogramm hat folgende Teilungen:

Ordinaten:

links außen: eine logarithmisch geteilte Skala für den Durchfluß in ml/sec,

links innen: eine nach der Funktion ***Ar sh*** $\ln \eta/\eta_0$ geteilte Skala für die Viskosität in cSt,

rechts innen: eine nach der Gaussschen Fehlerfunktion geteilte Skala für das Verhältnis des Logarithmus

$$\frac{\ln \eta/\eta_\infty}{\ln \eta_0/\eta_\infty}$$

rechts außen: eine logarithmisch geteilte Skala für das Geschwindigkeitsgefälle in $\sec^{-1}$ im oberen Teil und für die Kapillarlängen in cm im unteren Teil.

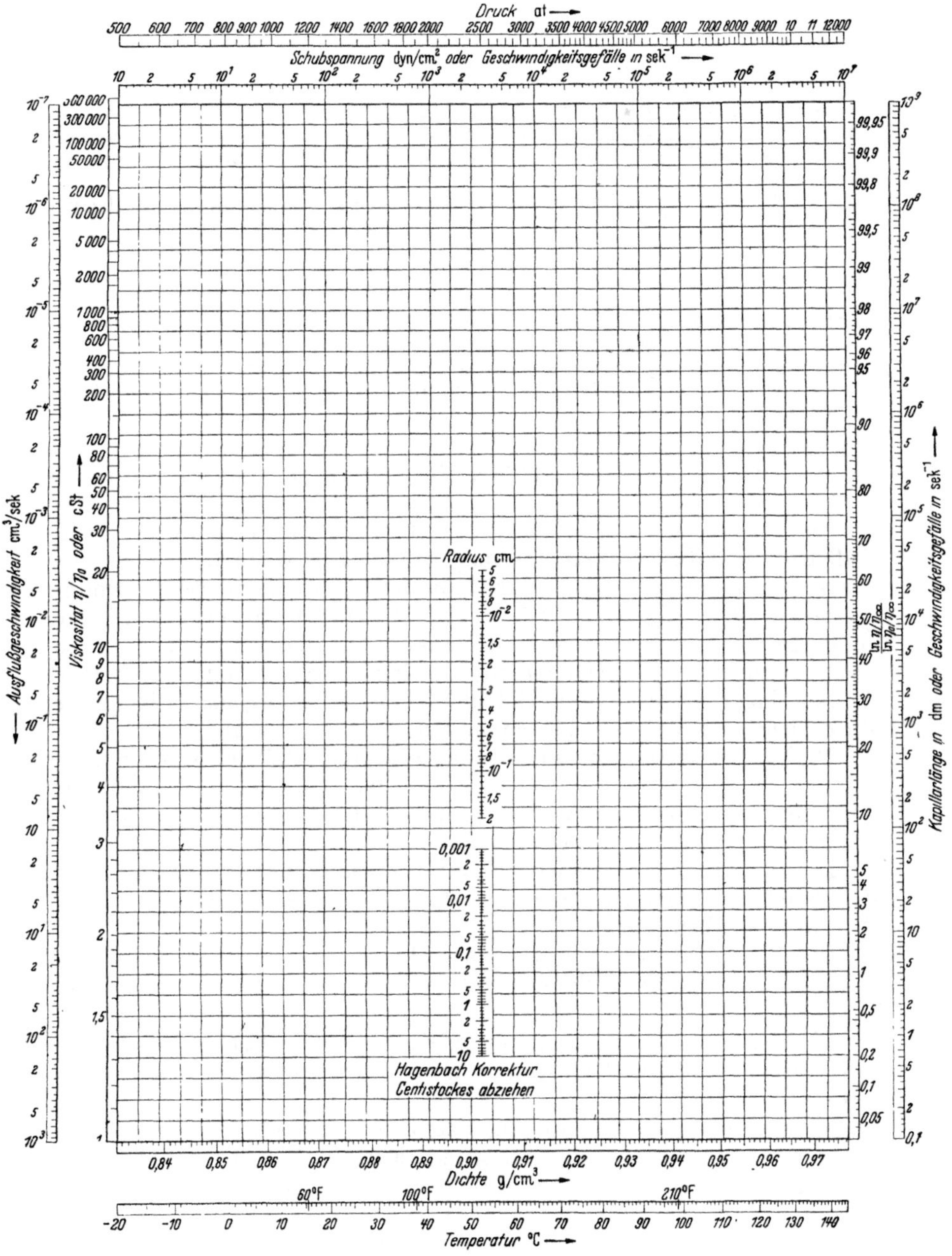

Abb. 105.
Viskogramm nach H. UMSTÄTTER.

Abszissen:

oben außen: eine nach der Funktion

$$\ln (p + p_0)$$

geteilte Skala für den hydrostatischen Druck in atü,
oben innen: eine logarithmisch geteilte Skala für den Tangentialdruck in Dyn/cm^2,
unten innen: eine logarithmisch geteilte Skala für die Dichte (von 0,832 bis 0,978) in g/ml,
unten außen: eine logarithmisch geteilte Skala für die Temperatur in Grad Kelvin, jedoch in Grad Celsius beschriftet.

Nomographische Leiter:

Mitte oben: eine logarithmisch geteilte Skala für den Radius der Kapillare in cm zur Ermittlung des Geschwindigkeitsgefälles,
Mitte unten: eine logarithmisch geteilte Skala für die HAGENBACH-Korrektur in Centistok, die von den gemessenen Werten abzuziehen sind, um sie zu korrigieren.

Zu den Viskogrammskalen gehören die Leitern links außen und rechts außen (oben und unten).

Die HAGENBACH-Korrektur wird gefunden, indem man den Durchfluß in der Kapillare (ml/sec) mit der Kapillarlänge in cm durch eine Linie verbindet und an dem Schnittpunkt mit der Nomogrammleiter bestimmt.

Das Geschwindigkeitsgefälle in einer Kapillare wird erhalten, indem man den Durchfluß mit dem Kapillarradius verbindet und bis zur äußeren rechten Ordinate verlängert und aus dem Schnittpunkt abliest. Statt Linien einzuzeichnen, verwendet man schneller und genauer biegsame, durchsichtige Lineale mit einer feinen Strichmarke darauf.

Die Viskositätstemperaturfunktion wird dargestellt als Gerade unter Benutzung der Ordinate links innen und der Abszisse außen unten. Die Viskositätsdruckfunktion wird dargestellt unter Benutzung der Ordinate innen links und der Abszisse oben außen.

Die Viskositätskonzentrationsfunktion hochverdünnter Lösungen wird dargestellt als Gerade unter Verwendung der Ordinate links innen und der Abszisse oben innen.

Die Viskositätsgeschwindigkeitsgefällefunktion wird dargestellt als Gerade unter Benutzung der Ordinate rechts innen und der Abszisse oben innen.

Die Viskositätsdichtefunktion von Mischungen wird dargestellt als Gerade unter Benutzung der Ordinate innen links und der Abszisse innen unten.

Fließkurven nach W. PHILIPOFF sind keine Geraden, sondern S-förmig gekrümmte Kurven mit einer Wendetangente. Sie können dargestellt werden durch Benutzung der Ordinate rechts außen und der Abszisse oben innen.

MAXWELLsche Relaxationskurven können dargestellt werden als Geraden unter Benutzung irgendeiner der logarithmisch geteilten Ordinaten.

Ein Nomogramm zur Berechnung des Geschwindigkeitsgefälles zeigt Abb. 106.

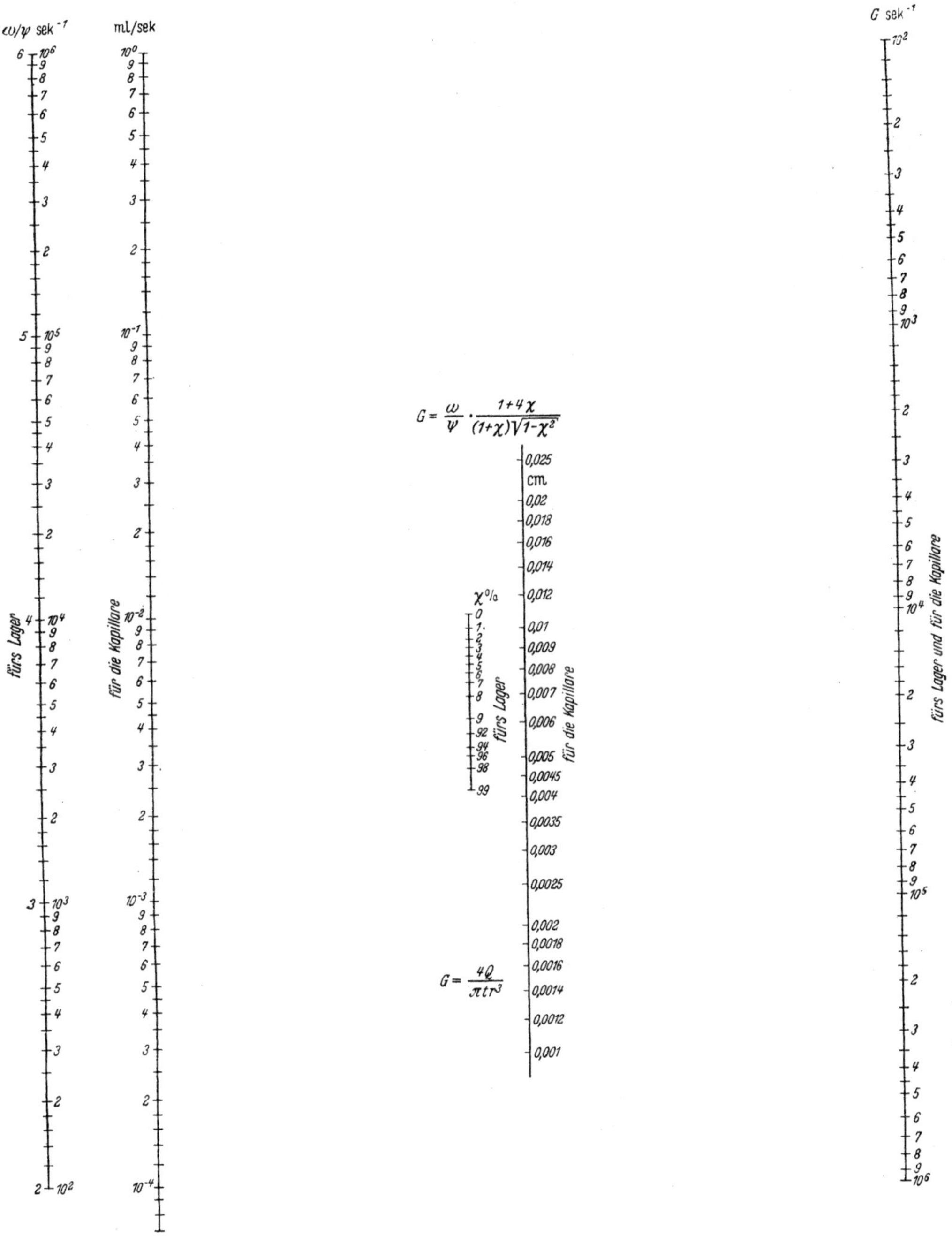

Abb. 106.
Nomogramm zur Geschwindigkeitsgefälleberechnung.

Dichte, dynamische und kinematische Viskosität von reinem Wasser bei verschiedenen Temperaturen.

Temperatur °C	Dichte g/cm³	Dynamische Viskosität Centipoise	Kinematische Viskosität Centistokes
0	0,99984	1,792	1,792
5	0,99996	1,519	1,519
10	0,99970	1,308	1,308
15	0,99910	1,140	1,141
20 *)	0,99820	1,005 *)	1,007
25	0,99705	0,894	0,897
30	0,99565	0,801	0,805
35	0,99403	0,723	0,727
40	0,99221	0,656	0,661
45	0,99022	0,599	0,605
50	0,98804	0,549	0,556
55	0,98570	0,506	0,513
60	0,98321	0,469	0,477
65	0,98057	0,436	0,445
70	0,97778	0,406	0,415
75	0,97486	0,380	0,390
80	0,97180	0,357	0,367
85	0,96862	0,336	0,347
90	0,96532	0,317	0,328
95	0,96189	0,299	0,311
100	0,95835	0,284	0,296

*) Nach neuesten genauen Messungen des Büro of Standards beträgt dieser Wert 1,002 cp.

Schrifttum.

ARVESON, M. H.: Ind. Chem. **24,** 71 (1932).
ASBECK, W. K.: s. F. WACHHOLTZ.
F. ALTRICHTER und A. LUSTIG: Phys. Z. **38,** 786 (1937).
A. S. T. M. Symposium on methods of measuring viscosity at high rates of Shear (1916, Race Street Philadelphia 3).

BABCOCK, C. L.: J. amer Ceram. Soc. **17,** 329 (1934).
BAIRSTOW, L., B. M. CAVE and E. D. LANG: The Resistance of a Cylinder Moving in a Viscous Fluid. Philosoph. Transactions of the Royal Soc. of London **223,** 420 (1923).
BAUER, W.: Das Widerstandsgesetz schnell bewegter Kugeln im Wasser. Ann. Phys. Folge **4,** 80 (1926).
BERGMANN, L.: Der Ultraschall. Stuttgart 1949.
BESSEL, F. W.: s. JAHNKE-EMDE, Tafeln höherer Funktionen. Leipzig 1948.
BETZ, A.: Ziele, Wege und konstruktive Auswertung der Strömungsforschung. Z. VDI Bd. **91,** H. 11, 253 (1949).
BINGHAM, E. C.: „Fluidity and Plasticity", p. 67, 77 (1922).
— u. H. A. MURRAY, Jr., "A New Combined Viscometer and Plastomer", Proceedings, Am. Soc. Testing Mats. **23,** Part II, p. 65 (1923).
BOUASSE, H.: Hydrodynamique générale. Paris 1928, S. 356.
BOUSSINESQ, J.: Comptes Rendus **110,** 1160 (1891) und **113,** 9 (1891).
BRABENDER: In Adhesion and Adhesives von R. Houwink und de Bruin. 1951.
BURGESS, R. W.: The Uniform Motion of a Sphere through a Viscous Liquid. Amer. J. Mathem. **38,** 81 (1916).
BUSEMANN, A.: Hydrodynamik. In A. FÖPPL: Vorlesungen über techn. Mechanik Bd. IV, 363. München 1942.

CANNON, M. R.: "Viscosity Measurement", Industrial and Engineering Chemistry, Analytical Edition **10,** 297 (1938).
— u. M. R. FENSKE, "Simple Viscometer and Auxiliary Equipment for the Accurate Measurement of Viscosity in Fundamental Units", Oil and Gas Journal **34,** 45, April 9 (1936).
— —: "Viscosity Measurement", Industrial and Engineering Chemistry, Analytical Edition **13,** 299 (1941).
— —: „Viscosity Standardization of Petroleum Lubricating Fractions", Oil and Gas Journal **33,** 52, April 11 (1935).
CAUCHY: s. W. MÜLLER: Einführung in die Theorie der zähen Flüssigkeiten. Leipzig 1932.
COHN, W. H.: Ann. Phys. (5) **21,** 761 (1935).
COCHIUS: s. W. PHILIPOFF: Viskosität der Kolloide. 1942.
CONSEILLER, Y.: C. R. hebd. Séances Acad. Sci. **224,** 828 (1947).
COUETTE, M.: Ann. chim. et phys. (6) **21,** 433 (1890). J. Phys. (2) **9,** 566 (1890).
—: "Studies Concerning the Friction of Liquids", Annales de chimie et de physique **21,** No. 6, p. 433 (1890); BOUSINESQ, Comptes rendus **110,** 1160 (1890).

DANEŠ, VL. Z.: Koll.-Z. **73,** 174 (1935).
DIENES, G. J.: Journal of Colloid Science **2,** 131 (1947).
— u. F. D. DEXTER: Journal of Colloid Science **3,** 181 (1948).
— u. H. F. KLEMM: Journal of Applied Physics **17,** 458 (1946).
DRAGE: s. Rheologen-Tagung Berlin 1951. (Jahresber. der Deutschen Rheologischen Gesellschaft 1951.)

ECK, B.: Technische Strömungslehre. Berlin 1944.

ECKERT, E.: Die Berechnung des Wärmeüberganges in der laminaren Grenzschicht umströmter Körper. VDI-Forschungsheft **416** (1942).

ECKERT, E.: Wärme- und Stoffaustausch. Berlin 1949.

EISNER, F.: Widerstandsmessungen an umströmten Zylindern. Berlin 1929. S. 17, 50.

— : Das Widerstandsproblem. Verhandl. d. Intern. Kongr. f. techn. Mech., Stockholm 1930.

— : Hdb. d. Experimentalphysik, Bd. 4. Leipzig 1932.

ENGLER-HÖFER: Das Erdöl Bd. 1 (beide Auflagen). Leipzig: S. Hirzel.

ERK, S.: Zähigkeitsmessungen an Flüssigkeiten und Untersuchungen von Viskosimetern. Mitt. a. d. Physik.-Techn. Reichsanstalt, Berlin 1927.

— : Über Zähigkeitsmessungen nach der Kapillarmethode. Z. techn. Physik **10**, 452 (1929).

EPPRECHT: s. Drage.

FARROW, F. D.: J. chem. Soc. London **101**, 347 (1912).

FAXÉN, H.: Annalen d. Physik **63**, 581 (1920).

— : Diss. Arkiv for mat., astr. och fysik **17** (1923); Ann. d. Physik, Folge **4**, **68**, 89 (1922).

FENSKE: s. GRÜNEISEN.

FLÜGGE, S.: s. MADELUNG.

FORD, T. F., u. K. G. ARABIAN: "Measurement of the Deformation Properties of Asphalts", Proceedings, Am. Soc. Testing Mats. **40**, 1174–1181 (1940).

FORSYTH, A. R.: Lehrbuch der Differentialgleichungen. Braunschweig 1889.

FOURIER: s. W. MÜLLER: Einführung in die Theorie der zähen Flüssigkeiten.

FRAZER, R. A.: On the motion of circular cylinders in a viscous fluid. Philosoph. Transactions of the Royal Soc. London (A) Vol. 225, 93 (1926).

FRITZ, W., u. W. WEBER: Angew. Chem. **19**, Nr. 5/6, S. 123 (1947).

FROMM, H.: Laminare Strömung Newtonscher und Maxwellscher Flüssigkeiten. Z. angew. Math. u. Mech. **28**, 43 (1948).

— : Die Relaxationskorrektur in der Kapillarviskosimetrie; ein Beitrag zur Normung von Begriffen und Bezeichnungen. Rheologen-Tagung Berlin 1951.

FROUDE, W.: s. z. B. F. EISNER: Hdb. d. Experimentalphysik IV, Leipzig 1932.

GARDNER u. HOLDT: Circ. Nr. 128 Paint Man. Ass. USA (1921).

GARRISON, A. D., u. K. C. TEN BRINK: "A Study of Some Phases of Chemical Control in Clay Suspension", Technical Publication No. 1124, Am. Inst. Mining and Metallurgical Engrs., p. 20 (1939).

GEIGER-SCHEEL: Hdb. d. Physik Bd. VI. Berlin 1928. Mechanik der elastischen Körper.

GERBES, W.: Zur instationären, laminaren Strömung einer inkompressiblen, zähen Flüssigkeit in kreiszylindrischen Rohren. Z. angew. Physik **3**, H. 7, S. 267 (1951).

GOLDSMITH, K., u. J. IBALL: The measurement of the rheological properties of viscoplastic substances. Proc. Phys. Soc. Sec. **62**, 251 (1949).

GÖTTNER, G. H.: Über Kennzahlen für das Viskositäts-Temperatur-Verhalten von Schmierstoffen. Leipzig 1949.

GREEN, H.: "High Speed Rotational Viscosimeter of Wide Range", Industrial and Engineering Chemistry, Analytical Edition **14**, 576 (1942).

— u. R. N. WELTMAN, "Analysis of the Thoxotropy of Pigment-Vehicle Suspensions", Industrial and Engineering Chemistry, Analytical Edition **15**, 201 (1943).

GOURSAT, E.: Sur l'équation $\Delta \Delta u = 0$. Bull. de la Soc. math. de Fr. **XXVI**, 236 (1898).

GROSS, B.: Über Kriechen und Relaxation. J. Appl. Phys. **18**, 212 (1947).

GRÜNEISEN, E.: Über die Gültigkeitsgrenzen des Poiseuilleschen Gesetzes. Wiss. Abhdl. d. Phys.-Techn. Reichsanstalt **4**, 153 (1904).

HAGEN, G.: Abhandl. d. Berliner Akad. d. Wiss., Math. Abt., S. 17. Ann. Phys. **46**, 413 (1839).

HAGENBACH, E.: Pogg. Ann. **109**, 385 (1860).

Harper, R., A. J. Kent u. G. W. Scott Blair: The Application of the Multiple Factor Analysis to Industrial Test Date. Brit. J. Appl. Phys. **1,** 1 (1950).

Hatschek, E.: Die Viskosität der Flüssigkeiten. Dresden und Leipzig 1929.

Hausenblas, H.: Die nichtisotherme laminare Strömung einer zähen Flüssigkeit durch enge Spalte und Kapillarröhren. Ing.-Arch. **18,** H. 3, S. 151 (1950).

Hayashi, K.: Sieben- und mehrstellige Tafeln der Kreis-, Hyperbel- und Gammafunktion. Berlin 1926.

Helmholtz, H. von: Zur Theorie der stationären Strömung in reibenden Flüssigkeiten. Wiss. Abhandl. Bd. I.

Hess, W. R.: Rec. Trav. chim. Pays-Bas et Belg. **42,** 1097 (1923).

Hoeppler, F.: Proceedings, World Petroleum Congress **2,** 503 (1939).

—: s. W. Philipoff: Viskosität der Kolloide. 1942.

Humphrey, E., u. E. Hatschek: "The Viscosity of Suspensions of Rigid Particles at Different Rates of Shear", Proceedings, Physical Soc., London **28,** 274 (1916).

Jacobs, M.: Allgemeine Grundlagen der Wärmeübertragung. Der Chemie-Ingenieur Bd. I. Leipzig 1933.

Jahnke-Emde: Tafeln höherer Funktionen. Leipzig 1948.

Jobling, A.: Viscosities of liquids at constant volume. Proc. Roy. Soc. **1951,** 206, 257.

Kármán, Th. von: Über laminare und turbulente Reibung. Z. angew. Math. u. Mech. **1** (1921).

Karrer, E. Berl u. H. Umstätter: Die Viskosität von Zelluloseesterlösungen. Z. phys. Chem. **152,** 150, 284 (1930). A. **148,** 471 (1930).

Kartenbeck: Ähnlichkeitsbedingungen bei Strömungsvorgängen und ihre Überprüfung durch Modellversuche. Bauing. **17,** 55 (1936).

Kempf, G.: Reibungswiderstand rotierender Scheiben. Vorträge aus dem Gebiete der Hydro- und Aerodynamik. Berlin 1924, S. 168.

Kiesskalt, S.: Forschungsarb. a. d. Geb. d. Ing.-Wes. **1927,** H. 291, VDI.

Kirchhoff, G.: Vorlesungen über mathem. Physik I. Leipzig 1876, S. 378 (26. Vorlesung).

Kneser, H. O.: Zur Dispersionstheorie des Schalles. Ann. Phys. (5), **11** (1931).

König, W.: Über die Bestimmung des Reibungskoeffizienten tropfbarer Flüssigkeiten mittels drehender Schwingungen. Ann. Phys. **32,** 193 (1887).

Kuhn, W.: Relaxations-Zeitspektrum bei Systemen mit beliebig vielen, teils in Serie, teils parallel wirkenden, mit Reibung belasteten elastischen Zusammenhaltsmechanismen. Helv. Chim. Acta **30,** 487 (1947).

Kuhn, W., O. Künzle u. A. Preissmann: Relaxations-Zeitspektrum, Elastizität und Viskosität von Kautschuk. I. Mitt. Helv. Chim. Acta **30,** 307 (1947). II. Mitt. Helv. Chim. Acta **30,** 464 (1947).

Kuss, E.: Naturwiss. **38,** H. 4, 102 (1951).

Ladenburg, R.: Ann. Phys., Folge 4, **23,** 447 (1907).

— : Über den Einfluß der Reibung auf die Schwingungen einer mit Flüssigkeit gefüllten Hohlkugel. Ann. Phys., Folge 4, **27,** 157 (1908).

Lagally, M.: Vorlesungen über Vektorrechnung. Leipzig 1928.

Lamb, H.: Phil. Mag. **21,** 112 (1911).

Lamé: s. L. Bergmann.

Lawaczek, F.: Z. VDI **63,** 677 (1919); Dtsch. Öl und Fett **42,** 217 (1922).

Lawrence, A. S. C.: s. A. Jobling.

Lecomte du Nouy, P.: J. gen. Physiol. **5,** 429 (1923); Rev. Sci. **69,** 105 (1931).

Lorentz, H. A.: Abhandlungen über theoret. Physik. **I,** 23. Leipzig 1907,

Lyttleton, D. V., und Traxler, R. N.: Ind. Eng. Chem. **40,** 2115 (1948).

Mack, J. C.: "Colloid Chemistry of Asphalts", Journal of Physical Chemistry **36,** 2901 (1932).

Madelung, E., u. S. Flügge: Ann. Phys. (5) **22,** 209 (1935).

Mallock, A.: Phil. Trans., A **187,** 41 (1896).

Margules, H.: Sitz.ber. Akad. d. Wiss. (2) **83,** 588 (1881).

MASON, P.: J. Coll. Sci. V. **3,** 147 (1948).
MASON, W. P.: Transactions, Am. Soc. Mechanical Enggrs. **69,** 359 (1947).
—: Journal of Colloidal Science **2,** 147 (1948).
—, W. O. BAKER, J. H. MCSKIMIN u. J. H. HEISS: "Measurement of the Shear Elasticity and Viscosity of Liquids by Means of Ultrasonic Shear Waves", The Physical Review **75,** No. 6, March 15, 936 (1949).
MAXWELL, J. CL.: On the dynamical Theory of Gases. Phil. Mag. J. Sci. 4. **35,** 134 (1868).
MEYER, O. E.: Über die Bestimmung der inneren Reibung nach Coulombs Verfahren. Ann. Phys. **32,** 624 und 642 (1887).
—: Ein Verfahren zur Bestimmung der inneren Reibung der Flüssigkeiten. Ann. Phys. **43,** 1 (1891).
MCMILLEN, J.: Industrial and Engineering Chemistry **21,** 1237 (1929).
MISES, R. VON: Elemente der techn. Hydromechanik. Leipzig und Berlin 1914.
MOONEY, M., u. R. H. EWART: "The Conicylindrical Viscosimeter", Physics **5,** 350 (1934).
MÜLLER, F. H.: Thixotrope Zustände bei hochmolekularen Substanzen. Koll.-Z. **112,** 1 (1949).
—: Apparatelle Methodik zur Bestimmung von Dehnungs-Spannungsdiagrammen an Einzelfasern unter extremen Bedingungen. Koll.-Z. **112,** 84 (1949).
—: Biegungsversuche an Einzelfasern. Koll.-Z. **113,** 58 (1949).
—: Über Veränderungen von Fasern nach Quellungskreisprozessen. Koll.-Z. **113,** 91 (1949).
—: Zug-Dehnungsdiagramme mit eingeschobener Entlastung an verschiedenen organischen Fasern und bei verschiedener Dehnungsgeschwindigkeit. Koll.-Z. **113,** 159 (1949); **114,** 2 (1949).
MÜLLER, W.: Mathematische Strömungslehre. Berlin 1928.
—: Einführung in die Theorie der zähen Flüssigkeiten. Leipzig 1932.
—: Ebene Spannungs- und Strömungsfelder mit zwei kreiszylindrischen Grenzen. Ing.-Archiv **13,** 37 (1942).

NIELSEN, N.: Handbuch der Theorie der Gammafunktion. Leipzig 1906.
NOETHER, F.: Integrationsprobleme der Navier-Stokesschen Differentialgleichungen. Hdb. d. physik. u. techn. Mech. **5,** 786.
—: Z. Math. u. Phys. **62** (1911).
—: Entstehung einer turbulenten Flüssigkeitsbewegung. Sitzungsbericht d. Kgl. Bayer. Akad. d. Wiss. München, Math.-phys. Kl. (1912).
—: Über den Gültigkeitsbereich der Stokesschen Widerstandsformel. Math. u. Phys. **62,** H. 1, S. 1 (1913).
—: Das Turbulenzproblem Z. angew. Math. u. Mech. **1,** 125, (1921).

OSEEN, C. W.: Arkiv for mat., astr. och fysik **6,** H. 29 (1910).
—: Vorträge aus dem Gebiet d. Hydrodynamik und Aerodynamik, Innsbruck 922. Herausgegeben v. KÁRMÁN u. L. CIVITA, Berlin 1924, S. 123.
—: Beiträge zur Hydrodynamik. Ann. Phys. **46,** 231, 623, 1130 (1915).
—: Hydrodynamik. Leipzig 1927, 30, 177, 211.
OSTWALD, WI.: s. W. PHILIPOFF: Viskosität der Kolloide.
OSTWALD, WO., u. R. AUERBACH: Koll.-Z. **41,** 56 (1927).
— u. H. ROEDERER: Koll.-Z. **82,** 174 (1938).

PETER, S.: Koll.-Z. **113,** 29 (1949); **114,** 188 (1949); **114,** 44 (1949).
PHILIPOFF, W.: Viskosität der Kolloide. Dresden 1942.
—: Koll.-Z. **75,** 155 (1936).
—: Phys. Z. **35,** 583, 900 (1934).
PIERUSCHKA, E.: Stoffgesetze und Wellen zähelastischer, isotroper Medien. Ing.-Archiv XIX. Bd., H. 4/5, S. 271 (1951).
POCHETTINO: Nuovo cimento **8,** 77 (1914).
POCHETTINO, A.: "Viscosity and Elasticity of Highly Viscous Materials", Nuovo cimento **8,** 77 (1914).
POISEUILLE, J. L. M.: Comptes rendus **11,** 961 (1840).
—: Mém. Savants Étrangers **9,** 433 (1846).

POISSON: s. L. BERGMANN.
PÖSCHL, TH.: Bisherige Lösungen des Torsionsproblems. Z. angew. Math. u. Mech. **1**, 312 (1921).
PRANDTL, L.: Führer durch die Strömungslehre. 3. Aufl. Braunschweig 1949.
— : Über Flüssigkeitsbewegung bei sehr kleiner Reibung. Verh. d. III. Internat. Math.-Kongr. Heidelberg 1904. Leipzig (1905)
— : Betrachtungen zur Rheologie. Phys. Bl. **5**, 161 (1949).
— u. FR. VANDREY: Fließgesetze normal zäher Stoffe im Rohr. Ein Beitrag zur Rheologie. Z. angew. Math. u. Mech. **30**, 169 (1950).
PRYCE-JONES, J.: Thixotropy. J. Oil colour chem. Ass. **35**, 342 (1939).

RAMSAUER, C.: Einfluß freier Oberflächen und fester Wände auf schnell bewegte Kugeln im Wasser. Ann. Phys., Folge 4, S. 721 (1927).
RANKINE, A. O.: J. Sci. Instruments **1**, 105 (1924).
— : Proc. Roy. Soc. London (A) **83**, 265 (1910).
REINER, M.: Über die Strömung einer elastischen Flüssigkeit durch eine Kapillare. Koll.-Z. **39**, 80 (1926).
— : Twelve Lectures on Theoretical Rheology. North Holland Publ. Co., Amsterdam 1949.
REYNOLDS, O.: Philos. Trans., A. **174**, 935 (1883); 177 (1886).
RIEMANN, W.: J. Amer. chem. Soc. **50**, 46 (1928).
ROSS MACMICHAEL, F.: U. S. Patent No. 1281042, patented October 8, 1918; and Journal of Industrial and Engineering Chemistry **7**, 961 (1915).
ROSSI, C.: Gazz. Chim. Ital. **67**, 751 (1937).

SAUERWALD, F.: Z. anorg. u. allgem. Chem. **135**, 255 (1924).
SCHEELE, W.: Rheologische Studien an lösungsmittelfreien Polymerisaten. Kautschuk und Gummi **4**, Nr. 8, S. 282 (1951).
SCHILLER, L.: Strömungsbilder zur Entstehung der turbulenten Rohrströmung. Verhandl. III. Internat. Kongreß f. techn. Mechanik. Stockholm 1930.
— : Zur Herleitung der Ähnlichkeitsbedingungen aus der Identität der Differentialgleichungen. Z. angew. Math. u. Mech. **24**, 280 (1945).
SCHLICHTING, H.: Einige exakte Lösungen für die Temperaturverteilung in einer laminaren Strömung. Z. angew. Math. u. Mech. **31**, H. 3, S. 78 (1951).
— : Grenzschicht-Theorie. Karlsruhe 1951.
SCHMIDT, H.: Einführung in die Theorie der Wellengleichung. Leipzig 1931. § 27, S. 113.
SCHMIDT, H., u. K. SCHRÖDER: Laminare Grenzschichten. Teil 1: Grundlagen der Grenzschichttheorie. Luftfahrt-Forschung **19**, 65 (1942).
— : Die Prandtlsche Grenzschichtgleichung als asymptotische Näherung der Navier-Stokesschen Differentialgleichungen bei unbegrenzt wachsender Reynoldsscher Kennzahl. Dtsch. Math. **6**, 307 (1942).
SCHMIEDEL, J.: Experimentelle Untersuchungen über die Fallbewegung von Kugeln und Scheiben in reibenden Flüssigkeiten. Phil. Diss. Leipzig 1928. (In: Phys. ZS. 29).
SCOTT BLAIR, G. W.: Analytical and Integrative Aspects of the Stress-Strain-Time Problem. J. Sci. Instr. **21**, 5 (1944).
— : The Description of Behavior by Physical Properties. J. Amer. chem. Sci. **71**, 2950 (1949).
— : Industrial Rheology, p. 55 (1938).
— : The Role of Psychophysics in Rheology. J. Coll. Sci. **2**, No. 1 (1947).
SCOTT BLAIR, G.W.: Physikalische Eigg. d. Materie in ihrem kolloiden Zustand. Koll.-Z. **124**, 3, 145 (1951).
— u. J. CAFFYN: Significande of Power-Law-Relations in Rheology. Nature **155**, 171 (1945).
— : Further Experimental Evidence for the Theory of Quasi-Properties. Nature **162**, 368 (1948).
— : Application of the Theory of Quasi-Properties to the Treatment of anomallous Strain-Strees Relations Phil. Mag. Ser. 7, 1, S. 80 (1949).

Scott Blair, G. W., B. C. Veinoglou u. J. E. Caffyn: Limitations on the Newtonian Time Scale in Relation to non-equilibrium Rheological States and a Theory of Quasi-Properties. Proc. Roy. Soc. (A) **189** (1947); N. I. R. D. Paper No. 902, 69.

—, u. M. Reiner: The Rheological Law Undelying the Nutting Equation. Appl. Sci. Res. **12,** 225; N. I. R. D. Paper No. 1108.

Searle, G. F. C.: Proc. Cambridge Phil. Soc. **16,** 600 (1912).

Seeder, R.: Physica **6,** 45 (1940).

Smith, T. L., J. D. Ferry u. F. W. Schremp: Journal of Applied Physics **20,** 144 (1949).

Sommerfeld, A.: Vorlesungen über theoret. Physik, Bd. II: Mechanik der deformierbaren Medien. Leipzig 1945.

—: Partielle Diff. Gleichungen d. Phys. (Leipzig 1947).

Spencer, R. S., u. R. E. Dillon: Journal of Colloid Science **3,** 163 (1948).

Stefan, M. J.: Akademie der Wissenschaften in Wien, Abt. 2 **69,** 713 (1874).

Stokes, G. G.: Transactions, Cambridge Philosophical Soc. **8,** 287 (1845).

—: Math. and Phys. Papers **2,** 10, 3, 56 (1880).

Stormer: Ind. Eng. Chem. **1,** 317 (1909).

Stormer, E.: Transactions, Am. Ceramic Soc. **11,** 597 (1909).

Tausz, I., u. F. V. Körössy: Z. phys. Chemie **140,** 263 (1929).

Tollmien, W.: Über das Verhalten einer Strömung längs einer Wand am äußeren Rand ihrer Reibungsschicht. Festschr. 60. Geburtstag A. Betz 1945.

Traube, I., u. I. Magasanik: Angew. Chem. **40,** 1449 (1928).

Traustel, S.: Modellgesetze für die Messung der Zähigkeit von Flüssigkeiten und Gasen. Archiv f. d. ges. Wärmetechnik **1,** Nr. 8, S. 175 (1950).

Trouton, F. T.: Proc. Roy. Soc. London **77,** 426 (1906).

Tsuda, S.: Koll.-Z. **45,** 325 (1928).

Ubbelohde, L.: Handbuch d. Chemie u. Technologie d. Öle u. Fette **I.** Leipzig 1908. S. 340.

—: Tabellen zum Englerschen Viskosimeter, alle 3 Auflagen, Leipzig: S. Hirzel.

—: Zur Viskosimetrie, alle 6 Auflagen, Leipzig: S. Hirzel. (In Zukunft Karlsruhe, G. Braun.)

—: Das einfachste und genaueste Viskosimeter und andere Apparate mit hängendem Niveau. Z. f. Petroleum **79,** H. 23, 1 (1933). J. Ind. Petr. Tech. **19,** 376 bis 420 (1933). Oel und Kohle **12,** 952/974 (1936).

—: Industrial and Engineering Chemistry, Analytical Edition **9,** 85 (1937).

Umstätter, H.: Strukturmechanik. Ein Beitrag zur Physik der Kolloide. Dresden 1948.

—: Dechema Monographien Bd. 17, 3, S. 160 (1950). B. 14, S. 72—90 (1949).

—: Der Petroleum-Ingenieur. Berlin/Göttingen/Heidelberg: Springer 1951.

—: Koll.-Beih. **39,** H. 5, 7, S. 265 (1934).

Vogel, H.: Angew. Chem. **35,** 561 (1922).

Wachholtz, F., u. W. K. Asbeck: Koll.-Z. **93,** 280 (1940).

Washburn: The Physical Review **17,** 277 (1921).

Weber, M.: Ähnlichkeitsmechanik und Modellwissenschaft. Hütte Bd. I, S. 435. Berlin 1948.

Weierstrass, K.: s. N. Nielsen: Hdb. d. Theorie d. Gammafunktionen.

Wesp, A.: Kunststoffe **11,** 214 (1951).

Westgren, A.: Ann. Phys. **52,** 308 (1917).

Willenberg, W., u. W. Fritz: Angew. Chem. **20,** 134 (1948).

Williams, J.: Journal of Industrial and Engineering Chemistry **16,** 362 (1924).

Williams, W. E.: On the Motion of a Sphere in a Viscous Fluid. Phil. Mag. **29,** 526 (1915).

Wolarowitsch, M. P., u. B. Derjagin: J. Chim. phys. **32,** 142 (1935).

Young: s. L. Bergmann.

Sachverzeichnis.